中国清洁发展机制基金赠款项目"'十三五'国家应对气候变化科技与低碳行动接轨的规划研究"（项目编号：2014026）

中国清洁发展机制基金赠款项目"典型国家适应气候变化方案研究与中国适应策略和行动方案"（项目编号：2013034）

全球气候治理格局
与中国战略

王文涛 刘燕华 等 ◎ 编著

中国社会科学出版社

图书在版编目(CIP)数据

全球气候治理格局与中国战略／王文涛等编著.—北京：中国社会科学出版社，2019.1

ISBN 978-7-5203-4071-7

Ⅰ.①全… Ⅱ.①王… Ⅲ.①气候变化—治理—国际合作—研究—中国 Ⅳ.①P467

中国版本图书馆 CIP 数据核字(2019)第 030024 号

出 版 人	赵剑英
责任编辑	谢欣露
责任校对	王洪强
责任印制	王 超

出　　版	中国社会科学出版社
社　　址	北京鼓楼西大街甲 158 号
邮　　编	100720
网　　址	http：//www.csspw.cn
发 行 部	010-84083685
门 市 部	010-84029450
经　　销	新华书店及其他书店

印　　刷	北京明恒达印务有限公司
装　　订	廊坊市广阳区广增装订厂
版　　次	2019 年 1 月第 1 版
印　　次	2019 年 1 月第 1 次印刷

开　　本	710×1000　1/16
印　　张	19.75
字　　数	334 千字
定　　价	85.00 元

凡购买中国社会科学出版社图书，如有质量问题请与本社营销中心联系调换
电话：010-84083683

序

　　气候变化问题不仅是 21 世纪人类生存和发展面临的严峻挑战，也是当前国际政治、经济、外交博弈中的重大全球性问题。积极应对气候变化，加快推进低碳发展，已成为国际社会的普遍共识和不可逆转的时代潮流。2015 年 12 月，《联合国气候变化框架公约》195 个缔约方一致同意并通过了《巴黎协定》，明确了 2020 年后全球应对气候变化的行动安排，成为全球治理的重要里程碑。

　　《巴黎协定》的通过与生效昭示着全球气候治理格局由"自上而下"向"自下而上"和"自上而下"相结合的转变，开启了全球气候治理的新篇章。《巴黎协定》确立的新国际制度框架，一方面体现了世界范围内对于"气候变化对人类社会和地球构成紧迫的可能无法逆转的威胁"的空前共识与合作应对的共同政治意愿；另一方面在机制设计上激励了世界各国"自下而上"确立雄心勃勃的行动目标和计划，而非"自上而下"强制性地分配相关责任义务，体现了由"零和博弈"向"共赢"思维的转变。《巴黎协定》之后，世界主要国家在气候治理方面实施了一系列的战略部署与行动举措，这将影响全球气候治理进程与发展趋势。

　　作为全球最大的发展中国家和温室气体排放国，中国一直是全球应对气候变化事业的积极参与者，目前已成为世界节能和利用可再生能源第一大国。党的十九大提出坚持人与自然和谐共生，坚持绿水青山就是金山银山的理念，建设生态文明，形成绿色发展方式和生活方式，建设美丽中国，并为全球生态安全做出贡献；提出推动构建人类命运共同体，秉持共商、共建、共享的全球治理观，积极参与全球治理体系改革和建设，不断贡献中国智慧和力量。中国将落实创新、协调、绿色、开放、共享的发展理念，形成人与自然和谐发展现代化建设新格局，以高度负责任的态度在气候变化国际谈判中发挥积极、建设性作用，促进各方凝聚共识、推动全球气候治理进程，引导应对气候变化国际合作，成为全球生态文明建设的重要参与者、贡献者、引领者。

为更好地满足新形势下我国气候治理的需要，继续为我国应对气候变化相关政策的制定提供坚实的科学和决策依据，本书围绕巴黎气候大会以后全球气候治理格局这一中心任务，采用文献调研、对比分析、计量分析、专家咨询等方法，对巴黎大会以来国际主要组织和世界主要国家群体的气候治理格局与进展进行了重点分析，旨在了解和掌握国际气候治理发展的新动向，加强对国际气候治理发展趋势的研判，为推进我国生态文明建设、思考和探索未来全球气候治理模式提供决策参考。

本书是国内众多学者集体智慧的结晶，由二十余位国内气候变化领域的知名专家参与撰写。相信本书的出版在促进全球应对气候变化的谈判进程、促进我国气候治理迈上新的台阶方面发挥重要作用，展现我国为全人类共同发展的大国责任担当。

杜祥琬

中国工程院院士

国家气候变化专家委员会名誉主任

前　　言

全球气候变化是人类面临的长期挑战，是当今世界范围内的核心议题。应对气候变化的严峻挑战迫切需要国际社会加强合作，共同做出努力。2015 年 12 月，《联合国气候变化框架公约》（UNFCCC）195 个缔约国一致通过 2020 年后的全球气候变化新协议——《巴黎协定》。《巴黎协定》于 2016 年 11 月正式生效，被认为确立了 2020 年后以"国家自主贡献"为主体的全球气候变化治理体系，意味着全球应对气候变化从承诺走向行动，标志着全球气候治理开启了新的格局，为全球减缓和适应气候变化中长期行动指明了新方向。

各国在气候治理领域逐渐形成良好的合作态势，减少温室气体排放、应对气候变化成为全球共识，包括发展中大国在内的主要国家也在积极地推进实质性减排。《巴黎协定》达成以来，各国参与全球气候治理的积极性明显变强，全球气候治理认可度也在显著提升。但是，美国新任总统特朗普于 2017 年 6 月宣布退出《巴黎协定》，增加了全球气候治理进程的不确定性，不仅使美国应对气候变化行动出现倒退，也给国际社会应对气候变化的合作，乃至全球治理体制造成一定的影响。

中国高度重视应对气候变化工作，把推进绿色低碳发展作为生态文明建设的重要内容，作为加快转变经济发展方式、调整经济结构的重大机遇，彰显了以实际行动应对全球气候变化的决心。对于中国而言，把握全球气候治理新趋势，针对全球气候治理涌现出的新问题、新挑战及时做出新的战略部署，成为全球环境治理的重要参与者、贡献者和引领者，也是中国生态文明建设的关键内容。本书对世界主要发达国家和发展中国家群体的应对气候变化行动进程，尤其是巴黎大会以来应对气候变化的最新进展，以及国际组织在新趋势下的应对气候变化发展进行了重点分析，旨在加强对国际社会应对气候变化政策和行动的了解，把握国际社会气候变化治理的发展动向，为推进我国生态文明建设领域国家治理体系、思考和探索未来全球治理模式提供宝贵的启示。

本书系统研究了 2000 年以来气候变化治理领域研究论文的统计分析，揭示了气候变化领域科学研究发展趋势，总结了《巴黎协定》达成以来气候变化谈判工作的总体进展、典型国际组织和主要国家以及三极气候变化的治理格局和趋势，通过分析我国气候治理面临的机遇和挑战，提出了我国参与全球气候治理的思考。

本书共分十一章：第一章概述全球气候治理的现状、发展趋势及其整体特点；第二章分析 2000 年以来全球气候治理科学研究的发展态势，揭示主要发表论文国家和研究机构的论文产出量、论文影响力、重点领域和研究热点等最新进展；第三章概述《联合国气候变化框架公约》谈判的总体进展，解读《巴黎协定》的关键内容和挑战，分析巴黎会议以来的全球气候治理特征；第四章介绍欧盟整体的气候治理格局与趋势；第五章介绍美国的气候治理格局与趋势；第六章介绍英国、德国、法国、澳大利亚、日本五个主要发达国家的气候治理格局与趋势；第七章介绍印度、巴西、南非、墨西哥、沙特阿拉伯五个典型发展中国家的气候治理格局与趋势；第八章介绍国际能源署、世界气象组织、联合国环境规划署、联合国开发计划署、未来地球计划五个重要国际组织的气候行动进展；第九章介绍了南极、北极和青藏高原的气候变化现状、气候科学研究计划与战略及其地缘政治；第十章分析我国气候治理的形势、需求以及面临的机遇和挑战；第十一章提出我国参与全球气候治理的战略思考。

本书由中国 21 世纪议程管理中心和中国科学院兰州文献情报中心的研究人员合作完成。各章节撰写具体分工是：第一章由于宏源撰写；第二章由牛艺博撰写；第三章由王文涛、朱松丽撰写；第四章和第七章由廖琴撰写；第五章由曾静静、刘莉娜撰写；第六章由刘莉娜、廖琴和裴惠娟撰写；第八章由董利苹撰写；第九章由刘燕飞撰写；第十章和第十一章由王文涛、张海滨撰写。全书统稿由刘燕华、王文涛、曲建升和廖琴完成。

本书的编写得到了中国清洁发展机制基金赠款项目"'十三五'国家应对气候变化科技与低碳行动接轨的规划研究"（项目编号：2014026）和"典型国家适应气候变化方案研究与中国适应策略和行动方案"（项目编号：2013034）的支持。编写过程中，得到了杜祥琬、何建坤和潘家华等院士专家的支持和建议，在此一并表示感谢。

由于本书涉及的国际组织和国家多，国内外参考文献量大，加之编者水平有限和编写时间仓促，错误和不妥之处在所难免，敬请广大读者谅解并批评指正！

编者

2018 年 10 月

目　　录

第一章 全球气候治理整体趋势与特点

全球气候治理的核心是通过建立原则、规范、规则、制度等实现有效的全球气候变化集体行动。全球气候治理既关乎人类应对全球气候变化挑战的成败，也影响各主权国家行为主体的权力、利益和国内低碳行动。当前我们处于世界转型的过渡期，随着联合国气候变化《巴黎协定》生效，全球气候治理也进入了新时代。无论是全球气候治理的主体，还是气候治理的模式和结构；无论是气候治理的特点与内涵，还是气候治理的工具和指标；无论是面临的主要民粹主义或特朗普现象等外部挑战，还是全球气候治理发展前景，都发生了前所未有的变化。全球治理结构中的东升西降、非西方国家群体性的崛起、中国已经前所未有地靠近世界舞台的中心、主要大国的能源结构革命和技术快速变迁、经济去碳化和绿色金融进一步席卷全球等因素的变化，都推动全球气候治理进入了一个新时代。党的十九大宣告，中国将推动建设人类命运共同体，为全球治理贡献中国智慧和力量，习近平新时代中国特色社会主义外交思想正在推动中国为全球气候治理事业发挥更大引领作用。

第一节 全球治理与全球气候治理发展现状

全球治理的兴起通常被认为是巨大的全球性变革的结果，是对诸如"冷战"终结和全球化进程深化等事件的一种反应：一是经济全球化深入发展的必然逻辑的推动，全球性市场需要世界性的跨国界管理和协调。二是消除"冷战"思维和地缘强权政治地位的需要，"冷战"思维主要指的是地缘政治和强权思维，强权政治论曾经盛极一时，全球治理恰恰可以消除强权政治和"冷战"思维。三是应对全球问题，如气候变化等超越国家和地区，关系到整个人类生存与发展，必须实现人类集体行动，通过建立在合作基础上的全球公共政策、规划和综合治理才能有效地应对全球性问题的挑战。

一　全球治理的起源与发展

人类政治过程的中心开始由统治（government）走向治理（governance）。在罗西瑙看来，治理是"没有政府的治理"（governance without government），是任何社会系统都应承担而政府却没有管起来的那些职能。切姆皮尔把治理看作一种在无人有权指挥的情况下也能把事情办成的能力。因此，在国际无政府状态下，全球性问题的解决理应由治理的手段来实现。正如全球治理委员会给出的定义，全球治理是个人和机构（包括公共机构和私人机构）管理其共同事务的多种方式的总和。"从全球角度来说，治理过去一直被视为政府间的关系，而现在必须看到，它还与非政府组织、公民社会运动、跨国公司以及全球资本市场有关。"

全球治理是以超越传统国际关系中的地缘政治方式来应对全球性挑战，从而在政府、市场与社会三者之间形成的一种管理世界事务的结构。非国家行为体发挥着日益重要的作用。这种多元行为体的跨国集体行动将会实现全球事务的共同治理和合作共赢。全球治理理念和内涵依然在不断发展完善之中，而全球治理的实践则始终在起伏中前行。当前，全球治理正面临严峻的挑战，其中最为主要的问题就在于民粹主义和逆全球化思潮的发展，如英国"脱欧公投"、欧洲反全球化思潮以及美国特朗普现象等。全球治理正处在从旧的西方治理向新的西方与非西方共同治理转变的关键时期。

当前，西方国际秩序阻碍了全球治理体系的完善，中国等新兴大国尚未在全球治理体系中形成新的话语体系。学界对于中国与全球治理问题的讨论，主要围绕"要不要参与""以什么身份参与"和"如何参与"三个问题展开。多数学者已经基本认同中国参与全球治理，只是在参与的程度和重点上还存在分歧：一部分学者强调，中国参与全球治理的重点在国内；另一部分学者主张，中国要更大程度地在国际层面争夺规则制定权和话语权。但他们都普遍强调，中国应坚持在全球治理体系中的"现状国"、建设者的定位，以及"发展中国家"的身份属性，并且认同中国应以加大国际公共品提供、联合金砖国家和培育公民社会作为具体抓手，以承担与中国自身实力和能力相适应的国际责任为原则来参与全球治理。随着中国在全球治理中的作用越来越突出，我们需要开展基于中国视角的全球治理研究，尤其是要制定中国的全球治理战略。该战略应在理论上阐述中国解决全球性问题的世界观，在实践上提出中国解决全球性问题的方案，并应具有综合性、着眼于长远、现实可行且能够为其他国际行为体所接受和分享。中国的全球治理理论、中国与国际规则制定、中国与现存国际制度改革、中国与地区问题治理、中国的国际领导等议题应是中国的全球治理战略需要回答的问题。

二 全球气候治理的发展趋势

全球气候治理的实质是，各国和地区在全球化趋势下对环境要素和自然资源利用的再分配，以及对一种利益的协调、竞争与合作，而其性质也发生了重大变化，从简单到复杂，从经济到政治，从行动到观念。西方不同国际关系理论话语体系对全球气候治理具有不同理解。

新自由主义者（Neo-Liberalism）强调气候治理具有公共产品的属性，强调国际气候公共产品的供给效率和集体行动机制，指出当前的全球气候治理在有效性、组织权威性等方面仍然存在一系列的问题。全球环境治理的成败取决于领导力和国际制度两方面的原因。基欧汉（Robert O. Keohane）认为，如果没有霸权领导或者国际制度，国际合作成功的可能性是极低的，集体行动的困境将会十分严重。奥兰·杨（Oran R. Young）指出，在缺乏有效治理机制和谈判领导力的情况下，理性和自利国家很难实现集体行动。[1]

新现实主义者（Neo-Realism）突出国际气候谈判中的大国博弈和权力结构，强调美国、欧盟、中国等国家和地区在气候变化治理权力结构中的变化以及气候地缘政治现象；海尔登（Peter Halden）在《气候变化的地缘政治学》中指出，气候变化的地缘政治学本质上是一种安全理论，气候与地理、气候与地形结合本身就成为国家实力的一部分，而气候变化可能与资源环境相结合，从而成为国际体系安全与稳定的重大冲击因素。虽然还是潜在的，但现在需要从长远和全局加以谋划。

后现代主义（Post-Modernism）探索气候治理所带来的蝴蝶效应和混沌政治；全球化理论学者描绘全球气候治理体系和生态知识社群对国内政

---

[1] 于宏源、王文涛：《制度碎片和领导力缺失：全球环境治理双赤字研究》，《国际政治研究》2013年第3期。

治的冲击；托马斯·狄克逊首先探索了气候变化与政治冲突的因果联系。全球气候治理应该从经济、政治和社会全球化引起的治理来解释，因此全球气候治理是一个因果范畴，而不是空间范畴。①

当前全球气候治理的发展形势呈现如下特征。

一是全球气候治理与经济贸易密切相关，趋向政治化。奥兰·杨将国际机制的互动分为"水平互动"（horizontal interplay）与"垂直互动"（vertical interplay）两种，存在议题交叉的全球环境与贸易的治理处于水平互动关系之中，不同层级和范围的治理处于垂直互动中。环境气候议题已经嵌入世界贸易组织"贸易与环境"谈判进程中。世界贸易组织框架已经初步构建了"与贸易有关的气候措施协议"。气候变化问题与人类工业化等经济活动密切相关，因此转变发展模式、实现低碳发展是世界各国经济模式的趋同方向。

二是全球气候治理与政治稳定、国际关系紧密相关，趋向安全化。气候安全会导致"稀缺冲突"，从而加剧了人类不安全的结构冲突。联合国前秘书长潘基文认为，气候变化会侵蚀国家生存的物质基础，如达尔富尔危机的罪魁祸首可能是全球变暖。联合国环境规划署的《苏丹：冲突后环境评估》一书也证明气候变化问题成为达尔富尔危机背后的推动因素。未来资源缺乏和环境安全一旦超过人类的适应能力，将在世界许多地区造成冲突和争执。虽然这些威胁很难导致战争，但如果一些战略要地如中东、东亚、里海、北极、亚欧大陆边缘地带资源开发过度或者环境破坏太严重，也会对全球政治安全构成严峻挑战，并导致整个国际体系的不稳定。

三是气候治理与国家战略密切相关，低碳发展和新能源成为大国未来全球国际体系竞争的主要利益点。霍默—狄克逊从供给、需求和环境结构稀缺性三个角度，论证了环境问题会增加国际体系中竞争和冲突的级别，这正是主要大国争夺环境容量的理论基石。气候变化政治的南北矛盾开始取代东西矛盾变成全球政治的主要焦点，发达国家成功地通过《京都议定书》把"冷战"时期的意识形态对抗，转化为发展中国家和发达国家的对抗。目前《巴黎协定》后的气候谈判将国际减排焦点转化为排放大国和排

---

① Peterson, M., D. Humphreys, L. Pettiford, "Conceptualizing Global Environmental Governance: From Interstate Regimes to Counter-Hegemonic Struggles", *Global Environmental Politics*, No. 3, 2003, pp. 1–10.

放小国的竞争，也希望通过把责任推给新兴大国以解决全球气候治理问题。

四是随着环境安全的日益严重，国际环境体系开始趋向制度化和法制化。制度建设突出了全球气候治理的多元参与、制度互动等特点。《联合国气候变化框架公约》（以下简称《公约》）及《京都议定书》《巴黎协定》是目前参加国最多、影响最深、国际社会关注度最高的国际环境条约。《巴黎协定》的通过和法律体系的确立表明，国际气候治理体系的制度化、法制化已经成为历史趋势。奥兰·杨认为，环境是世界各国"共享的资源"和"共同的财产"，世界各国必须在考虑代际公平、对资源可持续利用、代内公平和环境与发展一体化的基础上建设各种全球治理机制。全球治理不仅意味着正式的制度和组织——国家机构、政府——合作制定（或不制定）和维持管理世界秩序的规则和规范，而且意味着所有其他组织和压力团体——从多国公司、跨国社会运动到众多的非政府组织——都追求对跨国规则产生影响。霍雅德尔认为，全球气候治理是指通过建立、重塑或改变机制的管理方式以解决环境冲突，这样可以减少或限制环境资源的使用。

五是通过人类命运共同体推进全球气候治理建设，全球气候治理面临信任不足和领导力缺乏的困境。首先，应对气候风险需要国际合作，而国际气候合作又需要政治信任。气候风险压力能产生初步的政治信任，但这种风险压力下的初步信任对于国际气候合作还远远不够。其次，目前以西方国际关系话语为基础、以权力和竞争为主轴的模式无法为全球气候治理提供充分的思想基础，特朗普退出《巴黎协定》，导致美国在全球气候治理中逐渐缺位。新兴经济体虽然获得越来越多的话语权，但因其经济实力及其他方面缺陷，尚不足以领导全球，因此全球治理整体上缺乏有效的领导力。"命运共同体"是我国外交战略思想体系中的"顶层设计"，该理念已得到广泛运用，并在多种外交场合中被系统阐述和充实，其涵盖的范围是多层次的。"命运共同体"强调多种不同的"次均衡"状态共存、共赢和共生，必将成为未来新型全球气候治理的思想基础。①

---

① 于宏源：《权威演进与"命运共同体"的话语建设》，《社会科学》2017年第7期。

第二节　自上而下到自下而上：全球气候
治理模式调整

一个良好的国际秩序，离不开良好的国家治理体系。排他性的主权制度和竞争性的政治制度，理论上不利于国际合作，增加了全球治理的成本，已经构成了全球治理的内部制度障碍。全球层面的气候治理始于1990年，在过去的28年中，国际社会已经形成了一个旨在应对气候变化负面影响的全球机制，包括了丰富的规范体系。与此同时，该机制的形成和发展是一个动态的、结晶式的多边进程，处在不断的变迁之中，新的规则和组织即将不断出现。

一　自上而下的京都模式及其面临的挑战

全球气候治理模式也在进行全面的调整。气候变化谈判是一个复杂、多边和持续的政府间互动过程。《公约》自1994年生效以来，达成《柏林授权》《京都议定书》《巴厘行动计划》《哥本哈根协议》等多项制度文件。上述谈判几乎全部围绕着"《公约》+《京都议定书》"进行，使其成为国际制度演进的核心。这种模式也可以称为"自上而下模式"，该模式的基础是《公约》和《京都议定书》规定的发达国家与发展中国家在应对气候变化问题上承担"共同但有区别的责任"，其主要谈判模式是2005年蒙特利尔会议开启的"双轨制"。

虽然《京都议定书》是全球气候治理历史上最具法律约束力的国际法文件，但由于全球治理归根结底还是依赖各国的自觉、自愿行动，《京都议定书》的作用就应是调动各国和各种行为体参与集体行动的积极性。但是，自上而下的京都模式的制度设计导致了相反的效应。自上而下的京都模式中有两大问题最为致命，可以视为导致京都困境的核心原因。第一，《京都议定书》由上至下地强制规定温室气体减排，但这种以"控制"为中心的治理路径与在全球范围内占主导地位的发展中心主义理念存在冲突。遏制全球变暖是典型的全球公共产品，而削减温室气体排放是具体到各个国家的国际义务（也就是各国的负担）。由于强制减排将对国家造成巨大的经济成本，但气候治理的具体收益充满不确定性，所以各国有强烈的"搭便车"动机也就顺理成章。可以说，自上而下的京都模式以控制为主导，使国家无法从减排行动中获得经济收益，这注定了国家参与气候治理的力度非常有限。在这种情况下，不但国际制度本身不能够解决国家行动的赤字，国家利益和制度的不协调还可能反过来冲击制度的权威性本身，从而导致制度受到压力而趋于瓦解。结果也正如预期，《京都议定书》不但迟至 2005 年才正式生效，其治理效果也极其有限。在 2009 年哥本哈根会议之后，自上而下的京都模式事实上已经名存实亡。第二，在各国参与气候治理的动力本来就不足的情况下，南北方国家对自上而下的京都模式中减排义务分配的根本原则——"共同但有区别的责任和各自能力"原则（CBDR RC 原则）的规范性认知（即是否认为其正当、合法）也存在严重对立。长期以来，对"共同但有区别的责任"原则的解读是全球气候治理中南北冲突的焦点。美国等国通过对抗性行动、话语重构、建构利益同盟等方式，不断对"共同但有区别的责任"原则的权威性造成冲击。除了美国外，日本、加拿大、欧盟等也都以不同形式向发展中大国施压，要求重塑该原则，并以此作为其减排行动的条件。这也是导致自上而下的京都模式运转不良和哥本哈根气候大会失败的重要原因。[①]

　　由于自上而下的京都模式将全球气候治理锁定为自上而下的、由国家主导的温室气体减排行动，多元行为体在多层次上的行动能力长期以来受到了多边气候制度的抑制。因此，自上而下的京都模式的多边主义和国家中心主义偏好从根本上不利于动员经济低碳化的推动力量。在自上而下的京都模式建立之后，全球气候治理曾一度陷入低潮。自上而下的京都模式的制度安排使气候治理体系内矛盾重重，从而大大限制了体系的有效性。在此背景下，全球气候治理开始转型：一方面，多边气候谈判中南北阵营开始分化、重组，并催生了各方关于减排义务分配原则——"共同但有区别的责任和各自能力"原则——的新认识、新妥协；另一方面，随着自上而下的京都模式有效性的下降，多边气候框架外的气候治理机制开始进入大发展时期，这些新机制不但在一定程度上弥补了治理赤字，更为气候治理赋予全新内涵，使气候治理从减排（emission reduction）问题逐步转变为经济低碳化（economic decarbonization）问题。

---

　　① 于宏源、余博闻：《低碳经济背景下的全球气候治理新趋势》，《国际问题研究》2016 年第 5 期。

二 自下而上的巴黎模式的出现及其内涵[①]

全球气候治理自上而下的京都模式的效果不彰使全新的机制成为必需。2011 年南非德班大会设立"德班增强行动平台",决定 2012 年结束原有"双轨制"的谈判。2013—2015 年,所有谈判将集中于德班平台。因此,2013—2015 年的气候谈判重点推动发展中国家与发达国家在"德班增强行动平台"下共同承担义务,从减排范围和法律效力来看,"双轨制"将合二为一。2014 年利马大会开始要求全部国家都提交国家自主贡献(NDC),自下而上的气候治理已成定局。2015 年底通过 COP21 达成的《巴黎协定》成为全球气候治理历史上最新也是最重要的多边协定。《巴黎协定》将京都会议以来多边谈判中逐渐更新的规范和实践固定下来,从而推动了全球气候治理制度基础的发展。作为多边气候制度建设的最新成果,《巴黎协定》除设置了富有雄心的全球温升控制目标——"把全球平均气温升幅控制在工业化前水平以上低于 2℃之内,并努力将气温升幅限制在工业化前水平以上 1.5℃之内"——之外,还进行了一系列制度创新,其中最重要的是对减排义务分配原则和体系的重构。《巴黎协定》更新了对"共同但有区别的责任和各自能力"原则的解释,废除了《京都议定书》以二分法处理发达国家和发展中国家(或称"南北")减排义务的模式,并首次以国际条约形式确认了所有缔约方自下而上提出国家自主贡献的减缓合作模式。此外,《巴黎协定》还试图通过动态监督和全球盘点机制为国家遵守自身承诺提供国际压力。

在将全球各国纳入统一的减排体系后,《巴黎协定》设定了相对松散但有一定的顶层管控的减排义务分配体系。"国家自主贡献"机制允许每一个国家从其自身国情和能力出发进行气候减缓、适应等行动。这实际上是将减排义务分配这一难题从多边层面下放到各国,取消了事先设定减排目标的顶层设计路径,转而允许各国"自行领取"相关义务。《巴黎协定》第 3 条和第 4 条的诸多条款都明确规定了"国家自主贡献"将作为实现 2℃目标的主要方式。由此,"国家自主贡献"在共同减排的基础上强调有区别,因而区别于自上而下的京都模式,在有区别基础上模糊地提出共

---

① 于宏源:《〈巴黎协定〉、新的全球气候治理与中国的战略选择》,《太平洋学报》2016 年第 11 期。

同。这也是在现有观念和利益冲突条件下所能收到的最好结果。

《巴黎协定》对多边气候制度的主要贡献就在于，其为自京都会议以来逐渐形成的新的全球气候治理义务注入了最高权威。首先，它对"共同但有区别的责任"进行了创新性的解读，将各国国情而非发展中国家和发达国家的简单二分作为"有区别的责任"的基础。其次，它取消了《京都议定书》中的顶层设计模式，转而采取以"国家自主贡献"为基础、以全球性参与为框架的灵活性责任共担模式。最后，它结合了顶层压力机制，试图以政治和国际声誉压力推动各国自主减排的实际行动和减排目标的不断加码。从长期来看，《巴黎协定》对"共同但有区别的责任"原则的改变和对顶层压力机制的重视增加了全球气候治理的确定性：该协定使所有参与者意识到，发展中国家终将在不久的将来被要求承担量化减排义务；对全球气候治理效率的考虑也可能将逐渐压倒对公平性的坚持。但是，从短期来看，《巴黎协定》以国家自主贡献（NDC）组织全球减排这一制度安排又大大增加了全球气候治理的不确定性。这种自下而上的谈判机制使应对气候变化的多边制度结构更加松散化，可能导致全球气候制度的稳定性下降，并可能造成巴黎大会之后各国围绕自主贡献及安排的执行履约和全球盘点等的激烈博弈。2016 年 5 月召开的波恩气候变化会议是将《巴黎协定》操作化——即制定规则手册（Rule Book）的第一步，从会议的结果来看，各方在会议期间仅仅就制定规则手册的一些程序问题达成了原则性共识，具体内容的相关谈判还远未开始。总之，《巴黎协定》传递出的关于多边气候制度发展趋势的信号是复杂的：它向人们指明了一个由全球各国共担减排义务的未来，却又使通向这一未来的道路注定充满矛盾和坎坷；它强化了国际社会对减排的共同参与，却弱化了遵约保障机制。①

巴黎模式推动下的经济低碳化正在席卷全球，多元行为体正在多边制度框架之外独立行动，推动着一场全球经济的低碳革命：第一，在市场层面。市场主体正在通过碳标记、采购控制等形式推动着供应链的低碳化。在这一进程中，大型跨国企业是主导性力量，而非政府组织（NGO）和政府则通过标准制定等方式对企业的行为施加影响。例如，由于在全球供应链中占据优势，发达国家的采购商和经销商（如沃尔玛）对被采购产品碳排放量的严格要求正有效地迫使来自发展中国家的供应商采用更加低碳环

---

① 于宏源：《马拉喀什气候谈判：进展、分歧与趋势》，《绿叶》2017 年第 6 期。

保的生产方式。第二，在次国家层面。城市、省级行政单位对支持低碳经济的发展也非常积极。例如，一些北欧和北美城市引领着低碳城市、城市规划革新、城市能源系统可再生化等政策创新。城市之间的跨国网络（以C40为代表）也正成为低碳政策扩散的重要平台。第三，在国家层面。我们可以观察到一些政府对新能源项目和碳交易机制的大力支持。例如，欧盟的碳交易体系和英国、德国实施的能源、资源、生态、环境税收政策刺激了更多的市场主体参与低碳化生产。中国也在地区碳交易平台试点的基础上，积极进行全国性碳市场建设。第四，在国际层面。全球气候治理逐渐涌现出许多由少数国家组织的小多边论坛和合作机制。这些机制，如清洁能源部长级会议（CEM）为低碳政策的跨国扩散、低碳合作氛围的培养、低碳技术的推广等提供了重要渠道。随着形式多样的低碳化运动的展开，全球经济的低碳转型正成为不可逆的潮流。人们开始意识到，由于低碳经济正在改变和创造着市场生态，经济行为体（自然也包括国家）可以在全球经济的低碳转型中获得巨大利益。因此，发展低碳经济已经成为影响国家未来国际竞争力的关键要素。

第三节　全球气候治理结构调整和发展

20世纪90年代以来，全球气候治理模式从自上而下的京都模式转向自下而上的巴黎模式，其根本原因是全球气候治理主体的多元化，以及随之而来的权力分散化。随着非国家行为体积极参与全球气候治理进程，其影响力也越来越大，在某些领域甚至已经形成主导性力量，这改变了以往以国家为中心的权力结构。全球气候治理模式发生了深刻变革，全球气候治理结构逐渐走向多种模式并存，并有向非国家行为体领导模式转型的趋势。决定全球气候治理进程的关键因素是全球气候治理模式中的权力竞争，权力竞争的核心表现在领导权的争夺上。

一　全球气候治理模式及其区分

当前的全球治理领导模式具有三种：追求全体一致性的领导模式/大多边领导模式（consensus leadership）、主要大国协同领导模式/小多边领导模式（major power coordinated leadership），以及非国家行为体领导模式（non-state actor leadership）。

首先是追求全体一致性的领导模式/大多边领导模式。以联合国为核心的气候治理体系能够很典型地反映出这种大多边的领导模式和治理构架。联合国机构中以联合国大会为代表的多边协商制度本身就要求各个参与方的协商一致，而基于联合国平台延伸出的以其为核心的全球气候治理领导模式也不可避免地具有了这一特点。《公约》为全球气候治理的核心机制，《公约》缔约方也成为全球气候治理的主要力量。这种追求全体一致性的大多边领导模式在全球气候治理体系中占据了重要地位。这种领导模式主要的组织依托是联合国，遵循了尊重国家主权和尽可能地囊括更多国家参与全球气候治理进程的理念，希望在全球各个国家中达成共识，共同推动气候治理的发展。然而这种追求全体一致的领导模式具有较大的脆弱性，受关键国家的影响较大，同时在协调各个国家不同的利益诉求时，可能导致在最终的共识性成果中出现过多的妥协，实质上不能取得任何效果。如特朗普宣布美国退出《巴黎协定》，一方面一直受到国际社会舆论的谴责，另一方面也体现出，实际上《巴黎协定》并没有对相关缔约国和参与方在违背协定精神时可以采用的有力的惩戒手段。不可否认，以联合国为核心的全球气候治理大多边领导模式在唤起不同国家和国际社会的环境意识、凝聚共识等方面具有不可替代的作用，但是其巨大的妥协性和国与国之间的利益鸿沟难以弥合，使得该种领导模式面临各方面的巨大掣肘，也使得一些关心环境问题的国家和组织转而寻找更为高效的治理领导模式。

其次是大国协同领导模式/小多边领导模式。在多边气候治理难以取得突破的情境下，大国的合作领导对于打破困境至关重要。气候治理领域的"大国合作领导结构"是两个及以上的大国在气候领域共同领导治理进程的合作模式，其具体表现在四个方面：一是在基本立场上，展现出合作参与全球气候治理的共同意愿、积极引领气候治理理念的革新和保持立场上的协调；二是在方案选择上，保持密切的沟通，主动管控国际社会在气候治理中的分歧，合力促成有代表性、有约束力、有实施性的行动方案和条约的出台；三是在行动落实上，放弃以其他大国行动为其采取行动的先决条件，与其他大国采取相向而行的治理行动；四是在要素提供上，各尽所长，共同向国际社会提供气候治理所需的包括资金、技术等在内的诸多要素。中国、美国和欧盟都曾是全球气候治理的积极力量，拥有突出的合作能力及合作意愿。① 国际上主要大国针对环境问题自发开展合作，这种主要大国之间的协同领导也成为全球气候治理领导模式中的一种主要形式。中欧、中美和欧美之间在全球气候治理问题上曾经形成过不同的对话和协调机制，20 国集团峰会也是大国协调气候治理问题的重要平台。2005年形成的主要发达国家与发展中国家"G8+5"对话机制也将能源环境问题作为重要议题。发展中国家内部，也存在相应的协调机构，如在气候变化领域的"基础四国"，就反映出发展中大国在全球气候治理体系中的协调立场。这种主要大国协调一致的模式中，最为典型的就是中美双方在奥巴马政府时期的共同气候治理。2013 年，中美两国成立中美气候变化工作组，成为促进两国在气候变化领域开展对话合作的"首要机制"。中美气候合作的政治共识和行动计划不仅铸就了巴黎气候大会达成全球气候协议的信心，而且为《巴黎协定》确定总体目标、原则和实施路线图清除了核心障碍，成为落实《巴黎协定》并凝聚全球共识与合作行动的压舱石。该模式高度依赖于大国之间达成的共识，一旦出现一个主要国家态度的转变，就会给整个系统带来巨大冲击。如美国特朗普政府上台后宣布退出《巴黎协定》，就对中美气候合作和整个《巴黎协定》的贯彻执行，甚至给全球气候治理体系带来巨大冲击。

最后是非国家行为体领导模式的出现。在全球气候治理机制中，非国家行为体也占据重要的一席之地。非国家行为体以其中立性、专业性、能动性等特点，在全球气候治理进程中往往起到对国家间气候治理体系的重要补充甚至是引导作用。在国际气候治理体系中，国际组织、非政府组织、跨国公司和城市等都具有重要的影响力，是气候治理领域的重要参与方。城市在领导全球气候治理议题和促进气候治理进程中的作用越发显著，城市气候外交甚至成为一个相对独立的全球气候治理网络，在很多情况下可以不依赖国家权威而行使治理功能。非国家行为体领导模式包含多利益相关者的积极参与和互动，能够极大地调动社会的力量，同时能够避免国家间政治的天然不信任和自私的属性。而各个非国家行为体主要通过创新治理议题和治理模式、倡导先进理念、推动议程设置、积极发动国际舆论影响各国环境政策落实等措施，推动全球气候治理进程，发挥自身的

---

① 宋亦明、于宏源：《全球气候治理的中美合作领导结构：源起、搁浅与重铸》，《国际关系研究》2018 年第 2 期。

领导力。但在当今的国际体系中国家仍然是毋庸置疑的主要行为体，非国家行为体领导作用的发挥也主要体现在对国家行为体施加影响的间接形式上。

二　新时代全球气候治理结构的新发展

在全球气候治理发展进程中，中国、美国和欧盟都曾是重要且积极的力量，都曾具有突出的合作能力及合作意愿。更为重要的是，三者都在全球气候治理进程中采取了积极的行动，为应对气候变化贡献了巨大的力量。中国具有的合作能力与合作意愿，远超其他发展中国家。中国庞大的经济体量与雄厚的气候治理投资增强了其合作能力；中国日益凸显的气候问题转变了民众的利益认知，现有的气候治理机制激发了中国在该领域掌握主动权的意愿。中国在全球治理面临巨大挑战之时，立场鲜明地宣示：中国将积极参与全球治理体系建设，努力为完善全球治理贡献中国智慧，同世界各国人民一道，推动国际秩序和全球治理体系朝着更加公正合理的方向发展。（2016 年 7 月 1 日，习近平总书记在庆祝中国共产党成立 95 周年大会上的讲话）2016 年 9 月 27 日，中共中央政治局继 2015 年 10 月 12 日第二十七次集体学习之后，在第三十五次集体学习中再次听取了全球治理问题讲解，并就有关问题进行了讨论。中共中央总书记习近平在主持学习时强调，随着国际力量对比消长变化和全球性挑战日益增多，加强全球治理、推动全球治理体系变革是大势所趋……我们要积极参与全球治理，主动承担国际责任，但也要尽力而为、量力而行。欧盟始终是全球气候治理进程中的积极参与者和重要领导者，一方面，欧盟用于气候治理的资金充足且具有技术优势；另一方面，欧盟在推动气候治理、减少温室气体排放方面的立场最为积极。《2030 气候与能源政策框架》是欧盟参与巴黎气候变化谈判的内部立法基础，所设定的目标不仅具有较高的标准而且具有强制力，欧盟还努力将其推广至全世界。法国总统埃马纽埃尔·马克龙承诺，将对联合国政府间气候变化专门委员会（IPCC）拨款以取代美国的资金，为欧盟气候行动奠定坚实的基础，并承诺在适当的时候通过改变国家的生产模式，放弃使用包括煤炭在内的化石燃料。但随着特朗普政府退出《巴黎协定》，奥巴马政府对于气候变化问题的积极政策被扭转，从废止清洁能源计划、退出《巴黎协定》和回归传统能源政策三个方面造成美国气候政策的全面倒退，反映出美国气候政策的"周期性"和"易变性"。

在全球气候治理范式从京都困境过渡到巴黎模式的转型期，美国宣布退出《巴黎协定》在某种程度上进一步打破了传统上基于欧盟、"伞形集团"和发展中国家来划分的气候治理格局：一是美国退出《巴黎协定》，"伞形集团"其他成员国如日本、澳大利亚等，不仅没有支持与效仿，反而在 G7、G20 峰会上形成态度鲜明的"6+1"和"19+1"的格局，表明在气候治理问题上国际社会的共识进一步凝聚。二是发展中国家从治理边缘走向世界舞台的中心地位，美国退出后，欧盟对以中国为首的新兴发展中国家的引领作用寄予厚望。《巴黎协定》所承载的自主贡献减排模式也需要排放量日益增大的发展中国家承担更多治理责任。三是国家层面的大多边主义治理的有效性进一步受到冲击，美国国家层面的规范退化行为进一步激化了各类非国家行为体利用"自下而上"的治理模式契机发挥日益重要的作用，特别是以中国为代表的发展中大国在全球治理中的地位将从"跟随"转变为"主导"，在《巴黎协定》履约过程和落实阶段将会承担更多的责任并被赋予更大的话语权。全球气候治理格局或将面临重组，一方面，将导致发达国家资金份额分配发生变化，原本对资金援助就有争议的发达国家有可能会因此产生阵营分裂；另一方面，发展中国家应对气候变化的政策或将因资金援助等问题而产生变化。

综上所述，在全球气候治理新时代，全球气候治理逐渐转向政治化、安全化，并成为国家战略的重要组成部分，全球气候治理主体多元参与、制度互动的特征越来越明显。在此背景下，全球气候治理模式经历了深刻调整，逐渐形成"自下而上"的全球气候治理巴黎模式，以权力竞争为核心的领导模式之争的趋势逐渐明朗，非国家行为体领导模式的大趋势逐渐加强，传统上以国家为权力中心的治理模式出现分散化、多元化发展趋势。因此，大国气候治理面临的分歧也不断扩大，在美国"特朗普旋风"的影响下，全球气候治理大国利益分歧不断扩大。但在全球气候治理面临挑战的同时，也迎来新的机遇，非国家行为体在全球气候治理中发挥的作用将前所未有地得到加强。

第二章　全球气候治理研究态势

论文作为科研活动重要而直接的产出形式能够在一定程度上真实反映科技发展现状和趋势，本书首先采用文献计量方法，通过对 2000 年以来全球气候治理领域研究论文的统计分析，全景揭示气候变化治理的研究发展趋势。数据来源为 Web of Science ISI 论文数据库。① 文献计量方法的优点在于反映领域发展的总体格局，但同时也存在文献数据库国别分离、关键词翻译偏差、检索式无法涵盖所有主题等方面的局限性。本章分析的检索式尽量涵盖全球气候治理的基本概念和扩展概念，未涉及气候治理的具体行动和技术层面。

第一节　全球气候治理研究总体发展态势

通过对 2000—2017 年的 SCI、SSCI 和 CPCI-S 论文进行检索，得到全球气候治理论文累计 5000 余篇（5384 篇），其时序分布可以勾勒出自 21 世纪以来该领域科学研究的发展轨迹（见图 2-1）。总体来看，国际上全球气候治理研究呈快速增长态势，SCI 论文发文量以年均 25.3% 的增幅持续增长，2017 年论文总量达到自 2000 年以来的峰值，为 970 篇。按照论文增长轨迹，可以将国际上全球气候治理研究划分为三个发展阶段：①2007年以前，论文年均产出不足 100 篇，表明研究尚处于起步阶段；②2008—2012 年，论文产出高速增长，显示出快速拓展之势；③2013 年至今，论文产出在前一阶段规模水平基础上持续快速增长，年均论文产出规模持续扩大，表明有关气候治理问题已经成为国际研究热点，发展势头迅猛。

---

① 文献类型选择"article""proceedings paper"和"review"，分析时间范围为 2000—2017 年。检索日期：2018 年 8 月 25 日。

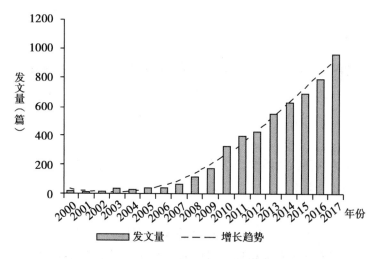

图 2-1　2000—2017 年全球气候治理研究增长趋势

第二节　全球气候治理研究国家/地区分布特征

分析结果显示，截至目前，全球气候治理研究活跃地区主要为北美、欧洲和澳大利亚（见表 2-1）。按照研究强度（发文总量①），可以将全球气候治理研究主要国家划分为三个层级。

（1）研究高度活跃和引领国家。分析表明，美国和英国目前是全球气候治理研究的中心，2000—2017 年其高水平论文研究累计产出总量均超过 1000 篇，两国国际占比之和接近 50%。

（2）研究活跃国家。分析显示，澳大利亚、荷兰、加拿大、德国和瑞典是仅次于美国和英国的全球气候治理研究活跃国家，2000—2017 年其累计研究产出国际占比均超过 5%。

（3）研究一般活跃国家。2000—2017 年，中国、法国、瑞士、意大利、挪威、西班牙、南非、芬兰和丹麦累计发文量在 100 篇以上，国际占比为 2%—4%。

中国有关全球气候治理研究的论文共计 217 篇，国际占比为 4.03%，显示出一定的实力和对全球气候治理问题的关注程度。

---

① 为全部作者论文，包括第一作者论文和非第一作者论文，下同。

表 2-1　　　　　　　2000—2017 年全球气候治理研究主要发文国家

排序	国家	发文量（篇）	发文占比（%）
1	美国	1447	26.88
2	英国	1137	21.12
3	澳大利亚	671	12.46
4	荷兰	548	10.18
5	加拿大	502	9.32
6	德国	496	9.21
7	瑞典	367	6.82
8	中国	217	4.03
9	法国	210	3.90
10	瑞士	187	3.47
11	意大利	152	2.82
12	挪威	152	2.82
13	西班牙	145	2.69
14	南非	144	2.67
15	芬兰	119	2.21
16	丹麦	110	2.04
17	奥地利	101	1.88
18	日本	100	1.86

第三节　全球气候治理研究机构分布特征

在全球气候治理领域比较活跃的研究机构主要来自英国、荷兰、澳大利亚、美国、瑞典和加拿大。在发文量占比达到或超过 1% 的主要研究机构中，澳大利亚研究机构有 5 所，分别为澳大利亚国立大学、澳大利亚联邦科学与工业研究组织、墨尔本大学、昆士兰大学和詹姆斯·库克大学，5 所机构发文合计占比达 7.49%；英国机构共 3 所，分别为牛津大学、东英吉利亚大学和利兹大学，合计发文量占比为 6.18%；荷兰机构共 3 所，分别是瓦格宁根大学、阿姆斯特丹自由大学和乌德勒支大学，合计发文量占比为 5.50%；瑞典有两所机构，美国和加拿大各有一所机构入围发文量占比达到或超过 1% 的机构，而所有入围的机构中只有澳大利亚联邦科学与工业研究组织是国立科研机构，其他的都为高等院校，可见在全球气候治理研究中高校占据主要地位。

　　中国机构在全球气候治理领域比较活跃的机构主要集中于国家科研机构和高校，按发文量依次为中国科学院、北京师范大学、清华大学、复旦大学、香港城市大学、香港大学、北京大学、中国社会科学院和中国人民大学等，国内机构发文量较国际相比还有很大的差距，不过本章分析是基于 SCI、SSCI 和 CPCI-S 论文的国际比较，未对国内相关论文进行进一步的分析。

　　中国科学院在此期间共发文 44 篇，在所有发文机构中排第 30 位，在科研机构中排第 3 位，仅次于澳大利亚联邦科学与工业研究组织和联合国教科文组织（见表 2-2）。

表 2-2　　　　　　　2000—2017 年全球气候治理研究主要研究机构

排序	机构	所属国家	发文量（篇）	发文占比（%）
1	牛津大学	英国	128	2.38
2	瓦格宁根大学	荷兰	120	2.23
3	澳大利亚国立大学	澳大利亚	115	2.14
4	东英吉利亚大学	英国	109	2.02
5	阿姆斯特丹自由大学	荷兰	97	1.80
6	利兹大学	英国	96	1.78
7	澳大利亚联邦科学与工业研究组织	澳大利亚	93	1.73
8	不列颠哥伦比亚大学	加拿大	84	1.56
9	亚利桑那州立大学	美国	83	1.54
10	斯德哥尔摩大学	瑞典	80	1.49
11	乌得勒支大学	荷兰	79	1.47
12	墨尔本大学	澳大利亚	76	1.41
13	隆德大学	瑞典	73	1.36
14	昆士兰大学	澳大利亚	62	1.15
15	詹姆斯·库克大学	澳大利亚	57	1.06
16	伦敦大学学院	英国	53	0.98
17	阿姆斯特丹大学	荷兰	53	0.98
18	滑铁卢大学	加拿大	53	0.98
19	林雪平大学	瑞典	52	0.97
20	开普敦大学	南非	51	0.95

续表

排序	机构	所属国家	发文量（篇）	发文占比（%）
21	代尔夫特理工大学	荷兰	49	0.91
22	格里菲斯大学	澳大利亚	49	0.91
23	莫那什大学	澳大利亚	47	0.87
24	德伦大学	英国	47	0.87
25	曼彻斯特大学	英国	47	0.87
26	密歇根大学	美国	47	0.87
27	联合国教科文组织	—	46	0.85
28	塔斯马尼亚大学	澳大利亚	46	0.85
29	爱丁堡大学	英国	45	0.84
30	中国科学院	中国	44	0.82

第四节　全球气候治理研究相关领域分布特征

2000—2017 年，国际上全球气候治理研究主要涉及的领域（见图 2-2）包括环境研究、环境科学、政治科学、地理学、经济学、国际关系、公共行政学、绿色可持续科学、水资源、生态学、气象和大气科学和能源与燃料，其中环境研究、环境科学和政治科学相关论文发文量占比均超过10%，环境研究相关论文比例接近40%。

第五节　全球气候治理研究热点及热点研究区域分析

从论文关键词中抽取所有具有实际意义的关键词，利用文本聚类的方法，对其进行分析，以揭示全球气候治理研究的热点方向。

分析结果显示，关于全球气候治理方面的研究主要从 2008 年开始快速增长，并主要聚焦在气候变化、适应、治理等方面，同时在恢复力、可持续性、碳排放、可持续发展、适应能力和环境治理等方面的研究也增加较快（见图 2-3）。

从论文关键词中抽取所有表征研究区域的关键词，利用文本聚类的方法对其进行分析，以揭示全球气候治理研究的热点区域。

分析结果显示，在区域尺度，2000—2017 年全球气候治理研究重点关

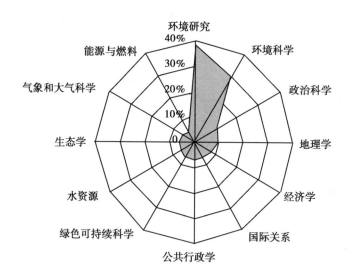

图 2-2　2000—2017 年全球气候治理研究论文重点领域分布

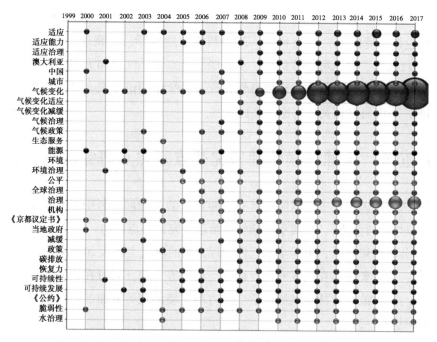

图 2-3　2000—2017 年全球气候治理研究热点关键词年度分布

注的区域依次为非洲（特别是南非、撒哈拉以南非洲地区和西非）、亚洲

（特别是中国以及东南亚）、大洋洲（澳大利亚以及墨累—达令河流域）、北极地区、北美（加利福尼亚州和不列颠哥伦比亚省）、南美（亚马孙流域、安第斯山脉和圣地亚哥）、欧洲以及南极地区。

在局地尺度，2000—2017 年全球气候治理研究涉及的热点研究区包括亚马孙流域、湄公河流域、加利福尼亚州、不列颠哥伦比亚省、墨累—达令河流域、安第斯山脉、太平洋、巴厘岛以及南非开普敦、中国香港、荷兰鹿特丹港、智利圣地亚哥等。

在研究目标国家方面，2000—2017 年全球气候治理研究涉及较多的国家包括中国、澳大利亚、印度、南非、加拿大、越南、巴西、印度尼西亚、孟加拉国、尼泊尔、秘鲁、墨西哥、荷兰、芬兰、英国、喀麦隆、德国、挪威、瑞典、瑞士和坦桑尼亚（见表 2-3）。

表 2-3　　　　　　　2000—2017 年全球气候治理研究热点国家

排序	热点研究国家	发文量（篇）	发文占比（%）
1	中国	76	1.41
2	澳大利亚	60	1.11
3	印度	45	0.84
4	南非	32	0.59
5	加拿大	30	0.56
6	越南	22	0.41
7	巴西	21	0.39
8	印度尼西亚	20	0.37
9	孟加拉国	16	0.30
10	尼泊尔	15	0.28
11	秘鲁	15	0.28
12	墨西哥	14	0.26
13	荷兰	14	0.26
14	芬兰	12	0.22
15	英国	12	0.22
16	喀麦隆	11	0.20
17	德国	11	0.20
18	挪威	11	0.20
19	瑞典	11	0.20

排序	热点研究国家	发文量（篇）	发文占比（%）
20	瑞士	10	0.19
21	坦桑尼亚	10	0.19

第六节　中国气候治理研究态势

一　总体趋势

2000—2017年中国气候治理相关研究整体呈持续增长态势（见图2-4）。从发文量可以看出，2005年之前，中国在全球气候治理方面有极少的国际论文产出，表明中国学者很少涉足该领域或气候治理的概念还未被国内接受。

2005年，人类历史上首次以法规的形式限制温室气体排放的协定《京都议定书》正式生效，同年缔约方会议通过了"蒙特利尔路线图"。国内众多学者加入全球气候治理的研究队伍中，2005年国内相关论文开始出现，并呈现出平稳增长的趋势，这为后来中国在全球气候治理方面的工作奠定了基础。

2009年12月，《哥本哈根协议》发布，同时启动长期谈判机制，推动气候变化谈判进程。此后，国内越来越多的学者关注并深入研究全球气候治理，相关的国际论文快速增加，发文量以超过年均15%的速度快速增长，显示出气候治理相关研究在中国已初具规模。

2015年召开的巴黎气候大会达成了由197个缔约方通过的《巴黎协定》和一系列相关决议，中国国家主席习近平及近150位国家元首出席该次气候大会。2015年中国在气候治理方面的国际文章较前几年增加显著，可见国内相关研究已经达到一个新的水平，并步入快速发展的通道。

整体而言，与国际相比，中国有关气候治理的研究开展相对较晚，但增势明显，特别是近几年增长速度明显高于同期国际水平，但目前相关的研究水平还很低，与发达国家差距明显，应该加强气候治理相关领域的研发和政策支持。

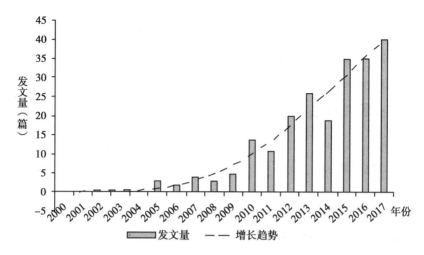

图 2-4　2000—2017 年中国气候治理相关研究的增长趋势

二　研究机构

分析显示，2000—2017 年，在中国开展气候治理研究的科研单位主要集中于国家科研机构和高校，在发文量排名前 10 位的机构中，有 2 所为国家科研机构，发文占比为 23.97%；其余 8 所来自高校，发文占比为 43.33%（见表 2-4）。

中国科学院发文量占到中国全部发文量的 20.3%，主导优势显著；其次是北京师范大学，共发文 19 篇。除上述两所机构外，研究较为活跃的机构还包括清华大学、复旦大学、香港城市大学、香港大学等。

表 2-4　　　　　2000—2017 年中国气候治理研究主要科研机构

排序	机构	发文量（篇）	发文占比（%）
1	中国科学院	44	20.28
2	北京师范大学	19	8.76
3	清华大学	18	8.29
4	复旦大学	13	5.99
5	香港城市大学	10	4.61
6	香港大学	10	4.61
7	北京大学	9	4.15
8	中国社会科学院	8	3.69

续表

排序	机构	发文量（篇）	发文占比（%）
9	中国人民大学	8	3.69
10	香港中文大学	7	3.23

三 研究领域

2000—2017 年，中国气候治理相关研究领域主要包括环境科学、环境研究、绿色可持续发展科学与技术、水资源学、能源与燃料、经济学、地质学交叉学科、气象和大气科学、环境工程和政治科学（见图 2-5）。其中环境科学、环境研究、绿色可持续发展科学与技术、水资源学的相关研究论文发文量占比均超过 10%，环境科学领域论文所占比例达 33.6%。

与国际气候治理研究领域相比，中国更注重绿色可持续发展科学与技术、水资源学、能源与燃料等学科，而国际上更关注政治科学、地理学、经济学、国际关系和公共行政学方面的研究。

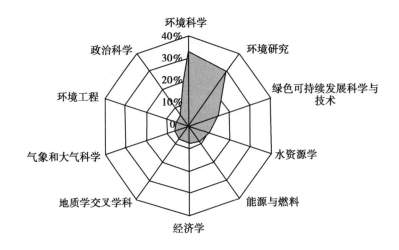

图 2-5 2000—2017 年中国气候治理研究主要相关领域

小 结

文献计量分析表明，2000—2017 年，全球气候治理研究呈持续快速扩展态势，特别是自 2008 年以来，全球气候治理研究论文以年均 26.7% 的增幅快速增长，2017 年达到峰值，说明目前在全球范围内，全球气候治理已经成为热点研究领域，预计未来相关研究还将保持较快增势。

在国际方面，美国在全球气候治理研究方面具有显著的引领优势，2000—2017 年其发文总量所占国际份额接近 30%，年均发文量较高。除美国外，以英国为代表的欧盟主要国家（主要包括英国、荷兰、德国、瑞典、法国、瑞士、意大利和西班牙），以及澳大利亚、加拿大、中国和挪威等国也呈现出较高的研究活跃性。

就研究主体而言，全球气候治理研究活跃的科研机构主要来自澳大利亚、荷兰、美国、瑞典和加拿大，其中主要是高校机构，如牛津大学、瓦格宁根大学、澳大利亚国立大学、东英吉利亚大学、阿姆斯特丹自由大学、利兹大学、不列颠哥伦比亚大学、亚利桑拿州立大学、斯德哥尔摩大学、乌得勒支大学、墨尔本大学、隆德大学、昆士兰大学、詹姆斯·库克大学等，科研机构有澳大利亚联邦科学与工业研究组织、联合国教科文组织和中国科学院等。

目前全球气候治理研究集中于环境研究及环境科学相关领域，相关研究论文占比接近 40%，其次分别为政治科学、地理学、经济学、国际关系、公共行政学、绿色可持续科学、水资源、生态学、气象和大气科学、能源与燃料领域。通过比较，中国更关注气候治理技术相关的研究，而国际上更关注气候政策、政治和国际关系方面的研究。

截至目前，有关全球气候治理问题的研究区域已经覆盖全球，按照受关注程度从高到低依次分别为非洲（特别是南非、撒哈拉以南非洲地区和西非）、亚洲（特别是中国以及东南亚）、大洋洲（澳大利亚以及墨累—达令河流域）、北极地区、北美（加利福尼亚州和不列颠哥伦比亚省）、南美（亚马孙流域、安第斯山脉和圣地亚哥）、欧洲以及南极地区。在局地尺度，全球气候治理研究所关注的热点研究区域包括亚马孙流域、湄公河流域、加利福尼亚州、不列颠哥伦比亚省、墨累—达令河流域、安第斯山脉、太平洋和巴厘岛等。热点关注国家包括中国、澳大利亚、印度、南非、加拿大、越南、巴西、印度尼西亚等。

与国际相比，中国正式、规模化地开展全球气候治理研究较晚，但增长迅速，特别是近几年来，中国的相关研究产出呈快速扩充之势，虽然目前中国在全球气候治理方面产出并不算高，但是按照中国在该领域的发展趋势，可以断定再过几年中国将成为全球气候治理研究产出的主要贡献国之一。2000—2017 年，中国有关全球气候治理研究的论文共 217 篇，国际占比为 4.03%，排名第 8，在总量方面同法国、瑞士等国处于同一梯队。分析表明，中国目前在全球气候治理研究方面的质量和影响力有待提升，在论文数量上明显低于国际主要国家的平均水平，与实力突出的美国、英国、澳大利亚、荷兰、加拿大等国还存在较大差距。

第三章 《联合国气候变化框架公约》谈判的总体进展

2015 年 11—12 月,《公约》第 21 次缔约方大会(即巴黎会议)成功召开,顺利达成《巴黎协定》,标志着应对气候变化国际合作将进入新阶段。在国际社会各方推动下,《巴黎协定》于 2016 年 11 月 4 日正式生效。这是历史上最快批准生效的国际条约,彰显了全球携手向绿色低碳转型的决心,也提振了各国继续积极应对气候变化的信心。2016 年的马拉喀什会议聚焦于各方落实与行动,就《巴黎协定》生效和执行相关事宜形成决议,也对后续谈判做出程序性和机制性安排。根据授权,将于 2018 年波兰气候大会完成实施细则的谈判。

在气候变化多边进程中,全球盘点、资金、适应、透明度、市场机制等是谈判的重要议题,也分别反映出发达国家和发展中国家在气候谈判当中各自立场的矛盾焦点。

第一节 《巴黎协定》体现了国际气候制度的发展变迁

《巴黎协定》涵盖了减缓、适应、资金、技术、能力建设、透明度等各要素,对各缔约方在 2020 年后如何落实和强化实施《公约》提出了框架性规定。国际社会普遍认为,这是一个全面平衡、持久有效、具有法律约束力的气候变化国际协议,为 2020 年后全球合作应对气候变化指明了方向和目标,是人类应对气候变化的又一个里程碑。与《公约》自 1992 年达成以来的实践相比,《巴黎协定》既保持了一贯性和连续性,又体现了制度的变迁和发展,对 2020 年后全球气候治理提出了新的要求。

一　《巴黎协定》主要特征

《巴黎协定》延续并拓展了《公约》原则。对于这个最棘手的问题，《巴黎协定》首先延续了《公约》的"共同但有区别的责任"原则，并在《公约》原则的指导下，对全球各国应对气候变化的行动与合作进行了框架性规定。其次对"共同但有区别的责任"原则的解读进一步深化为历史责任、各自能力和"国情"，这不仅是技术性的处理，也是对既有原则与时俱进的解读。更与《公约》和《京都议定书》不同的是，《巴黎协定》并没有按照《公约》的模式对缔约方进行附件一和非附件一的二分法分类，这也说明《公约》建立起的全球气候治理体系在发生变迁。除了基本原则外，国际气候制度规则在原有基础上也发生了具有延续性的变迁和发展，具体表现在治理目标、减缓合作模式、资金支持模式、透明度机制和法律效力五个方面。

第一，全球气候治理目标更加明确。《巴黎协定》在《公约》和"巴厘路线图"的基础上，正式将减缓、适应和资金支持作为并列的应对气候变化全球合作目标，并进一步将"2℃目标"深化为"1.5℃目标"，后者第一次成为全球共识。

第二，减缓合作模式发生了变迁。相比《京都议定书》确立的自上而下模式以及《巴厘行动计划》形成的混合模式，《巴黎协定》确认了所有缔约方自下而上地提出国家自主贡献（NDC）的减缓合作模式和弥补差距的全球盘点机制以及自上而下的透明度体系。相比《京都议定书》，减缓模式虽然有所退化（为了全面参与），但整个逻辑主线是合理清晰的。

第三，气候治理资金支持模式发生了变迁。《巴黎协定》将既有的发达国家向发展中国家提供资金支持的模式，演变成了所有国家都要考虑应对气候变化的资金流动，一方面模糊了资金支持对象，另一方面将各国国内的资金流动纳入了考虑。与此同时，《巴黎协定》还扩展了资金支持的提供主体，首次对发展中国家提出提供资金支持的规定，尽管只是自愿性质的行动。

第四，透明度机制发生了变迁。《巴黎协定》在为发展中国家提供必要灵活性、向发展中国家提供履约和能力建设支持的基础上，强化了对各国的透明度共同要求。

第五，全球气候治理法律约束力发生了变迁。《巴黎协定》所建立的气候治理体系不具有强的法律约束力，也就是对各国行动的内容没有强制性要求，但提出了以透明度机制为主的程序性约束。

以上的种种变迁和发展是对目前全球政治经济现实的客观反映，也是近中期的最合理选择。这种演变说明，国际气候制度的发展不是直线型和单向的，而是有曲折、有迂回。这种模式暂时放弃了"力度"硬性要求，更注重缔约方的全面参与，引导各国都参与低碳转型实践；同时通过"循环审评"机制，明确减排差距，提高紧迫性，通过类似"绿色俱乐部"、各种公约外机制、非国家行为体的活动，多方面发掘减排潜力，最终在全球形成绿色发展的氛围，推动减排成为一种"自觉"行为。

二 《巴黎协定》面临的挑战

作为一个面面俱到、190多个缔约方认可的协定，后续实施细则谈判中偏重任何一点都可能加剧《巴黎协定》落地的难度。选择性模糊也将带来重新解读《巴黎协定》的可能性（如NDC的性质和范围）。

第一，《巴黎协定》实现了参与度和力度之间的微妙平衡。从参与度来讲，《巴黎协定》做到了"史无前例"的广泛参与；从力度上看，《巴黎协定》不仅再次肯定了2℃长期目标，还出人意料地纳入"努力追求"1.5℃目标的表述，要求全球在21世纪下半叶实现人为温室气体源与汇的平衡。同时，全球盘点和循环审评是提高力度的方式。但总体而言，为了追求"全面参与"，力度受到了损害，这一点从全球盘点实施细则谈判面临的困难就可以看出。总体而言，《巴黎协定》是"大而弱"的。面对气候变化的紧迫性，提高力度是《巴黎协定》通过之后首先面临的重任。

第二，《巴黎协定》保持了灵活性和约束力之间的平衡。为保证参与度，《巴黎协定》体现了最大限度的灵活性。不具有硬约束的"should"一词频繁出现，而在《京都议定书》中，该词只出现了一次。特别重要的是，虽然硬性要求各缔约方按期提交NDC，但对其内容没有做强制性要求，充分体现"国家自主"原则。尽管如此，在规则和程序方面，这个模式具有约束力，如各缔约方都必须定期提交NDC、按照透明度规则报告进展、接受审评等。约束对象的不同也直接影响到行动力度。

第三，《巴黎协定》做到了各个要素之间的平衡。每个缔约方都得到了部分想要的东西，例如，损失和损害作为单独的章节列出，但同时也明确地将责任和赔偿除外；人权、代际公平、气候正义、健康权力等非传统气候概念被纳入前言中，但正文中并没有给予更多呼应。同时，《巴黎协定》还第一次正式呼吁非国家主体的参与，鼓励将"非国家主体"的参与真正落实下来。在后续谈判中，损失损害议题以及 2020 年前行动一直是发展中国家的强烈诉求。

第四，《巴黎协定》做到了要素内部的平衡。例如，虽然建立了统一的透明度机制框架，但保持了灵活空间；资金筹措的范围有可能扩大，但发达国家的义务仍有强制性，而其他国家属于被鼓励的行列，具有可选性，满足了新兴国家的关切。

从 2016 年 COP22 正式开展的《巴黎协定》实施细则谈判中，如何提高 2020 年前后减缓和支持力度、如何理解 NDC、全球盘点如何进行、损失损害的地位等是细则磋商的难点，这些正是《巴黎协定》不得不模糊处理的地方。

抛开《巴黎协定》实施细则谈判所面临的政治挑战，《巴黎协定》本身在各个方面都存在需要进一步研究和夯实的地方。一是科学上的不确定性，2℃与 1.5℃之间的对比，其风险评估缺乏足够的科学研究；二是技术不确定性，《巴黎协定》目标隐含了对负排放技术的巨大需求，从现在看这些技术并不具备大规模使用的水平；三是欠缺评估，松散机制使各国提交的 NDC 内容千差万别，直接导致其核算充满了不确定性，进一步导致对各国的实际努力的估计偏差，更会导致对全球未来政策评估的不确定性；四是遵约机制不足，《巴黎协定》更多依靠的是国家"自主"减排行为，其本身并不能保证世界会走向成功；五是资金保障不足。《巴黎协定》可以得到广大发展中国家认同的重要原因是 1000 亿美元资金的承诺与损失损害的认同，一旦资金缺乏了保障，来之不易的共识可能再次被打破。

第二节　巴黎会议后全球气候治理的新特征

《巴黎协定》达成和生效后，全球气候治理继续在曲折中前行。美国共和党政府执政以来，在应对气候变化问题上态度转向保守消极，美国总统特朗普于 2017 年 6 月宣布美国退出《巴黎协定》，在一定程度上冲击了国际合作应对气候变化的动力，也为全球气候治理带来新的挑战，国际气候谈判多边进程和全球气候治理呈现出新的特征。

一是后巴黎时代面临逆全球化等复杂国际局势，全球气候治理可能进入一个低潮周期，领导力将发生进一步更迭或分化。自 2007 年巴厘会议以来，尽管有些波折，但总体而言，全球气候治理正在走上非对抗的、合作共赢的正轨，政府、企业、公民社会等各方的力量正在凝聚，共同分享绿色转型效益的新格局正在逐步形成。但随着特朗普政府在应对气候变化问题上的倒退，以及国际气候秩序和格局的不断演化，全球气候治理正在迈入一个新的时期，一个既不同于 1992 年《公约》初创时的美欧主导、南北分立的格局，也不同于 2001 年美国拒绝签署《京都议定书》后的欧盟接棒的踌躇，以及 2009 年哥本哈根气候大会时的欧盟乏力、均势破裂的尴尬。随着全球气候治理领域的领导力不断更迭，国际社会对治理模式变革以及中国引领未来进程充满期待。①

二是全球气候治理从聚焦政治共识转向对技术细节和落实承诺的关注，自下而上的模式更具有包容性。《巴黎协定》自 2016 年 11 月 4 日满足"双 55"的条件生效后，全球气候治理的焦点也转向了实施机制的细则谈判和承诺落实，涉及国家自主贡献更新、透明度框架、全球盘点、市场与非市场机制、减缓、适应、资金、技术、能力建设等相关安排，这需要各方在技术细节方面进行深入细致的磋商以达成共识，实施国家自主贡献的进展也将成为各方关注的焦点；此外，目标是否有雄心、行动是否有力度都将成为影响缔约方在全球气候治理中话语权和影响力的重要因素。《巴黎协定》提出了长期的、相对明确的奋斗目标，并鼓励各方最大限度地参与，以及对各缔约方主权和利益的保护，特别是履约和遵约机制上强调"专家式"的透明、非对抗、非惩罚的特性，体现了谈判的妥协艺术和务实主义，这使得《巴黎协定》下一国国家自主贡献的实施并不受他国不作为的影响。同时，美国地位的重要性也因其年排放占比份额下降而有所减弱，但从当前全球治理的局势看，少了美国参与的《巴黎协定》预期大不如前。②

三是发展中国家群体崛起，但引领气候治理的能力和抓手不足。世界政治经济格局"东升西降"趋势已持续多年，对气候治理的影响是多样

---

① 柴麒敏、傅莎、祁悦、樊星、徐华：《特朗普"去气候化"政策对全球气候治理的影响》，《中国人口·资源与环境》2017 年第 8 期。

② 张永香、巢清尘、郑秋红、黄磊：《美国退出〈巴黎协定〉对全球气候治理的影响》，《气候变化研究进展》2017 年第 5 期。

的。一是发展中国家的话语权明显强化，更有力地倡导公平维护自身权益，对西方语境体系下的全球治理提出挑战，促进气候机制更均衡地向前迈进；二是在西方国家主导的国际政治体系内，尽管话语权提升，发展中国家的呼吁多停留在理念方面（如人权、代际公平、气候正义、健康权益、土著居民权利等），较少提出具有可操作性、能被广泛接受的建议，最终的规则制定权依然更多地掌握在西方国家手中。双方僵持的结果导致磋商效率的一再降低；三是发展中国家利益分化严重，发展水平不一，难以形成真正的合力。例如，一些国家强调损失和损害以及相应的赔偿、资金支持，而自身又缺乏合理利用资金的能力；有些国家经济结构畸形，严重依赖化石能源，在谈判中强调"应对措施"而自身缺乏减排动力；一些国家强调不切实际的减排力度；有些国家极力强调发展空间，在发达国家排放已经普遍下降的情况下，造成了发展中国家内部对排放空间的争夺。

一　气候变化问题成为打造人类命运共同体的重要组成部分，是联合国可持续发展目标的重要抓手

2017 年，习近平主席在世界经济论坛年会和联合国日内瓦总部发表两场演讲，提出"构建人类命运共同体，实现共赢共享"的中国方案，自此"人类命运共同体"的概念成为世界各国应对全球挑战的重要指导思想之一。气候变化是一个具有最大时空尺度的外部性问题，超越了世界范围内现有国家主权决策主体的常规决策视野，需要打破传统的"零和"思维模式，形成相互依存的共同利益观，努力推动国际合作与共赢。《巴黎协定》的达成体现了各缔约方对气候科学的普遍共识，未来各国共同的气候行动有望成为构建人类命运共同体的重要部分。

2015 年联合国大会上达成的《2030 年可持续发展议程》为全球勾勒出未来发展的蓝图。尽管应对气候变化只是设定的 17 项可持续发展目标之一，却与其他 16 项目标存在紧密的联系与互通的路径。应对气候变化所要求的能效提高、经济结构转型、生产方式调整等努力，可以对脱贫、就业、促进公平等其他目标产生积极的协同效果。例如，《公约》第 4 条第 1款（c）项要求各方合作，减少能源、运输、工业、农业和林业部门的温室气体排放，可以分别对应于 SDG 7（能源）、SDG 11（城市）、SDG 9（工业化）、SDG 2（农业）和 SDG 15（森林）；《公约》第 4 条第 1 款（d）项要求各方在生物量、森林和海洋以及其他陆地、沿海和海洋生态系

统方面进行合作，可以对应于 SDG 14（海洋和海洋资源）和 SDG 15（陆地生态系统、森林、荒漠化、土地退化和生物多样性）。各国在制定发展方略时充分考虑减缓与适应气候变化，可以帮助推动全球整体的低碳转型。

二　发达国家与发展中国家"二分法"逐步解构，南北阵营分化重组，减排义务分配原则面临重构

全球的排放布局在近几十年发生了大幅扭转。在 1992 年《公约》达成之初，发达国家占全球人口的 20%，却排放了 70% 的温室气体[①]，属于当之无愧的"排放主体"。而随着新兴大国的迅速发展，中国于 2006 年赶超美国成为全球第一大排放国，印度于 2009 年赶超俄罗斯成为第四大排放国。目前，仅中国一国就占全球排放近 30%，发达国家整体只产生了 40% 左右的碳排放。[②] 发达国家与发展中国家的"二分法"界限逐渐模糊，《公约》基石之一"共同但有区别的责任"原则受到部分发达国家的挑战。部分发达国家借《巴黎协定》中"同时要根据不同的国情"的模糊表述，试图以《巴黎协定》取代《公约》，以"责任的共同性"取代"共同但有区别的责任"基本原则，要求所有国家承担强制减排的责任和义务。但是要考虑到，尽管近年形势变化很快，自工业革命以来，发达国家历史累积碳排放量仍高于发展中国家，原因是其经济成果建立在数百年高污染、高排放的发展路径基础上。发展中国家工业化、城市化、现代化进程尚未完成，在可再生能源尚未完全具备经济竞争力的当下，仍有利用廉价化石能源开发基础设施、摆脱贫困的需求，不可避免地产生一定程度的二氧化碳排放量。因而，尊重发展中国家发展的权利，适当放宽减排的力度与时间，坚持"共同但有区别的责任"原则仍具有历史和现实的意义。

另外，尽管发展中国家核心利益一致，却因发展阶段的不同逐渐分化，统一立场、共同发声面临困难。气候谈判中形成小岛屿国家、立场相

---

① 陈向国、李俊峰：《盼望中国早日成为能够承担更多责任的发达国家》，《节能与环保》2013 年第 8 期。

② 张丽华、姜鹏：《从推责到合作：中美气候博弈策略研究——基于"紧缩趋同"理论视角》，《学习与探索》2015 年第 4 期。

近发展中国家、拉美独立国家联盟等新的利益团体，"基础四国"也因发展阶段差距拉开出现较大分歧，气候谈判的参与方正经历着立场、责任与话语权的调整与重构。

三　大国外交与全球民主之间的平衡在谈判中的作用日益凸显

中国和美国分别是全球最大的发展中国家和发达国家，也是全球前两大排放国，其一举一动深刻影响着全球的减排动力与承诺。在美国总统奥巴马的任期内，两国气候外交取得了长足的发展。2013 年 4 月、2014 年11 月与 2015 年 9 月，两国共同发表两份《中美气候变化联合声明》与一份《中美元首气候变化联合声明》，深化双边合作，重申气候承诺，为其他国家树立了榜样，为《巴黎协定》达成奠定了基础。特朗普总统上台之后，美国气候立场不确定性增强，美国从全球气候治理中逐渐淡出，留下一定程度的气候领导力空白，中国、欧盟、加拿大等国家和地区则发挥了旗帜性作用，及时重申气候承诺，维持全球气候行动的势头。2017 年 5 月第八届彼得斯堡气候对话论坛上，中国、欧盟、加拿大就推动《巴黎协定》落实展开了对话，并于 2017 年 9 月 15—16 日联合发起第一次气候行动部长级会议。主要大国通过高级别的互动，维护《巴黎协定》来之不易的成果，奠定了全球气候行动的基调，提升了其他国家应对气候变化的信心和决心。大国以其在国际舞台上的话语权与领导力，协助规则的制定与落实，稳定了以联合国为主渠道的全球气候治理既有秩序。中国作为一个积极的参与者，在坚定完成本国气候目标的同时，积极为发展中国家集团发声，照顾多方利益，对维护全球民主平衡、推动务实合作起到重要作用。[①]

四　全球气候治理的主体更加多元与分散，多边气候框架外的治理机制迅速发展

活跃的非政府组织、跨国公司、学术机构、媒体和次国家集团对《巴黎协定》的达成和生效起到了持续的推动作用。巴黎大会共吸纳了 36276

---

① 王克、夏侯沁蕊：《〈巴黎协定〉后全球气候谈判进展与展望》，《环境经济研究》2017 年第 4 期。

位参会者，其中36%的为非政府组织及各类机构，通过发布报告、公众传播、交流经验、维护权利等方式，代表不同利益相关者的积极发声，促进《巴黎协定》的全面性、平衡性和合理性。在美国联邦政府作为缔约方宣布退出《巴黎协定》后，国内的气候行动势头并未受到遏止，州、城市、企业、非政府组织反而走进公众视野，坚定落实美国的气候承诺。2017年11月，在美国宣布退出后的第一届气候大会中，美国国内的气候变化支持者自发组建了"美国人民代表团"，在谈判场外搭建美国行动中心，并发布《美国承诺》行动报告。报告称，坚持承诺的城市、州和企业代表了美国社会的一半以上，如果它们组成一个国家，将成为全球的第三大经济体。

2018年1月启动的塔拉诺阿（Talanoa）对话被视为非国家主体在正式谈判进程中作用的一大飞跃。塔拉诺阿对话以小组的形式展开，国家谈判代表与非缔约方围坐一圈，以讲故事的方式就气候治理交换经验。非国家行为体的参与，为后巴黎时期谈判的定位、目标和行动补充了丰富的思维视角，同时它们作为政治家与公众的沟通桥梁，将气候议题与现实需求相结合，使其更具有认可度与现实意义。但是，如何将这些分散的故事或观点纳入接下来的政治进程是个难题，更多的反对可能来自发展中国家。

五　气候变化问题与更多的多边国际机制相结合，日益成为全球治理与结构转型的重要部分

在公约机制之外，行业多边机制也将气候议题纳入考虑范围。2016年10月国际民航组织（ICAO）第39届大会通过了《国际民航组织关于环境保护的持续政策和做法的综合声明——气候变化》和《国际民航组织关于环境保护的持续政策和做法的综合声明——全球市场措施机制》两份重要文件，形成了第一个全球性行业减排市场机制；而后国际海事组织（IMO）于2018年4月首次达成行业气候战略，承诺于2050年前将行业碳排放削减50%。20国集团作为影响力较大的经济合作论坛，将结构性改革列为重点议题，通过了《20国集团深化结构性改革议程》，并将"增强环境可持续性"确立为九大结构性改革优先领域之一。其指导原则包括推广市场机制以减少污染并提高资源效率、促进清洁和可再生能源以及气候适应性基础设施的发展、推动与环境有关的创新的开发及运用和提高能源效率。

2016年、2017年两届20国集团领导人峰会（G20 Summit）都在公报中重申气候承诺，进一步确认世界经济绿色转型大趋势。《公约》外进程的持续推进，与《公约》内部以国家为主体的谈判形成良性互动与互补作用。《巴黎协定》的核心内容被一步步深化，并与行业标准、贸易、投资等产生更紧密的联系。内外互动推动了《巴黎协定》的尽快落实，将低碳进程与全球结构转型有机结合，有利于充分发挥气候行动的潜力与影响力。

六　气候与能源和资源的纽带关系被高度重视，气候变化对地缘政治格局带来深远影响

越来越多的研究表明，气候—能源—水之间存在高度的耦合关系，气候系统的变化，对整个能源系统和水循环的变迁都有重大影响。气候变化对水资源的影响体现在干旱、洪水、冰川融化、海平面上升和风暴等各个方面，而适度的水资源管理，如流域管理和可持续基础设施建设，可以从一定程度上增强地区对气候变化的恢复能力。气候变化对能源系统的低碳化转型提出了迫切的要求，以化石燃料为主的全球能源结构需逐步被非化石燃料所替代；但随着特朗普就任美国总统，美国加大了化石能源特别是油气资源的开采及出口力度，可能对中东产油国以及俄罗斯等油气出口大国造成重要影响，并对地缘政治格局带来潜在影响。

七　气候变化作为非传统安全的一部分，进入更广泛的决策视野

当今时代，气候变化已经不单单是一个科学问题，而演变成一项国家和国际安全事务。从生态变化角度而言，气候变化导致海平面上升，沿海地区遭受高潮危害；极端气候事件频率增加，威胁基础设施的正常运行；酷暑、洪水、干旱加剧社会不稳定，导致居民死亡和疾病概率上升。但更重要的是，气候变化是一种"威胁倍增器"，加剧我们今天面对的其他挑战——从传染病到武装叛乱——同时在未来还可能带来新的挑战。例如，美国《国家科学院学报》2015年的一篇论文指出，2006—2010年中东局部地区发生的一场严重干旱带来了动荡，为2012年爆发的叙利亚国内冲突火上浇油。这场干旱在一定程度上可归咎于人类活动引发的气候变化。由气候变化引发的自然变化与其他压力因素相互交织，促使局势超过临界点

成为公开冲突。① 其一，气候变化和一系列社会政治因素都存在直接与间接的联系，如局地温升造成的粮食和水资源危机有暴发传染病、造成人口迁移、引起区域冲突的危险，可能转化为需要依靠军事手段解决的传统安全问题，甚至演化为武装冲突或局部战争。这种链条式的反应具有连续性与不可逆性，一旦超过一定临界阈就有可能带来整个社会系统的崩溃；其二，对国内和国际安全的影响存在不确定性与突发性。极端的气候灾难可能随时发生，冲破国家安全体系的底线，带来政治不稳定与人道主义危机；其三，气候变化跨越国家的主权尺度，对国际政治秩序造成新的挑战。北极冰川的融化引发了北极航线开辟的新问题，造成了有关国家对潜在石油资源、矿产、捕鱼权利的争夺，同时对沿线国家既有的基础设施造成一定影响。不同地区气候敏感性的差异也造成承担的气候变化成本和对全球温室气体排放的贡献大相径庭，小岛屿国家的气候补偿诉求长期难以得到满足。

庆幸的是，气候变化作为一个安全问题已经得到国际社会的重视。2007 年，联合国安理会就气候变化与安全问题首次进行辩论，标志着气候变化被纳入全球安全问题议程。其后，2009 年，潘基文秘书长向联合国大会提交了《气候变化和它可能对安全的影响》报告，2014 年联合国政府间气候变化专门委员会（IPCC）第五次评估报告首次设置专门章节，评估气候变化对人类安全的影响。世界主要国家都将气候安全纳入国家安全的讨论议程。中国在《国家应对气候变化规划（2014—2020）》中明确提出，"气候变化关系我国经济社会发展全局，对维护我国经济安全、能源安全、生态安全、粮食安全以及人民生命财产安全至关重要"，揭示了气候变化对更广泛的社会经济安全的影响，超越了仅将其作为环境问题的狭隘视野。中国共产党十九大报告也将气候变化问题列入与恐怖主义、网络安全、重大传染性疾病等并列的非传统安全威胁中。尽管美国特朗普政府从多个角度体现出对应对气候变化的排斥态度，2017 年 11 月通过的 2018 财年国防授权法案仍将气候变化影响作为一项重要的研究内容，要求国防部提交书面报告，甄别五大军种面临的十大自然威胁，延续了美国国防部2014 年《气候变化适应路线图》中提出的气候变化"威胁倍增器"的

---

① Colin P. Kelleya et al.，"Climate Change in the Fertile Crescent and Implications of the Recent Syrian Drought"，*PNAS*，Vol. 112，No. 11，2015.

观点。

但是，目前对气候安全问题的重视有其局限性，不完全适应气候风险大空间尺度及复杂性的特点。非传统安全问题体现明显的社会性和主体多元性特征，无论是受影响者还是采取应对措施的行为主体，都不限于主权国家，需要非国家行为体如个人、组织或集团等合作，共同采取行动。同时非传统安全存在很大的不确定性，需要各国合作，针对主要的敏感生态系统以及临界点构建全球观测与预警网络，并采取预防性措施。鉴于中美等国在气候变化属于非传统安全问题上观点一致，有加强国际合作与对话的潜力，需要树立高度重视非传统安全的新的安全观，将其和传统安全问题一道，寻求深度的合作与有效的应对策略。

第三节 主要谈判议题进展

一 国家自主贡献

国家自主贡献是《巴黎协定》的核心制度之一，是最终实现全球长期目标的"国家贡献+全球盘点"序贯累进机制中最为重要的组成部分。其概念于2013年华沙气候大会上首次被提出。华沙会议决定（Decision1/CP19）首次邀请和鼓励所有缔约方在2015年巴黎气候大会前提交国家自主贡献预案（INDC）。国家自主贡献最大的特征是自主性和渐进性，即依据缔约方自身的发展阶段和具体国情，自主决定未来一个时期的贡献目标和实现方式，同时参考较为宽泛的通用导则和全球盘点提供的总体信息，来不断修正、更新并提出下一阶段力度更大的贡献方案。

自2015年初开始，《公约》缔约方陆续向UNFCCC秘书处提交INDC。截至目前，已有193个国家和组织提交了165份INDC，涵盖全球总排放量的99%。其中欧盟28国（包括英国）共同提交一份INDC。全部附件一国家均提交了INDC。148个非附件一国家提交了INDC，占非附件一国家总数的96%。

在165份INDC中，126个国家（76%）提出了具体的温室气体减排目标。大多数国家的温室气体减排目标为相对照常情景减排目标（65%）或相对基年减排目标（26%）。其他温室气体减排目标的形式包括累积排放减排目标（如南非等）、排放强度目标（如中国和印度等）和峰值目标

（如中国和新加坡）。所有提出了温室气体减排目标的 INDC 均覆盖能源部门，但对其他部门的覆盖不一。发达国家 INDC 均为全经济范围的目标。而发展中国家的 INDC 很多仅覆盖一个或者几个部门的排放，有些只覆盖某部门下面的几个子部门。

发达国家的 INDC 均涵盖全部温室气体。绝大部分国家的 INDC 包括二氧化碳（CO_2）减排目标。大部分国家的减排目标包括甲烷（CH_4）和一氧化二氮（N_2O）。

绝大部分包含温室气体减排目标的 INDC 参考了 IPCC 指南，但具体使用的指南仍有差异。约有 1/3 的国家参考了不止一种 IPCC 指南。另外各国使用的增温潜势（GWP、GTP）也有差异。

尽管超过 70% 的国家将土地利用变化及森林（LULUCF）的核算纳入减排目标中，只有少数部分国家提及了核算参考指南。近 50% 的提出温室气体减排目标的国家表示愿意参与国际市场机制。

在 165 份已提交的 INDC 中，有 140 份 INDC 提出了适应行动，其中 99 份由非洲和亚太发展中国家提出，占比超过 70%。有些发展中国家，特别是小岛屿国家和温室气体排放量较少的小国家等，提出本国应对气候变化行动会优先考虑适应行动。各国的适应行动主要包括全面评估本国气候脆弱性、评估气候变化可能带来的损失、制定相应法律法规、建立健全灾害监测预警系统、完善居民生活设施、加强国内设施的抗灾能力等方面。

二 资金议题

气候资金问题是气候变化国际谈判与合作的核心要素，也是有关发展中国家维护自身权益和平等参与国际治理的"共同但有区别的责任"原则能否得以维系的重要议题。国际主要气候资金机制包括《公约》下的全球环境基金（GEF）、绿色气候基金（GCF）以及《公约》外的气候投资基金（CIFs）。除了 GEF、GCF 和 CIFs 等资金机制主体的活动外，气候资金从发达国家向发展中国家的转移，还通过以世界银行为首的多边开发银行（MDBs）以及其他双边开发银行的投资活动实现。

（一）《公约》下气候资金和气候融资

巴黎大会决议要求发达国家拿出落实 1000 亿美元出资目标的"具体路线图"（concrete roadmap）。发达国家在会议期间向《公约》秘书处正式提交《1000 亿美元路线图》，并力推在决议中认可发达国家已经提交的

"具体路线图"，以确认其已完成巴黎大会决议的要求。发展中国家对发达国家提交路线图报告表示欢迎，但普遍质疑其方法学和内容，要求决议中敦促发达国家进一步扩大出资规模。在《公约》内的气候资金谈判上，发展中国家普遍面临严峻的谈判形势，在未来谈判情景的评估上有以下几方面的特征。

一是内外部双重压力增大。一方面，从内部发展来看，随着我国排放量的增加以及经济实力和政治地位的增强，面临的国际期待和关注在不断增加；另一方面，从外部来看发达国家已经开始对发展中国家进行类别划分，试图分化新型大国经济体和其他经济发展一般和较弱的发展中国家。

二是中长期资金面临挑战。创新性资金逐步融入气候资金筹资体系，但中长期资金面临严峻挑战。发达国家刻意混淆对"新的、额外的"资金的定义，逃避供资义务和责任，并欲推动形成新的全球资金义务分担机制，将发展中国家纳入该体制。发展中国家虽然在谈判中督促发达国家切实履行承诺、要求提高资金落实情况的透明度并对这部分资金进行"衡量、报告、核查"，但是受制于发展中国家集团内部不同集团谈判诉求的差异，无法团结一致并在谈判中对发达国家履行供资义务施加足够大的压力。整体上看，资金来源呈现出由公共到私营、单一到多元、发达国家出资到与主要经济体共同承担的趋势。

三是气候资金机制重要性进一步凸显，但《公约》内资金机制有弱化趋势，并受到《公约》外平台冲击。《巴黎协定》中重申了对《公约》气候资金的原则，明确了 GCF、GEF 等《公约》资金机制运营实体为《巴黎协定》的实施服务。GCF 已经筹集资金 103 亿美元并正式启动运营，GEF 将启动第七次增资，将为促进《巴黎协定》实施发挥重要作用。

四是未来几年内发达国家在出资方面难有新的实质性行动。由于方法学和国内预算安排方面的限制，预计发达国家不大可能再拿出具体路线图，而且除了向 GEF 和 GCF 正常出资外，在增加公共部门出资方面难有大的新动作，并且将继续通过碳定价等市场机制、动员私营部门资金、推动多边开发银行气候投资等替代方式扩大气候资金来源，缓解公共部门出资压力。

(二) 发达国家提供的《1000 亿美元路线图》报告解析

1. 报告概况

2016 年 10 月，由澳大利亚与英国牵头，发达国家联合发布了《1000

亿美元路线图》报告（以下简称《报告》）。《报告》在联合国气候变化马拉喀什大会召开前发布，受到各方关注。《报告》包括背景、1000 亿美元进展情况、落实 1000 亿美元路线图和推动转型以促进《巴黎协定》实施等内容。

《报告》指出，2010 年联合国气候变化坎昆会议认可"发达国家承诺到 2020 年每年共同动员 1000 亿美元的目标，资金来自公共和私营部门、双边和多边多种来源，包括替代性资金（alternative resources）"。2015年，气候变化巴黎大会敦促发达国家扩大资金规模，制定实现到 2020 年为支持发展中国家气候行动动员 1000 亿美元目标的具体路线图。为此，发达国家共同发布了《报告》。

根据 2016 年 OECD 发布的《2020 年气候资金预测》报告，2015 年发达国家和多边开发银行所做资金承诺将使公共气候资金规模由 2013—2014年的年均 410 亿美元增加到 2020 年的 670 亿美元。其中 90% 是已有承诺，包括发达国家双边渠道出资承诺（327 亿美元，含向绿色气候基金和联合国专门机构出资）和作为发达国家贡献（attribute to developed countries）的多边开发银行气候资金承诺（280 亿美元），其他来源包括对尚未做出承诺的发达国家出资的预测值（基于 2013—2014 年出资的平均值，37 亿美元）、气候基金预期回流资金（14 亿美元）、发达国家其他承诺（9 亿美元）等。《报告》在附表中简单罗列了发达国家和多边开发银行所做资金承诺。《报告》还指出，参照 2013—2014 年公共资金撬动私营部门资金的比率（2013 年为 128 亿美元、2014 年为 167 亿美元）保守估计，到 2020年上述公共资金将撬动 242 亿美元私营部门资金。如基于最高撬动比率等假设条件测算，则 2020 年公共资金和由公共资金撬动的私营部门资金合计将达到 1330 亿美元。此外，《报告》还将出口信贷计入，但未提供具体预测值。基于上述测算，发达国家有信心实现到 2020 年动员 1000 亿美元的目标。

2. 主要问题解析

发达国家选择在联合国气候变化马拉喀什大会前发布《报告》，主要原因有以下几点：一是巴黎大会要求发达国家制定 1000 亿美元路线图，发展中国家已同意《巴黎协定》下的全球减排行动，发达国家需在资金问题上展示诚意及具体举措，以应对道义压力。二是发达国家欲推进《巴黎协定》实施，借资金问题展现合作姿态并进一步推动发展中国家在后续谈判及减排上采取行动。

《报告》在一定程度上体现了发达国家合作共赢的姿态，但也存在很多问题。一是采用发达国家与 OECD 自身的标准及方法界定气候资金并测算发达国家出资额，不具有广泛代表性，也缺乏可信度与法律效力。二是统计较为粗放，缺乏实质内容。只谈出资承诺，未谈如何具体兑现；只对发达国家出资承诺进行简单加总，未提供每个国家兑现承诺的清晰的时间表、渠道、出资优惠程度等必要信息，缺乏透明度。三是侧重动员私营部门资金，未对发达国家如何通过公共预算出资等进行深入分析与论述。四是突出多边开发银行作用，忽视气候资金"新的、额外的"的性质。尽管1000 亿美元资金可以有双边、多边等多种来源，但发展中国家认为，多边来源应主要包括绿色气候基金等《公约》下的专门气候资金机构，将以减贫与发展为宗旨的多边开发银行资金贴上气候标签计入 1000 亿美元，混淆了官方发展援助与气候资金之间的区别，存在重复计算。而且，将多边开发银行气候资金中的大部分贡献归功于发达国家缺乏可信的依据。五是未体现气候资金优惠性和由发达国家流向发展中国家的特性。双边和多边贷款要求还本付息，私营部门投资要求获取超额利润，出口信贷一般要求与发达国家出口挂钩，因此这些资金最终都将从发展中国家回流至发达国家。六是借资金问题在减排上向发展中国家加压，要求发展中国家取消化石燃料补贴、实行碳定价、在投资和国际发展援助中将气候因素主流化等。

3. 发达国家缔约方出资趋势分析

2010 年以来，发达国家一直不愿就落实 1000 亿美元出资承诺制定明确、清晰的路线图和时间表。在发展中国家坚持下，巴黎大会敦促发达国家扩大出资规模、制定具体的路线图。发达国家联合发布《报告》，表明在国际社会压力下，发达国家在报告集体出资承诺方面迈出了第一步，有利于国际社会监督其落实已有承诺。但也要看到，在气候变化马拉喀什大会即将召开、发达国家出资路线图日益成为各方关注焦点之际，抛出路线图的主要目的还是掩饰发达国家出资情况，为其在马拉喀什大会谈判中争取主动创造条件，以进一步推动发展中国家采取减排行动。

三　适应和损失损害议题

适应和损失损害议题是气候变化多边进程当中备受发展中国家关注的

议题，在《巴黎协定》的第 7 条和第 8 条中也对适应和损失损害所涉问题及相关机制做出了相应安排。

（一）适应在《公约》谈判中地位得到较大提升，我国在适应谈判中具有较大灵活性，但需规避出资风险

近年来，适应在《公约》谈判中的地位得到了比较大的提升，适应也成为发展中国家，尤其是发展中大国平衡减缓压力的重要手段之一。《巴黎协定》的适应文本淡化"两分"问题，更多强调适应是所有缔约方的挑战，支持部分的语义与《坎昆适应框架》相比十分模糊，仅强调了要为发展中国家的适应行动过程和编制适应信息通报提供持续的和增强的国际支持，但既没有明确资金规模也没有明确资金来源，甚至《坎昆适应框架》中描述发达国家资金支持的比较强硬的"可预测的、不断增加的、新的、额外的"词语也被改为"持续的和增强的支持"，概念模糊了很多。在2016 年 11 月特朗普当选美国总统和 2017 年 5 月美国政府宣布退出《巴黎协定》之后，很多发展中国家，尤其是小岛屿国家集团和最不发达国家集团，都相应降低了对全球多边气候治理的预期。虽然整体国际政治经济形势不会干扰《巴黎协定》特设工作组完成相应的技术性工作，但是对于发展中国家在适应方面关注的核心问题，预计发达国家向发展中国家提供适应支持的意愿将不进反退。

考虑到中国的经济总量和排放量，很多国家希望中国成为全球气候治理的新的引领者，他们对中国更高的预期会给中国在适应支持问题的谈判上带来更大压力。中国应该在新成立的国际发展合作署的工作中充分考虑和反映气候变化问题，充分体现中国对南南合作及发展中国家应对气候变化工作的重视和贡献；应在气候变化南南合作基金的设计和运行中，考虑如何增强对其他发展中国家开展适应行动的支持，制定南南合作战略，综合考虑政治、经济、外交等因素，明确基金受援国及其优先需求和重点领域，提高基金援助方向与中国应对气候变化相关利益诉求和谈判立场的契合度，充分回应发展中国家的关切，缓解自身的谈判压力。

（二）适应信息通报谈判的关键问题在适应谈判之外，国内适应行动的开展和总结是谈判的重要基础

按计划，适应信息通报的谈判将最晚在 2018 年底召开的《公约》第24 次缔约方大会结束，并由《巴黎协定》缔约方大会第 1 次会议决定通过谈判形成的适应信息通报指南，目前适应信息通报的谈判已经进入文本阶

段。与大多数发展中国家相比，中国已开展了很多适应行动，制定和实施了适应政策与行动，加之信息报告能力较强，因此在适应信息通报的谈判中立场相对灵活，适应信息通报谈判的关键在于适应信息通报（全球适应目标）与全球盘点、NDC，可谓在"适应谈判之外"。

（1）是否构建全球适应目标及其与全球盘点之间的关系，即是否量化全球适应目标并分解落实到各国。非洲集团是全球适应目标的倡导者，其目的不仅是建立国家和全球两个层面适应行动的联系，还希望在全球范围建立排放基准、减缓行动和适应成本之间的联系，这对排放大国有一定风险。因发达国家强烈反对，全球适应目标在《巴黎协定》文本中仅得到碎片化体现。但是，由于多数发展中国家和发达国家都不反对将适应信息通报作为推动和评估全球适应目标的工具，不排除非洲集团借助此轮谈判重新强化适应目标。考虑到团结非洲集团，化害为利，将全球适应目标的实现引向发达国家对发展中国家适应行动的支持，中国可启动全球适应目标的预案研究，主动提出中国方案，抢占谈判先机。

（2）适应信息通报和NDC的关系，以及适应信息通报的技术专家审评。中国认为，NDC应是综合的，包括减缓、适应、资金、技术和能力建设等内容。但根据《巴黎协定》的透明度规则，通过NDC提交的适应信息通报要经过技术专家评审，这是大多数发展中国家不愿意看到的。单从适应信息通报的编制能力和开展适应行动的充分性而言，是否对适应信息通报进行技术专家评审，中国都可接受。但是考虑适应、减缓和透明度议题的联系，要注意NDC技术专家评审内容和形式谈判的进展，从整体谈判进程和团结发展中国家等多方面综合考虑。①

从谈判进展看，目前缔约方之间虽然有分歧但是也形成了很多共识，该议题谈判应会如期形成一个相对松散、区分共同要素和额外要素的指南，但2018年底的谈判很有可能无法一次性解决适应信息通报的关键问题，缔约方在全球适应目标和全球适应盘点模式方面较难达成一致。一些缔约方强调适应信息通报指南的编制应是一个不断完善的过程，在第1轮谈判结束时很可能设置修订或者审查指南的时间和程序。

从谈判战略来看，一个相对松散灵活的适应信息通报对中国更有利，

① 陈敏鹏、张宇丞、刘硕、李玉娥：《〈巴黎协定〉特设工作组适应信息通报谈判的最新进展和展望》，《气候变化研究进展》2018年2期。

但是中国立场灵活，可以与"77 国集团加中国"保持一致，以团结大多数的发展中国家。从具体谈判策略看，适应信息通报的目的、要素区分、支持、监测评估和全球盘点比较重要。

（三）未来损失损害谈判还将围绕华沙机制（WIM）展开，但核心还是资金问题

总体上看，未来损失损害的谈判还将围绕 WIM 展开，由于 WIM 原来是《坎昆适应框架》的组成部分，具有增强综合风险管理方法的知识和理解，增强不同利益相关者之间的对话、协调、一致和协同，以及增强行动和支持三大功能。因此，在实施《巴黎协定》第 8 条的背景下，如何考虑 WIM 的安置和授权问题，尤其是与增强对损失损害的支持功能相关的授权，将是近几年谈判的重点。

资金问题将是损失损害议题在相当长一段时期内的谈判核心问题，小岛屿国家集团希望强化 WIM 对损失损害支持的授权，希望 2019 年审查之前可以完成对损失损害资金机制的现状评估，并对如何增强损失损害支持提出建议。此外在 COP23 上，小岛屿国家集团和一些非政府组织（NGO）认为，处理损失损害问题最大的差距是资金差距，因此希望制订一个两年的工作计划为充足和可预测的损失损害资金设计公平的、创新性的、满足"共同但有区别的责任和各自能力原则"（CBDR-RC）的路线图。许多非政府组织提出要为特别脆弱的发展中国家处理损失损害问题设计创新性的资金机制，但是目前提出的所有创新性机制都是基于活动（如能源开采、航空航海旅客或者燃油费、碳税、金融交易税等）的收费或者税，基本不考虑《公约》的"共同但有区别的责任"原则，而采取了"污染者付费"原则，目前看现有的创新性损失损害资金机制都是对中国不利的，将给中国的谈判带来很大的压力，将是中国、发达国家和发展中国家长期交锋的阵地。

从谈判角度看，中国要主动重新考虑自身在发展中国家的定位，深刻认识到在损失损害谈判中，中国与其他发展中国家和集团，尤其是小岛屿国家集团、最不发达国家集团、非洲集团甚至立场相近的国家集团存在利益冲突，因此对发展中国家既要团结，也要保持距离，以避免被立场相近的国家集团和"77 国集团加中国"绑架，避免就损失损害问题形成任何"77 国集团加中国"的共同立场。

在出资问题上，必须坚持《公约》"共同但有区别的责任"原则和

《巴黎协定》第9条发展中国家自愿出资的原则，坚持在《公约》现有资金机制的框架下解决损失损害的资金问题，不支持构建新的损失损害资金机制，尤其是其他发展中国家提出的基于"污染者付费"原则或气候补偿的损失损害资金机制。

（四）《巴黎协定》提出的全球适应目标可促进中国适应战略的制定与实施，中国应主动提出自己的适应目标并坚持气候适应型发展路径

《巴黎协定》确立了"增强适应能力、复原力和减少对气候变化脆弱性"的全球适应目标，从而为在全球尺度增强和评估适应行动提供了新的出发点和推动力。但是，全球适应目标是多方面的，其全球和国家层面的目标和指标并不明确，目前虽未开展针对全球适应目标的具体谈判，但是从学术角度看，该目标可以是定性目标、半定量目标和定量目标。从谈判角度看，由于全球适应目标连接了"充分的适应反应"与长期温升目标，其进展是全球盘点的一部分，并且以非洲集团为首的发展中国家和集团试图推动建立减排、适应和资金机制之间的量化联系，中国目前作为世界第一排放国，在谈判语境下应该尽量避免量化的全球适应目标。

事实上，目前全世界有40多个国家已经构建或者正在构建国家层面的适应监测和评估系统，以设置适应目标并监测评估适应行动的进展。因此，在国家行动层面，中国应主动制订自己的国家适应计划，并将全球适应目标中的"增强适应能力、复原力和减少对气候变化的脆弱性"作为构建国家适应目标的指导，将气候适应型发展作为构建生态文明的重要支撑。此外，中国可以构建"以人为本"的国家适应目标，即以人口对气候灾害和损失的暴露度为出发点评估国家整体的脆弱性、适应能力和复原力，构建气候变化脆弱性与扶贫、灾害风险防控和可持续发展目标之间的联系，定期评估中国的适应进展。

四 透明度议题

《巴黎协定》确定了2020年后全球气候治理的框架，是全球合作应对气候变化进程中的重要里程碑。对于任何一个成熟的国际机制而言，确保透明度都是建立政治互信、维护机制运行的重要基础。目前在《公约》下，发达国家与发展中国家在透明度规则上存在不同要求，主要反映了各自在《公约》下有区别的义务和各自能力的不同。巴黎会议成果明确要求2020年后建立强化的透明度机制，该机制应建立在现有透明度机制基础

上，制定通用的操作指南，并给予发展中国家一定的灵活性。

（一）新透明度机制与现有机制的关系

《巴黎协定》基于《公约》20 余年的实践，在为发展中国家提供必要灵活性、向发展中国家提供履约和相应能力建设支持的基础上，强化了对各国的透明度要求。这些要求主要表现在三个方面：一是各国都需要定期报告全面的行动与支持信息；二是各国都要接受国际专家组审评，并参与国际多边信息交流；三是专家组将对各国如何改进信息报告提出建议，同时分析提出发展中国家的能力建设需求。尽管目前《巴黎协定》尚未明确这些透明度规则的具体内容、操作程序、相应后果，还需后续谈判制定操作指南时确定，包括发展中国家如何适用灵活性安排，但总的来说，无论是框架性要求，还是帮助发展中国家增强相关能力，全球气候治理的透明度机制又向着通用规则前进了一步。然而，《巴黎协定》并未明确所建透明度机制与既有透明度机制的关系。

《京都议定书》的透明度机制是在《公约》透明度机制上进行的增补，仅针对缔约方在《京都议定书》下额外的义务。考虑到《京都议定书》第二承诺期尚未生效，第三承诺期或许不复存在，因此《巴黎协定》新建的透明度机制与《京都议定书》的机制不会有重叠和冲突。

缔约方在《公约》下根据《坎昆协议》建立起来的发达国家双年报告、国际评估与审评，发展中国家双年更新报告、国际磋商与分析机制，已经在巴黎缔约方会议第 1/CP. 21 号决定中设立了"日落条款"，理应不再与《巴黎协定》的透明度机制发生冲突，但是考虑到《坎昆协议》的机制针对各方 2020 年的减缓行动，而相应的报告与审评程序需要在 2024 年才能完成，因此在时间上，将与《巴黎协定》的透明度机制有所交叉。至于《坎昆协议》创造的这些工具是否能够被《巴黎协定》所引用，各方尚有不同观点。

《巴黎协定》所建透明度机制实施后，《公约》下发达国家每四年一度提交国家信息通报并接受审评、每年提交温室气体清单并接受审评和发展中国家每四年一度提交国家信息通报的做法是否还沿用，目前并不清楚。尤其是如果所有缔约方在《巴黎协定》所建透明度机制下每两年一度报告并接受审评，那么上述年度或四年一度的做法是否还有必要，尚需后续谈判解决。

在与《公约》下现有透明度安排的关系上，各方主要争议在于是否基于现有透明度制度安排进行未来 MPGs 的工作。以美国、新西兰以及欧盟为首的国家和地区虽然承认现有监测、报告与核查（MRV）制度安排的重要性，强调其"经验"可以借用，但框架不能借用，意图抛开现有安排重构透明度框架，其目的是推动透明度体系向"共同"发展。而大多数发展中国家则强调应从现有透明度框架安排出发，意识到发达国家与发展中国家的起点不同，并在此基础上通过辨识需增强的新要素，以进一步建立"增强"的透明度安排。

（二）透明度模式、程序和指南的通用性

《巴黎协定》采用"增强"的措辞避免了透明度结构上"共同"与"两分"的争议，但从技术操作的角度，未来的 MPGs 如何体现这一共识其实并未解决。美国、欧盟及小岛屿国家在谈判中均明确强调，未来的 MPGs 是"通用的"（common），灵活性是内嵌在共同的 MPGs 之下的，亦即主张开发统一的一套 MPGs，并在相应部分讨论是否及如何对发展中国家依能力适用灵活性。而 LMDC 及中印等发展中国家则认为，《巴黎协定》第 13 条第 9 款和第 10 款中明确区分了发达国家和发展中国家在支持信息报告上的区别，因此"增强"的透明度框架未必能"通用"。而在谈判和提案中，巴西及艾拉克集团、加勒比共同体也提出，未来的 MPGs 应是"通用的"。

（三）关于赋予发展中国家灵活性

《巴黎协定》中第 13 条第 2 款明确规定，透明度框架应为发展中国家缔约方提供灵活性。在 2016 年底的马拉喀什会议期间，在为有需要的发展中国家依能力提供灵活性问题上，美国、欧盟等国家和地区重申了其在提案中的立场，也即通过类似 IPCC 的"层级"（Tiers）方法为发展中国家提供灵活度。而 G77 在此问题上通过协调形成了一致立场，即强调灵活性仅针对发展中国家，并且灵活性是"全面"或"系统"的，也即在程序上适用于报告、专家审评和多边审议，在维度上适用于范围、频率、详细程度等要素。但在是否由发展中国家自主决定灵活性尺度问题上，由于小岛屿国家不同意未能形成 G77 共同立场。我国则明确强调，基于 NDC 类型的区别及 IPCC 清单方法学内嵌的"层级"方法不代表灵活性，仅体现了国家自主选择和信息本身的差异，而与能力无关。灵活性尺度应由发展中国家自主决定而不能由外部确定。

第四章　欧盟气候治理格局与趋势

在全球气候治理领域，欧盟一直扮演着重要的领导角色。欧盟作为一个整体在应对气候变化挑战方面取得了很大的成效。气候治理大体上形成了以横向综合政策与部门政策有机结合的整体实施架构。总体而言，欧盟气候政策的内容呈现出由碎片化向一揽子形式发展的趋势，在应对气候变化方面取得的成效主要得益于欧盟在碳排放交易体系、能源利用、交通运输等领域采取的一系列政策与行动。

2015 年以来，由欧盟倡导的重大气候政策措施先后落地：《巴黎协定》迅速得到国际响应；欧盟成员国批准《2030 气候与能源政策框架》预算；欧盟委员会启动了"弹性能源联盟"的新战略。在这一阶段，许多成员国在此背景下制定了新的政策，努力实现当前政策下对温室气体减排、可再生能源和能效的"2020 目标"。在欧盟及各成员国出台的这些新政中，提高能效和发展可再生能源仍是关注的首位，减少交通二氧化碳排放政策是实现欧盟减排目标的关键。

欧盟在未来的气候治理中，还面临极大的局限性和不确定性。欧盟由于其结构特点仍无法完整发挥单一谈判方的作用，英国"脱欧"及美国特朗普政府退出《巴黎协定》等也带来多重挑战。依据目前的趋势，欧盟当前措施将不足以实现"2030 目标"。欧盟温室气体排放量（不包括 LULUCF 排放，但包括国际航空排放）1990—2016 年下降了 23%。这意味着欧盟各成员国需要做出额外的努力，改善现有的政策或实施新举措。欧盟在未来的气候政策中，也需要制定新的长期气候战略，以确保欧盟的气候政策能够在《巴黎协定》目标下顺利执行。

第一节　欧盟应对气候变化管理体制

欧盟层面与气候变化治理有关的机构包括欧洲议会、欧盟部长理事会、欧盟委员会、欧洲理事会、经济与社会委员会、地区委员会、欧洲法院和欧洲环境署。其中，欧洲议会和欧盟部长理事会共同拥有欧洲环境政策的立法权。欧盟委员会负责起草欧盟环境法律并确保法律的执行。欧盟委员会、欧洲议会和欧盟部长理事会在气候变化治理决策中发挥了主要的作用。①

欧盟在制度建设方面的转变主要体现在欧盟内部成员国以及政府间性质的欧盟机构代表作用的削减。通过内部制度调整，欧盟有效地将成员国之间由于多样化利益诉求造成的分歧控制在欧盟内部，虽然在内部达成共同立场的过程依然很艰难，但由于成员国不再参与气候大会的谈判过程，而是授权欧盟委员会来作为自身利益的代表，欧盟得以以一个更加完整统一的力量来与其他行为体谈判，大大增加了欧盟的行为体能力。②

欧盟气候变化问题最初由欧盟委员会环境总司（Environment DG）来管理。2010 年，欧盟为了进一步加强在气候领域"以一个声音"说话的能力，欧盟委员会进行机构调整与重组，将气候行动总司（Directorate-General for Climate Action，DG CLIMA）从环境总司中独立出来，以推动欧盟层面和国际层面的应对气候变化行动，其组织结构如图 4-1 所示。气候行动总司的任务包括：①制定和实施气候政策与战略；②领导欧盟参与国际气候谈判；③推动欧盟碳排放交易体系（EU ETS）的实施；④监测欧盟各成员国的国家温室气体排放；⑤推广低碳技术与适应措施。③ 气候变化行动专员作为欧盟代表参加国际气候谈判。同年 10 月，适应督导组（Adaptation Steering Group）得以建立，包括欧盟成员国、企业和其他非政府组织的高级别代表。该督导组由欧盟委员会气候行动总司担任主席，并定期就战略发展问题进行协商。欧盟委员会负责促进欧盟政策中适应内容的协调，并通过气候变化委员会适应工作组（Working Group on Adaptation of the Climate Change Committee）寻求与各成员国的合作。

---

① 刘华、邓蓉：《多层治理背景下的欧盟气候变化治理机制——兼与联合国气候变化治理机制比较》，《山西大学学报》（哲学社会科学版）2013 年第 3 期。

② 巩潇泫：《欧盟气候政策的变迁及其对中国的启示》，《江西社会科学》2016 年第 7 期。

③ European Commission, *Climate Action*, 2018-05-25, https://ec.europa.eu/clima/about-us/mission_en.

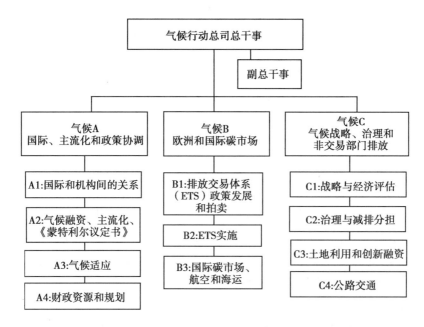

图 4-1 欧盟气候行动总司 (DG CLIMA) 组织结构

第二节 欧盟气候变化目标及政策

欧盟在气候变化决策过程中制定了《2020 年气候和能源一揽子计划》、《2030 气候与能源政策框架》、2020 年能源战略、2050 年路线图等一些关键总体战略和规划，率先构建了面向 2020 年、2030 年和 2050 年各阶段可持续、前瞻性的能源气候战略框架，设定了气候变化与能源的中长期目标，并以此推进能源及相关产业的绿色转型，带动欧盟产业调整及经济增长。

2015 年《巴黎协定》通过以来，欧盟层面又发展了众多应对气候变化的政策。① 尽管在国际和欧盟层面的重要政策已经得到了良好的推进，但各成员国层面具有较少的新政举措完成 2030 年气候目标。根据现有新政措

---

① European Environment Agency, *National Policies and Measures on Climate Change Mitigation in Europe in 2017*, 2018 - 07 - 05, https：//www.eea.europa.eu/publications/national - policies - and - measures-on-climate-change-mitigation.

施以及各成员国的预测报告推算，多数成员国可完成 2020 年的预算目标，但距 2025 年、2030 年和 2035 年的减排目标尚有一定距离。

一　欧盟气候和能源目标及进展

（一）欧盟 2020 年气候和能源目标及进展

1. 2020 年气候和能源目标

2009 年，欧盟通过《2020 年气候和能源一揽子计划》，首次提供了应对气候变化的一整套雄心勃勃的政策和措施，设定了到 2020 年实现"3 个 20%"的主要目标，即①到 2020 年，温室气体排放量比 1990 年水平减少 20%，如果能够达成一项国际协议且其他发达国家做出相当的承诺，欧盟愿意将其减排目标提高到 30%；②到 2020 年，可再生能源占欧盟最终能源消耗总量的 20%；③能效提高 20%。这些目标也是 2020 年能源战略——《欧盟能源 2020：一项具有竞争力、可持续和安全的能源战略》的主要目标。

为实现这些目标，《2020 年气候和能源一揽子计划》包含了 4 项补充立法，即《欧盟排放交易体系修改指令》《关于为实现欧盟 2020 年减排目标，各成员国减排任务分解的决议》《碳捕集与封存指令》《促进可再生能源利用指令》。2020 年能源战略也确定了 5 项优先事项来实现这些目标：①通过加快对高效建筑、产品和运输的投资，提高欧洲能效，包括能源标签计划、公共建筑翻新以及能源密集型产品的生态设计要求等措施；②通过建设必要的输电线路、管道、液化天然气终端和其他基础设施，建立一个泛欧洲的能源市场；③在能源部门保护消费者权利和实现高安全标准，包括允许消费者方便地更换能源供应商、监控能源使用情况等；④实施战略能源技术计划——欧盟加速开发和部署低碳技术的战略，如太阳能、智能电网及碳捕集与封存（CCS）；⑤与欧盟能源的外部供应商和能源中转国家保持良好关系，通过能源共同体，欧盟还致力于将邻国融入欧盟能源市场。

2. 2020 年气候和能源目标进展

欧洲的能源转型正在顺利进行，正在实现其 2020 年温室气体排放、能源效率和可再生能源目标。2015 年，欧盟的温室气体排放量比 1990 年降低 22%，欧洲能源联盟碳排放交易体系覆盖行业的排放量继续下降。欧盟能源结构中可再生能源比例持续增长，2016 年，欧盟能源消费总量达到

16.9%。欧盟自 2005 年以来部署可再生能源的总体步伐足以实现其 2020 年可再生能源消费 20% 的目标，到 2030 年这一比例将至少提高到 27%。然而，2015 年和 2016 年可再生能源的增长速度比前几年慢。在能源效率方面，2005—2014 年，欧盟的能源效率取得了快速的提升。初步数据显示，2016 年欧盟的一次能源消费连续两年上升，比 2015 年增加约 1.2%。近期能源消费的增长以及各成员国目标总和与欧盟 2020 年目标并不相同，意味着各成员国必须更加努力。

在欧盟走上实现气候和能源目标正轨的情况下，欧盟成员国实现各自 2020 年目标的进展情况参差不齐：①21 个成员国正在按照"减排分担决议"（Effort Sharing Decision），即欧盟排放交易体系未覆盖行业的硬性约束的要求实现其 2020 年温室气体目标。随着目前一系列政策措施的到位，除奥地利、比利时、芬兰、德国、爱尔兰、卢森堡和马耳他外，其他所有国家的温室气体排放量将在 2020 年保持或减少到低于其排放目标水平。马耳他没有达到 2015 年的可持续发展目标。②25 个成员国正在向 2020 年可再生能源目标迈进。除法国、卢森堡和荷兰外，其他所有国家 2015—2016 年的可再生能源使用量都超过了欧盟可再生能源指令中规定的最低水平。③23 个成员国有望实现其 2020 年的能效目标。按照 2015 年的一次能源消费量，除保加利亚、爱沙尼亚、法国、德国和荷兰外，其他所有国家都有望实现其 2020 年的能效目标。但是成员国整体目标的雄心仍然不足，欧盟 28 个国家的 2020 年一次能源消费目标总和与欧盟层面确定的减排目标不符。①

（二）欧盟 2030 年气候和能源目标及进展

1. 2030 年气候和能源目标

2014 年 10 月，欧盟理事会通过《2030 气候与能源政策框架》②，以《2020 年气候和能源一揽子计划》为基础，明确了 2030 年的气候和能源行动目标：①2030 年温室气体排放量比 1990 年水平减少 40%，为实现 40%

---

① EEA, *Trends and Projections in Europe 2017: Tracking Progress towards Europe's Climate and Energy TargetsO*, 2017-11-07, https://www.eea.europa.eu/publications/trends-and-projections-in-europe-2017.

② European Commission, *2030 Climate & Energy Framework*, 2018-06-04, https://ec.europa.eu/clima/policies/strategies/2030_en.

的减排目标，欧盟排放交易体系覆盖的行业应在 2005 年的基础上减排 43%，EU ETS 范围之外的行业应在 2005 年的基础上减排 30%；②2030 年可再生能源至少占欧盟能源使用总量的 27%；③2030 年能效至少提高 27%。《2030 气候与能源政策框架》是欧盟参与巴黎气候变化谈判的内部立法基础，针对此次谈判提出了明确的目标及方案。2015 年 3 月，欧盟向《公约》提交了欧盟及其成员国的国家自主贡献预案（INDC），再次承诺到 2030 年温室气体排放量比 1990 年至少减少 40%（见表 4-1）。

表 4-1 　　　　　　　　　　欧盟及其成员国国家自主贡献预案

目标类型	相对于基准年的温室气体绝对减排量
覆盖范围	整个经济部门
温室气体种类	所有不受《关于消耗臭氧层物质的蒙特尔议定书》（以下简称《蒙特尔议定书》）控制的温室气体：二氧化碳、甲烷、一氧化二氮、氢氟碳化物（HFCs）、全氟化碳（PFCs）、六氟化硫（SF_6）、三氟化氮（NF_3）
基准年	1990 年
时间	2021 年 1 月 1 日至 2030 年 12 月 31 日
减排量	到 2030 年，温室气体排放量至少减少 40%
农业、林业和其他土地利用	在 2020 年之前，在技术条件允许下尽快建立土地利用、土地利用变化和林业到 2030 年的温室气体减缓政策框架
基于国际市场机制的净贡献	没有来自国际信贷的贡献
规划进程	针对《2020 年气候和能源一揽子计划》的具有法律约束力的立法已经制定。土地利用、土地利用变化和林业的现有立法（欧盟 529/2013 决议）以《京都议定书》第二承诺期下的现有核算规则为基础。2015—2016 年，欧盟委员会向欧洲议会提交了实施《2030 气候与能源政策框架》的立法提案
公平和雄心勃勃目标	制定的目标需要超越目前正在进行的到 2020 年温室气体排放量比 1990 年减少 20% 的承诺。到 2050 年，温室气体排放量需要比 1990 年减少 80%—95%

2. 2030 年气候和能源目标进展

虽然欧盟有望实现其 2020 年目标，但需要进一步加强努力，以实现更加雄心勃勃的长期目标。例如，虽然预测显示，欧盟温室气体排放量在 2020 年以后会进一步下降，但预计成员国减排速度将放缓，目前计划的减排量达不到 2030 年削减 40% 的目标。2005—2014 年，欧盟能效目标取得了良好的进展，但近年来速度有所放缓，加大了欧盟实现 2020 年能源效率目标与 2030 年目标的不确定性。

保持当前可再生能源的部署速度，将使欧盟到 2030 年实现可再生能源占能源消费总量至少 27% 的目标。然而，需要额外的努力克服一些困难，包括：过去监管的变化影响了投资者的信心；当前能源市场过时的结构阻碍了系统的灵活运作，并阻止消费者和其他参与者积极参与市场；跨境电力贸易壁垒依然存在；电网及其互联需要扩大。

为了解决这些问题，实现欧盟 2030 年气候和能源目标以及《巴黎协定》国际承诺，欧盟成员国和欧洲议会将修订欧盟排放交易体系、拟订"减排分担决议"、土地利用和林业的政策框架一体化、重新设计可再生能源和能效指令，以及能源联盟治理建议等提案。2016 年 7 月，欧洲委员会提出《减排分担决议》（Effort Sharing Regulation）立法提案①，为 2021—2030 年各成员国确定了具有约束力的温室气体排放目标（见表 4-2），这些目标涵盖了欧盟碳排放交易体系（EU ETS）覆盖范围以外的所有经济部门，包括交通、建筑、农业、废物管理和交通等，几乎占 2014 年欧盟排放总量的 60%。作为 2013—2020 年《减排分担决议》的后续指南，新框架旨在实现到 2030 年温室气体减排 40% 的目标。根据各成员国人均国内生产总值的大小，不同成员国之间的年度温室气体减排目标在 0—40% 变化。为了以一种具有成本效益的方式实现国家目标，欧洲委员会建议采取一种灵活性机制，从而允许各成员国抵消不被碳排放交易体系（ETS）覆盖经济部门的温室气体排放。这种所谓的"灵活性机制"包括一次性给不被 ETS 覆盖的经济部门分配一定数量的 ETS 配额和获得由土地利用部门产生的排放信用。土地利用排放相关的建议受到了一些环保组织的批评，他们担忧这一举措将使 2030 年目标低于 39%，其他代表则认为，该提案可能会破坏根据《巴黎协定》做出的承诺。欧盟这一新的减排框架基于公平、团结、成本效益和环境完整性的原则，所有成员国将处于决定如何实施这些措施的最前沿，以实现 2030 年的减排目标。

① European Commission，*Effort Sharing 2021-2030：Targets and Flexibilities*，2016-07-20，https：//ec. europa. eu/clima/policies/effort/proposal_ en.

表 4-2 各成员国减排目标和灵活性机制 单位:%

国家	相较于2005年的2030年目标	每年最大的灵活性(2005年排放量的百分比)		国家	相较于2005年的2030年目标	每年最大的灵活性(2005年排放量的百分比)	
		从碳排放交易体系获得的灵活性	从土地变化部门获得的灵活性			从碳排放交易体系获得的灵活性	从土地变化部门获得的灵活性
卢森堡	-40	4	0.2	马耳他	-19	2	0.3
瑞典	-40	2	1.1	葡萄牙	-17	—	1.0
丹麦	-39	2	4.0	希腊	-16	—	1.1
芬兰	-39	2	1.3	斯洛文尼亚	-15	—	1.1
德国	-38	—	0.5	捷克	-14	—	0.4
法国	-37		1.5	爱沙尼亚	-13	—	1.7
英国	-37	—	0.4	斯洛伐克	-12	—	0.5
荷兰	-36	2	1.1	立陶宛	-9	—	5.0
奥地利	-36	2	0.4	波兰	-7	—	1.2
比利时	-35	2	0.5	克罗地亚	-7	—	0.5
意大利	-33	—	0.3	匈牙利	-7	—	0.5
爱尔兰	-30	4	5.6	拉脱维亚	-6	—	3.8
西班牙	-26	—	1.3	罗马尼亚	-2	—	1.7
塞浦路斯	-24	—	1.3	保加利亚	0	—	1.5

(三) 欧盟 2050 年气候和能源目标及进展

1. 2050 年气候和能源目标

2011 年，欧盟委员会制定《欧盟 2050 年低碳经济路线图》[①]，提出到 2050 年，欧盟温室气体排放量将在 1990 年的基础上减少 80%，具体规划为 2030 减排 40%，2040 减排 60%。2014 年 1 月，欧盟委员会下设的能源、交通和气候变化三个总司联合发布《2050 年欧盟能源、交通及温室气体排放趋势》报告，就欧盟碳减排、清洁能源发展和非常规能源发展提出预测：关于碳减排长期目标，欧盟需要在 1990 年排放量基础上减少 80%—95%；关于清洁能源发展，到 2050 年，天然气、风能、核能预计将各自占欧洲能源供应量的 1/4。欧盟 INDC 承诺，到 2050 年，温室气体排

① European Commission, *2050 Low-Carbon Economy*, 2011-03-08, https：//ec. europa. eu/clima/policies/strategies/2050_ en.

放量需要比 1990 年减少 80%—95%。

2. 2050 年气候和能源目标进展

2017 年对欧盟长期脱碳目标进展的分析表明，尽管欧盟及其成员国在实现其短期气候和能源目标方面取得了良好进展，但必须加强为实现 2050 年的长期能源和脱碳目标所做出的努力。2020 年之后，欧盟各成员国应当增加温室气体减排速度才能实现气候目标，而不是按照成员国目前预测的那样放缓。假设欧盟实现其 2030 年减排目标，那么在 2030 年之后，需要进一步削减的减排量为目前实现 2030 年目标削减量的 2—3 倍。

要实现欧盟的长期脱碳目标，只能在欧盟社会技术体系发生重大转变的情况下进行。目前很少有欧盟成员国将其国家的气候和能源目标转化为相应的投资需求和计划。各国应确定并提供有关投资需求和优先事项的信息，明确投资方向和投资项目性质，以增强投资者的信心、增加投资吸引力。

二　欧盟气候治理最新进展

《巴黎协定》后，为加大应对气候变化的努力，欧盟层面又制订了重要的气候变化战略计划。2017 年 10 月 27 日，欧盟发布了《地平线 2020 工作计划（2018—2020）》[①]，在应对"气候行动、环境、资源效率和原材料"等社会挑战方面，提出需要围绕"建立低碳、具有气候恢复力的未来"和"绿色经济"两大需求开展研究和创新行动（见文本框 4-1），预算分别为 4.26 亿欧元和 3.06 亿欧元。2017 年 12 月 12 日，欧盟在"一个地球"峰会上宣布了新的《地球行星行动计划》[②]，包括面向现代清洁经济与公平社会的 10 项转型举措，以巩固其在应对气候变化行动中的国际领导地位。这 10 项举措涉及金融部门、对外投资、清洁能源、建筑投资、清洁工业等领域（见文本框 4-2）。

[①]　European Commission, *Climate Action, Environment, Resource Efficiency and Raw Materials - Work Programme 2018 - 2020 Preparation*, 2017 - 10 - 27, http：//ec. europa. eu/research/participants/data/ref/h2020/wp/2018-2020/main/h2020-wp1820-climate_ en. pdf.

[②]　European Commission, *Action Plan for the Planet*, 2017 - 12 - 12, https：//ec. europa. eu/commission/publications/action-plan-for-the-planet_ en.

文本框 4-1 欧盟《地平线 2020 工作计划（2018—2020）》关注气候行动与绿色经济

1. 建立低碳、具有气候恢复力的未来

（1）脱碳。①气候政策的设计和评估：为国家、欧洲和全球层面气候行动的设计、需求、治理和影响提供更新和更加综合的科学知识；改进综合评估模型（Integrated Assessment Models, IAMs），行业覆盖整个经济领域，种类包括各种温室气体。②负排放和土地利用减缓的评估：评估现有和新兴的负排放技术影响气候稳定性的潜力、有效性、效率、风险和成本；分析全球和区域层面的土地利用减缓措施大规模减少温室气体的潜力和有效性。

（2）气候适应、影响和服务。①气候变化对欧洲的影响：审查和报告气候变化对欧洲人类健康影响的最新知识，并就未解决问题和疑难问题继续取得进展；从欧洲视角分析全球气候变化对欧洲经济、社会的供应链与价值链造成的直接和间接影响。②历史区域恢复力和可持续性的重建：开发、部署及验证可以提高历史地区恢复力的工具、信息模型、战略和计划，以应对灾害事件，进行脆弱性评估和综合重建；测试具有成本效益的解决方案，来提高建筑物和整个历史地区对自然灾害的恢复力；改善和进一步发展气候模型，以预测全球气候和环境变化及相关风险对历史地区的直接和间接影响。③气候变化的人类动力学：利用哥白尼气候服务中心和其他来源的最新气候数据，为非洲提供水资源、能源和土地利用等领域的专门气候服务；识别和分析影响人类移民和迁徙模式的气候变化驱动因素。

（3）气候变化、生物多样性和生态系统之间的内在联系。研究气候变化在各种相关的时空尺度上对生态过程、生物多样性（包括陆地和/或海洋生态系统）和生态系统服务的直接与间接影响，考虑气候变化与生物多样性、生态系统功能和生态系统服务之间的相互作用及反馈。

（4）冰冻圈。①海平面变化：评估控制全球海冰质量平衡变化的过程，如冰架—海洋、海洋—海冰相互作用、海表分量等海冰动力学；评估冰原和冰川的状态，报告其变化将如何影响未来海平面高度。②北极生物多样性变化：识别和分析改变北极生物多样性主要的驱动因素和影响；评估生态系统对内外部因素的响应，以及对当地社区和土著居民的社会经济水平产生的影响。③北极可持续发展的机遇：评估资源开发、航运和旅游等新的经济活动的可行性，及其在各种规模上生态和社会经济的影响与反馈，以及对生态系统服务的影响。④北极标准：基于研究产出转化为具有商业潜力的气候技术，评估相关技术的可持续性，提出制定"北极标准"的指导方针、议定书和法律框架。

（5）知识缺口。①提升对减少气候预测和预报不确定性的关键过程的理解：云和气溶胶动力学、云—气溶胶相互作用、生物地球化学循环及其随气候变化的演变、海洋动力学与海洋环流、大气、陆地、海洋和冰的动力学相互作用、平流层—对流层耦合、外部驱动因素等。②临界点：更好地了解气候突变、地球系统中与气候相关的临界因素、临界点及其相关影响。③东南极洲冰芯钻孔：基于地平线 2020 "超越南极冰芯钻孔欧洲计划"（Beyond EPICA），获取东南极洲 150 万年前的冰芯，以更好地限制气候对未来温室气体排放的响应，揭示碳循环、冰架、海洋和大气之间的关键联系。

2. 与可持续发展目标（SDGs）相一致的绿色经济

（1）联系经济与环境收益——循环经济。①发展从二次原材料中去除有害物质和污染物的方法，提出关于设计和制造原材料循环利用与标准化的建议。②建立用于识别过早淘汰问题的独立测试程序。③循环和可再生的系统性城市发展示范。发展和实施创新的城市规划方法和工具（如 3D 实时动态的地理空间数据和规划工具、商业模型）；持续监测和优化"城市代谢"过程，建立新的便于评估、比较和共享最佳实践的指标；建立长期的可持续数据平台，确保开放和一致的数据，以便进行有效的沟通、公众咨询和经验交流。④建立智能水资源型经济和社会。系统开发工业废水处理和水利公共设施内在关系，以得到具有资源效率的解决方案；测试和示范多种用户（城市/工业/农业）在各种层面上（区域/国家/国际）利用水资源的创新解决方案。⑤支撑和推动循环经济研究与创新的协调方法；建立一个联合平台，确定欧盟循环经济发展的研究与创新的需求和优先事项。

（2）原材料。①开发能够提高副产品采收率的新技术，评估初级或二次原料中可能的副产品，发展具有能源效率、材料效率和成本效率的可持续矿物加工和/或冶金技术。②原材料循环创新（可持续处理、再利用、循环和采收机制）：示范初级和/或二次原料的可持续加工与精炼的集成系统；开发和示范从建筑物、报废产品中有效、环保地回收原材料的方案；开发和示范创新的先进分拣系统，实现高性能回收复杂报废产品。③原材料可持续生产的新解决方案。④原材料创新行动，支持可持续开采、勘探和地球观测。

（3）用于环境、经济和社会的水资源。①水资源的数字解决方案：开发和测试稳健且网络安全的新系统，连接物理世界和数字世界，挖掘水资源行业数据的价值。在多学科的环境中结合不同类型先进的数据和数字技术，包括移动技术、云技术、人工智能、传感器、开源软件和分析方法等。②欧盟—印度水资源合作。解决以下方面的挑战：以新兴污染物为重点的饮用水净化；废水处理、资源/能源回收、循环利用、雨水收集、生物修复技术；分配和处理系统的实时监控。

（4）可持续与恢复力创新城市。①加强可持续城市化的国际合作，制定基于自然的城市生态系统恢复方案，保持城市及其周边生态系统的一致性和完整性。②改善城市福祉和健康的综合方案。通过治疗花园、城市客厅、创意街道和城市农场等综合解决方案，减少城市社区面临的气候相关风险的暴露度、污染、环境压力和社会压力。

（5）保护和利用自然与文化资产的价值。①地球观测：加强全球地球观测系统（Global Earth Observation System of Systems，GEOSS）对欧洲的观测——建立"Euro GEOSS"；利用GEOSS和哥白尼气候服务中心数据发展商业活动和服务。②基于自然的解决方案、减轻灾害风险与核算自然资本：建立地震业务预报系统和早期预警能力，以实现更具恢复力的社会；从政策决策和商业决策方面保护自然资产。③保持遗迹活力：建立促进自然遗址创新和外交的国际网络；将历史城市地区和/或自然景观转型为创业中心或社会文化融合地。

文本框 4-2　欧盟《地球行星行动计划》面向清洁社会的 10 项转型举措

1. 让金融部门为气候服务

《巴黎协定》向资本市场、公共投资者和私人投资者发出了一个明确的信号，即全球向清洁能源的过渡已成定局。欧盟委员会承诺将实施必要的改革，以激励金融业为绿色转型做出贡献。通过"资本市场联盟"（Capital Markets Union）的开创性行动，欧盟将处于全球金融行业变革的最前沿。

欧盟委员会计划于 2018 年 3 月提出一项全面行动计划，旨在刺激可持续金融产品市场，包括集成可持续性考虑、在审慎原则下探索"绿色支持因素"的模式，以及将环境、社会和治理因素纳入监管当局的职权范围。欧盟委员会还将发展一种欧洲分类法，即可持续金融的分类系统，为投资者提供气候智能、环境友好与可持续投资的定义和构成的共识。

2. 欧盟对外投资计划——非洲和欧盟周边地区的机遇

欧盟及其成员国已经成为全球向发展中国家气候融资的最大贡献者，在 2016 年提供了超过 200 亿欧元的资金。欧盟新的对外投资计划（External Investment Plan）将在促进非洲和欧盟周边国家的包容性增长和创造就业方面发挥重要作用。新成立的欧洲可持续发展基金（European Fund for Sustainable Development）是对外投资计划的核心，它将利用公共投资，推动更多私人资本流向可持续发展项目。

利用欧盟预算初步贡献的 41 亿欧元，欧洲可持续发展基金计划动用多达 440 亿欧元的额外投资。在新基金的 5 个投资窗口中，有 3 个将直接针对气候行动。首批项目的首批协议和实施预计将在 2018 年中完成。可持续能源和互联互通投资窗口将针对可再生能源、能源效率和交通、能源安全、可持续发展等领域。可持续农业、农村企业家和农业企业投资窗口将为小农、合作社和中等规模的农业企业提供融资，促进包容性和可持续增长。可持续城市投资窗口将有助于促进私人投资，提高城市的能力和信用度，并部署大规模的混合金融工具，以支持城市基础设施。它将针对市政基础设施、可持续城市规划、智能交通、水、卫生设施、废物管理、可再生能源和能源效率。

3. 欧洲城市的投资支持

欧盟委员会将帮助实现欧洲城市的转型与现代化。欧盟委员会正在启动新的城市投资支持（Urban Investment Support，URBIS）计划，帮助城市规划和实施其投资策略。URBIS 是一个专门的城市咨询服务，可以让城市从一个容易进入的入口点和欧洲投资银行的全部技术与财务咨询能力中受益。欧盟专家将建议政府当局和城市规划者如何从欧盟基金中获益，以及如何获得私人和慈善资金。

4. 岛屿清洁能源倡议

1500 万欧洲人居住在欧洲 2400 个岛屿中，这些岛屿中的大多数都是小型的孤立系统和小市场，有潜力通过采用新技术并实施创新的解决方案在清洁能源转型中成为领跑者。欧盟委员会正在采取行动，开发和支持欧洲岛屿社区的清洁能源潜力。

欧洲岛屿清洁能源倡议将帮助岛上居民接纳可再生能源，创造就业和促进经济增长，减少温室气体排放。新成立的欧盟岛屿秘书处将与岛屿社区合作。秘书处的首要任务将是收集和分享欧盟岛屿之间的最佳实践，并提供技术援助。特别的任务还包括：①推动岛屿的能源自给；②鼓励减少对昂贵的化石燃料进口的依赖，缓解公共预算的压力；③提供最好的、有针对性的解决方案，以促进岛屿可再生能源的利用。欧盟还将在全球层面积极支持脆弱的岛屿社区。

5. 针对煤炭和碳密集地区的结构性支持行动

在欧洲层面上，欧盟委员会特别关注气候变化影响和欧洲大陆不同地区的气候行动。欧盟的应对气候变化行动必须以一种使欧洲所有地区都能获胜的方式进行。

欧盟委员会正在启动两项新的专项行动，以应对这些地区所面临的气候和行业挑战：①煤炭和碳密集型区域。3 个产煤地区正在与欧盟委员会进行试点合作，以确定短期和中期的解决方案，帮助其过渡到一个更有未来的商业模式。欧盟委员会于 2017 年 12 月 11 日启动了一个永久的平台，将地区、国家当局、社会和商业利益相关者、创新和融资专家聚集在一起，并确定抓住转型机会的最佳途径。②工业过渡区域。为了支持欧盟地区管理向更可持续的低碳经济转型，欧盟委员会为促进创新提供了特定的区域支持。5 个地区将开始与欧盟委员会专家团队合作，以提高他们的创新能力，消除投资壁垒，为工人配备合适的技能，并为工业和社会变革做好准备。5 个地区将被选中参与这些试点项目。该试点计划寻求新的方法，帮助这些地区通过脱碳、创新、数字化和发展人们的技能从而实现全球化，特别是那些在煤炭、钢铁或其他能源密集型产业中遭遇过重大就业损失的地区。

6. 欧洲青年气候行动

欧洲的未来将由年轻人来建造。这就是为什么他们需要被授权来发展应对气候变化的能力和技能。欧盟委员会"青年气候行动倡议"（Youth for Climate Action Initiative）将授权年轻人利用《巴黎协定》中所传递的更新和再生精神，以跨越国界、共同塑造他们的未来。欧盟有专门的青年项目，这为致力于气候行动的项目创造了一个完美的框架。欧洲青年气候行动的目标是进一步扩大这些倡议的规模，并利用这些行动帮助年轻人为气候和社区采取行动。

因此，欧盟委员会正在呼吁采取以下行动：①年轻人参与并受益于欧洲项目提供的机会；②非政府组织提供更多的项目，让年轻人参与其中；③成员国在国家层面上为相关倡议增加联合融资。

7. 面向智能建筑投资设施的智能金融

建筑业和房地产业占欧洲能源消费的 40%。它也是目前面临最大投资缺口的部门——在建筑改造方面的年度投资将需要增加 3 倍才能达到欧盟委员会提出的 2030 年能源效率提高 30% 的目标。这也是欧洲结构和投资基金（ESIF）将在 2014—2020 年分配 180 亿欧元到能源效率、60 亿欧元到可再生能源（特别是在建筑和地区供热与制冷方面）以及大约 10 亿欧元到智能电网的原因。但还需要更多的投资。

在欧洲投资计划的背景下，欧洲投资银行（EIB）将采用一种全新的金融工具——面向智能建筑设施的智能金融——这将使建筑能源效率项目对私人投资者更具吸引力，并增加欧盟投资的影响。这将通过使用欧盟赠款作为这些项目的担保，并为能源效率项目创造市场。这一工具，以及欧盟针对智能建筑的其他政策倡议，将会致力于：①在 2020 年之前增加 100 亿欧元的公共和私人资金用于能源效率；②支持 22 万个新的或保留的工作岗位；③为小型企业创造一个价值 1200 亿欧元的革新市场；④使 320 万家庭摆脱能源贫困。

8. 欧盟建筑能效投资规则手册

翻修公共建筑将对绿化地球做出重要贡献。欧盟委员会正在通过修订后的金融和监管框架，鼓励在欧洲各个地方层面进行投资。在成员国的要求下，欧盟委员会通过欧盟统计局与各成员国国家统计机构合作，仔细考虑了政府账户中这些合同的最合适记录方式。

为了刺激投资，欧盟统计局发布了一份关于政府账目中能源绩效合同记录的修正指南。这就澄清了这些合同的统计记录，包括它们可以被记录在政府资产负债表上的情况。这将使市政当局更容易利用能源绩效合同，使医院、学校或社会住房更节能，而不会对公共赤字和债务产生负面影响。

9. 投资清洁工业技术

《巴黎协定》创造了商业机会，以推动可再生能源、能源效率和其他低碳技术的研究和创新。欧盟要想在清洁能源和气候科学技术方面保持和充分利用其先行者优势，就需要进一步支持初创企业和投资者，将创新推向市场。

欧盟委员会正在增加对清洁能源和气候研究与创新的新投资，通过以下行动：①针对性地增加在清洁能源和气候研究与创新方面的公共投资，欧盟《地平线 2020 工作计划（2018—2020）》在 2018—2020 年资助 34 亿欧元。②部署有针对性的金融工具以降低私人投资的风险；通过欧洲创新委员会第一阶段，对一流创新者进行有针对性的支持，这将通过自下而上的方式加速突破性创新的发展和扩大。③设计一个稳定的、雄心勃勃的监管环境，促进创新。

10. 清洁、互联和竞争的流动性

交通运输是实现《巴黎协定》和欧盟气候政策目标的关键部门。欧洲公民渴望得到清洁的移动解决方案，正在等待汽车工业提供他们需要的汽车，等待公共部门投资公共交通基础设施，并增加对低排放和零排放车辆的需求。欧盟委员会将推出一系列举措，帮助欧洲汽车业为未来做好准备。

欧盟新制定的低排放和零排放二氧化碳标准向制造商发出了一个明确的信号，要求他们接受创新，并向市场供应低排放汽车。这些标准把《巴黎协定》的实施与欧洲的全球贸易议程联系起来，赋予欧洲行业竞争优势，允许它们出口产品，并在全球对清洁汽车需求增长的同时，开拓增长市场。为了使清洁、互联和竞争的欧洲流动性体系成为现实，欧盟委员会已经投入了大量资金。2014—2020 年，"凝聚力政策基金"（Cohesion Policy Funds）投资了近 700 亿欧元，用于支持欧洲城市和地区的基础设施、设备和汽车。

2018 年 3 月，欧盟为实施《巴黎协定》和推动可持续发展议程迈出了实质性一步：发布《可持续发展融资行动计划》①。行动计划涵盖 3 大目标下的 10 项行动策略和 22 条具体行动计划，且每条具体行动都设定了明确的时间表。3 大目标为：①重新引导资本流向可持续投资，以实现可持续的包容性增长；②将可持续性纳入风险管理，特别是由气候变化、资源枯竭、环境恶化和社会问题等因素造成的风险；③提升金融与经济活动的透明度并推动其长期发展。10 项行动策略如表 4-3 所示。

针对确定可持续性的含义，以明确经济活动的分类，行动计划提出，欧盟将尽快组建技术专家团队，并在 2019 年第一季度发布气候变化减缓行

---

① European Commission, *Action Plan*: *Financing Sustainable Development*, 2018 - 03 - 08, https://ec.europa.eu/clima/news/sustainable-finance-commissions-action-plan-greener-and-cleaner-economy_ en.

动的分类体系。之后该体系将拓展到气候变化适应领域和其他环境领域活动，相关分类报告将在 2019 年第二季度发布。随后，该分类体系还将逐渐与欧盟的立法体系相结合，从而使其具有更稳定的法律地位。

针对将可持续性纳入风险管理，行动计划提出，欧盟委员会在 2018 年第二季度邀请利益相关者讨论修改"信用评级机构监管条例"，要求所有评级机构将可持续性因素纳入评估，并在 2019 年第二季度开展可持续评级的研究。此外，通过立法来明确机构投资者和资产经理的职责也在计划中，这项工作在 2018 年第二季度开展。

针对市场的信息透明度，行动计划提出，企业在可持续性议题上的信息公开和透明能够帮助市场参与者了解其长期估值，并管理可持续性方面的风险。在这个目标下，欧盟将在 2018 年建立"欧盟金融披露顾问小组"来鼓励创新的企业信息披露机制。并在 2019 年修改企业非金融信息的披露指南，联合气候变化相关金融信息披露（TCFD）一起指导公司披露气候变化信息。

表 4-3　　　　　　　　可持续发展融资行动计划目标及行动策略

目标	行动策略
重新引导资本流向可持续投资，以实现可持续的包容性增长	行动 1：建立欧盟的可持续活动分类体系 行动 2：建立绿色金融产品的标准和标识 行动 3：培育可持续投资项目 行动 4：将可持续性纳入融资建议中 行动 5：开发可持续性的指标体系
将可持续性纳入风险管理，特别是由气候变化、资源枯竭、环境恶化和社会问题等因素造成的风险	行动 6：在评级和市场研究中更好地结合可持续性 行动 7：明确机构投资者和资产管理者的职责 行动 8：将可持续性纳入审慎要求中
提升金融与经济活动的透明度并推动其长期发展	行动 9：加强可持续性信息披露和会计准则制定 行动 10：提升企业可持续治理能力并削弱资本市场的短期行为

第三节　欧盟能源领域政策

欧盟在能源领域的战略重点是提高能源利用效率和大力发展可再生能源。欧盟已出台了《生态设计指令》《建筑能耗指令》和《能源效率指令》等一系列能源效率政策。这些措施将减少能源消耗，但要实现 2020

年减少20%的能源消耗，到2030年减少27%的能源消耗，还需要加大投入力度。20多年来，欧盟一直处于全球可再生能源部署的前列。长期目标和辅助政策措施的采用，使欧盟可再生能源部署的增长势头迅猛，可再生能源占比从2005年的8.5%提高到了2015年的15%。目前，欧盟有望实现2020年可再生能源占比20%的目标。

一　欧盟能源效率政策

提高能源效率已成为温室气体减排的主要因素。在提高能源效率方面，欧盟自1992年起便发布了能源标签指令，并于2010年发布了新的能源标签指令，旨在为行业提供更清晰的法规框架，了解更多关于产品能源使用的信息，同时减少欧盟内的二氧化碳排放量。目前最全面、最具综合性的文件是2006年10月公布的《提高能效行动计划》，重申了到2020年把能源消费总量减少20%的战略目标，提出了覆盖建筑、运输、制造、服务等六大领域的75项具体节能措施，并把其中部门措施指定为优先启动的对象。2007年1月，欧盟委员会通过一项新的立法动议，要求修订现行的《燃料质量指令》，为用于生产和运输的燃料制定更严格的环保标准。2009年，欧洲通过生态设计指令，旨在从环境的角度出发管控使用能源的产品的设计，以实现能源效率的改进。2010年，欧盟审查了关于建筑能耗的指令，规定成员国必须保证到2021年，所有新建筑都是"近零能耗建筑"。为帮助欧盟在2020年达到20%的能效目标，继生态设计、能源标签和建筑能耗等方案后，欧盟于2012年通过了《能源效率指令》，制定了一套具有约束力的政策措施，包括住宅能源效率、智能电表、家庭能源管理、商业部门的能源审计、公共建筑改造、区域供暖和需求响应等方面。根据该指令，所有欧盟成员国需要在能源链的各个阶段更有效地利用能源。2016年，欧盟委员会提议更新《能源效率指令》，以确保在2030年实现30%的新能效目标。2018年6月，欧盟委员会、欧洲议会和欧洲理事会达成协议，将欧盟2030年能效目标提高32.5%。

二　欧盟可再生能源政策

提高可再生能源的位置是欧盟能源战略的重要部分。为促进利用可再生能源，2001年9月，欧盟理事会通过了关于促进可再生能源的法令。该法令形成了一个欧盟的政策框架，以促进生产更多的绿色电力。[①] 2009 年5 月，欧盟《可再生能源指令》（RED）开始生效，欧盟各成员国必须依据指令的要求来制订与推行国家可再生能源行动计划。指令的目标是到2020 年，将欧盟的可再生能源比例增长到最终能源消耗总量的 20%。可再生能源包括风能、太阳能（用于供暖和供电）、水力发电、潮汐和波浪发电、地热能和生物质能。RED 成为近年来欧盟清洁能源政策的核心和驱动力。2014 年 10 月，欧洲理事会确定了到 2030 年实现可再生能源占比达到27% 的目标。2015 年 2 月，欧盟委员会提出"能源联盟"（Energy Union）的框架战略，其目的是使欧盟的可再生能源处于世界领先地位。2016 年 11月，欧盟委员会提出新的清洁能源立法提案，将《巴黎协定》中的现有2030 年目标转化为更为具体的措施，以保持欧盟在全球能源市场向清洁能源转型中的竞争力，从而有助于欧盟实现其 2030 年及以后的气候与能源政策目标。立法提案有 3 个主要目标：以能源效率为先、实现全球可再生能源的领导地位和为消费者提供公平交易。内容涉及能源效率、可再生能源、电力市场设计、电力供应安全、能源联盟管理规则等，还包括加快清洁能源创新和改造欧洲建筑的相关行动，并提出了鼓励公共和私人投资、促进欧盟工业竞争力和减轻清洁能源转型的社会影响的相关措施（见文本框 4-3）。该方案包含 8 项立法提案，其中有 3 项修订指令建议，即关于能源效率的指令、关于建筑物能源性能指令和关于可再生能源的指令。

自 2014 年提出 27% 的目标以来，能源行业已经发生了很大变化。太阳能光伏、风能等关键可再生能源技术的成本已经大幅降低，终端使用领域的技术开发也已经加速。受这些发展的影响，2014 年提出的 27% 目标显得有些保守。到 2030 年，欧盟可再生能源具有如下发展趋势：①2030 年欧盟可再生能源占比会在 2015 年的基础上翻番；②欧盟各成员国均有潜力以更具成本效益的方式部署更多可再生能源；③可再生能源对欧盟能源体系的长期脱碳至关重要，要使能源体系长期趋势与 2050 年的脱碳目标保持一致还需要进一步努力；④欧盟电力行业可以适应更大比例的太阳能光伏和风能发电；⑤在占欧盟能源需求一半左右的供暖和制冷领域，2/3 的可再生能源方案成本低于传统方案，加速部署热泵、太阳能热水器，以及在

[①] 周文、宋燕：《国际应对气候变化的法规标准概览及其启示》，《中国科学技术协会年会》2010 年。

工业和建筑物中直接使用生物质的潜力巨大；⑥欧盟要实现长期脱碳目标，在道路交通中使用可再生电力，是加速可再生能源部署的关键；⑦生物质能仍将作为重要的可再生能源来源，是能源转型的关键。[①]

加速部署可再生能源将为欧盟及其成员国带来更广泛的社会效益。第一，促进经济活动并创造新的就业机会。第二，许多可再生能源技术的分散性以及国内生物质生产的日益增长，可能成为结构薄弱地区和农村地区经济发展的驱动力。第三，结合能效措施，可再生能源也可以成为减少欧盟能源贫困的关键因素。第四，发挥额外的可再生能源潜力，将使欧盟更接近与《巴黎协定》中确定的控温目标相一致的低碳路径，同时大幅改善公民的健康状况。

文本框 4-3 欧盟新清洁能源立法提案

2016 年 11 月 30 日，欧盟委员会提出《所有欧洲人的清洁能源》（*Clean Energy for All Europeans*）的立法提案，其主要内容如下。

1. 以能源效率为先

为了更好地实现欧盟 2030 年温室气体减排目标及可再生能源目标，欧盟委员会设定了到 2030 年使能源效率提高 30% 的目标，预计将使国内生产总值（GDP）增长 700 亿欧元，新增 40 万个就业岗位，并进一步减少欧盟化石燃料进口成本。为了实现能源效率提高 30% 的目标，欧盟委员会建议将"能源效率指令"（Energy Efficiency Directive）确立的要求能源供应商每年节能 1.5% 的义务延长至 2030 年。

建筑物占能源消费总量的 40%，而 75% 左右的建筑物能源效率低下。在建筑物翻新率每年约为 1% 的情况下，将需要一百年的时间才能将建筑物翻新为近零的现代能效等级。"建筑物能效指令"（Energy Performance of Buildings Directive）的修订将通过强化长期建筑物改造策略的规定而加速建筑物翻新率，并致力于到 21 世纪中叶实现建筑群的脱碳。

为了进一步加快改造建筑物和支持向清洁能源建筑物过渡，欧盟委员会发起"欧洲建筑物计划"（European Buildings Initiative），并与欧洲投资银行（European Investment Bank，EIB）以及欧盟成员国合作，可以在 2020 年之前为建筑物的能源效率和可再生能源使用额外提供 100 亿欧元的公共和私人资金，有助于开发一个大规模的银行项目渠道，并为每个成员国搭建能源效率平台。

生态设计和能源标签将在实现消费者能源与资源节约、为欧洲工业创造商业机会方面继续发挥重要作用。经过深思熟虑后，欧盟委员会决定将政策重心放在能源和循环经济方面具有最高节能潜力的产品上。欧盟委员会正在审议《2016—2019 年生态设计工作计划》（*Ecodesign Working Plan* 2016—2019）以及一系列特定产品措施，预计这些措施的节能潜力相当于 2030 年一个中等规模成员国的年际一次能源消费量（600 TW/h）。

2. 实现全球可再生能源的领导地位

欧洲理事会确定了 2030 年欧盟消费的可再生能源比例至少为 27% 的目标。这一最低目标绑定在欧盟层面上，欧盟成员国将通过综合的国家能源和气候计划做出承诺贡献。

---

① IRENA，*Renewable Energy Prospects for the European Union*，2018 - 02 - 21，http：// www. irena. org/publications/2018/Feb/Renewable-energy-prospects-for-the-EU.

《可再生能源指令》和新的电力市场设计建议，将为所有技术的公平竞争环境确立监管框架，而不会危及气候与能源目标。电力将在清洁能源系统过渡中发挥主要作用。可再生能源发电比例已经上升至发电总量的29%，并将达到欧盟电力结构的一半。必须改进市场规则以促进可再生能源电力的发展，管理电力供应的变化，确保电力供应的安全。因此，新的监管框架将确保可再生能源不仅可以全面参与电力市场，而且相关的市场规定不能歧视可再生能源。

成功的可再生能源整合将需要强大的输配电基础设施和良好互联的欧洲网络。欧洲拥有世界上最安全的电网，但是需要在2030年前投入大量资金。欧盟委员会将在区域背景下与各成员国密切合作，以促进关键基础设施的发展。

将通过燃料供应商的混合授权鼓励先进的运输替代燃料的发展，而将逐步减少以粮食为基础的生物燃料对欧盟可再生能源目标的贡献。支持运输电气化是电力市场框架的另一个新的关键目标，将通过有关零售电力市场的相关规定得到加强。

3. 为消费者提供公平交易

欧盟委员会提出改革能源市场，以授权消费者在面临能源选择时能够更多地控制自己的选择。对于企业来说，这意味着更大的竞争力。对于公民来说，这意味着更好的信息，以及能源市场变得更加活跃和更多的控制能源成本的可能性。将消费者置于能源联盟中心的第一步就是为他们提供能源消费及其成本的更好信息。立法提案将赋予消费者智能电表、清晰的账单和更便利的转换条件，还将通过取消解约费用实现更便宜的转换。经过认证的比较工具将为消费者提供可用报价的可靠信息。

欧盟委员会正逐渐提高其第二份能源成本和价格双年度报告的透明度。能源成本影响着居民能源结构选择、家庭支出和欧洲的竞争力。由于进口依赖度为74%，欧盟将继续受到全球化石燃料价格波动的影响。近年来，全球发展已经使欧盟能源进口成本减少了35%，并促进了经济增长。电力批发价格是12年来的最低水平，天然气价格自2013年以来下降了50%，石油价格自2014年以来下降了近60%。与世界其他经济体相比，价格差异有所缩小。

能源贫困是欧盟面临的一个重大挑战，根本原因在于低收入和能源效率低下的住房。立法提案确定了保护脆弱的消费者的新方法，也包括通过支持能源效率投资来帮助成员国降低消费者的能源成本。能源效率提案要求成员国考虑能源贫困，要求优先对受到能源贫困影响的家庭和普通住宅采取一定的能源效率措施。长期建筑改造战略也应有助于减轻能源贫困。作为能源联盟治理过程的一部分，成员国将不得不监测和报告能源贫困，而欧盟委员会将促进最佳实践的交流。欧盟委员会还将建立"能源贫困监测站"（Energy Poverty Observatory）以提供更好的能源贫困数据及其解决方案，帮助成员国努力应对能源贫困。

4. 促进措施

清洁能源转型需要多个层面的利益相关者行动。城市、区域、商业、社会合作伙伴和其他利益相关者需要积极参与讨论能源转型，特别是在"综合能源和气候计划"（Integrated Energy and Climate Plans）的背景下，以便使他们充分响应不同地区的需求。

为了提升欧洲的竞争力和促进清洁能源技术的部署，欧盟委员会提出加速清洁能源创新的倡议，并确立了一系列具体措施，以改善清洁能源技术和系统创新的监管、经济与投资环境。欧盟委员会将支持产业领导的倡议，以促进欧盟在全球清洁能源和低碳技术解决方案方面的领导力。欧盟委员会还将探讨如何更好地支持煤炭和碳排放密集地区的转型。

立法提案也将强化欧盟消除低效化石燃料补贴的相关行动。市场设计改革正在去除煤炭、天然气、泥炭的优先级调度，并将限制通常依赖煤炭的容量机制需求。欧盟委员会将还将定期监测欧盟化石燃料补贴，预计成员国将使用各自的能源和气候计划来监测并逐步淘汰化石燃料补贴。

欧盟提供了加速清洁能源转型与增长、创造就业的机遇。通过从2021年起每年动用额外的1770亿欧元的公共和私人投资，立法提案可以使未来10年的GDP增长1%，创造90万个新就业机会。这也将意味着2030年欧盟经济的平均碳排放强度将比目前降低43%，可再生能源电力约占欧盟电力结构的一半。立法提案必须获得欧盟理事会和欧洲议会的批准才能生效，这一过程可能需要两年时间。

第四节　欧盟交通运输领域政策

从世界范围来看，交通运输业的能源消耗约占全球能源消耗总量的1/3，而欧盟交通运输业能源消耗的占比更高。交通运输业是欧盟主要的温室气体排放源，并且其排放量还在持续增长。目前，欧洲公路交通的能源消耗量要高于工业，约占欧盟二氧化碳排放总量的1/5。欧盟层面支持气候行动的交通政策是实现欧盟2020年、2030年和2050年温室气体减排目标的关键要素。虽然公路部门在2005—2006年度的排放量仅增长了0.3%，公路运输的排放量却占到整个交通运输业排放总量的90%。因此，对公路交通系统的排放治理是欧盟在交通运输部门推进减排的重中之重。

2011年，欧盟发布《交通2050战略》，提出希望打破交通运输对石油的依赖，并提出了到2050年将欧盟交通温室气体排放量在1990年水平上减少至少60%。随着全球向低碳循环经济的转变，欧盟委员会在2016年7月通过了《低排放交通战略》①，旨在确保欧洲的竞争力，并能够应对人们和商品日益增长的流动性需求。该战略确定了三个优先行动领域：①通过充分利用数字技术、智能定价来提高交通系统的效率，并进一步鼓励转向低排放交通模式。②加快部署用于交通运输的低排放替代能源，如先进生物燃料、电力、氢和可再生合成燃料并消除电气化运的障碍。③加快向低排放和零排放汽车转型。尽管需要进一步改进内燃机，但欧洲需要加快向低排放和零排放汽车的转型。城市和地方当局将在实施这一战略方面发挥关键作用。他们已经在实施低排放替代能源和车辆的激励措施，鼓励积极的出行（骑自行车和步行），使用公共交通、自行车和汽车共享/联营计划，以减少拥堵和污染。

为了进一步遏制公路运输的二氧化碳排放，欧盟开始制定立法减少重型车辆二氧化碳排放，首次设定了新重型车辆碳排放标准。2018年3月，欧洲议会和欧盟理事会首先就对重型车辆的二氧化碳排放以及燃油消耗数据实施监控的法规草案初步达成一致，这将是欧盟首次推出监测重型车辆二氧化碳排放情况的法规。新法规将有助于实现欧盟根据《巴黎协定》在

---

① European Commission, *A European Strategy for Low - Emission Mobility*, 2016 - 07 - 20, https：//eur-lex. europa. eu/legal-content/en/TXT/? uri=CELEX：52016DC0501.

减少温室气体排放方面所做出的承诺。欧洲环境署（EEA）数据显示，2015年，欧盟道路交通排放的温室气体占所有交通方式所排放温室气体总量的近73%。其中，18.8%的来自重型车辆。新法规的主要内容包括：成员国必须对重型车辆的注册情况进行监测和上报，包括拖车；汽车制造商必须监测和上报这些车辆的二氧化碳排放和燃油消耗情况；欧盟委员会将公开上报的数据，但基于个人资料保护和公平竞争的敏感数据将不会公开（即车辆识别号码和部件制造商的名称）；建立行政处罚体系，以防止汽车制造商未上报或上报伪造数据；建立监测和报告结果的核查体系，以核查重型车辆的二氧化碳排放和燃料消耗情况。2018年5月，欧盟委员会提交了《关于制定新重型车辆二氧化碳排放绩效标准条例的提案》[1]，设定了首个欧盟范围内重型车辆的碳排放标准，提出到2025年将大型卡车的碳排放量削减15%。

第五节　欧盟碳排放交易发展趋势

市场机制是欧盟气候变化政策实施的可靠工具。欧盟利用市场机制进行节能减排的做法主要体现在欧盟碳排放交易体系（EU ETS）的建立上。欧盟碳排放交易体系是目前规模最大、最为活跃也最完备的正式运行的温室气体排放权交易市场。

一　欧盟碳排放交易体系的建立及其特点

欧盟碳排放交易体系于2005年1月1日正式启动，以"限额—贸易"（Cap and Trade）为基础，目前已涵盖31个国家（包括28个欧盟成员国及冰岛、挪威和列支敦士登）。

（一）发展动因

欧盟不遗余力地发展碳市场，是其应对全球气候变化策略与区域内部政治、外交战略的集中反映。一方面，欧盟一直以最积极的态度应对气候变化，强调在保护全球环境领域中的领导地位，并致力于成为推动气候变化问题进程的主要力量。欧盟基于自身地理位置以及内部政治构架的考

①　European Commission, *Reducing CO₂ Emissions from Heavy-duty Vehicles*, 2018-05-17, https://ec.europa.eu/clima/policies/transport/vehicles/heavy_en#tab-0-1.

虑，视气候变化为潜在威胁，甚至上升到损害国家安全和政治稳定的高度。另一方面，欧盟也坚信积极应对气候变化是一个重要的发展机遇，未来社会必将向低碳经济转变。低碳经济将促使可再生能源的大发展和能源效率的稳步提升，不仅可使欧盟摆脱对化石燃料的依赖，确保欧盟的能源安全，更为重要的是，通过抢占未来低碳经济和技术的制高点，可确保欧盟在未来全球限排时代的国际竞争优势。基于以上战略考虑，同时在欧盟碳税制度遭到各方反对而夭折的情况下，排放交易逐渐为大部分成员国所关注，并很快成为欧盟应对气候变化不可或缺的重要政策工具。[①]

（二）主要特点

1. 注重顶层设计，夯实法律基础

2000 年欧盟委员会颁布了《欧盟温室气体排放贸易》绿皮书，首次提出在欧盟范围内实施限额—贸易机制，并详细解释了该机制的运行原理、需要解决的关键问题以及如何设计欧盟碳排放交易体系；次年 10 月，欧盟出台了相关的指令提案。经过两年的系统决策过程，欧盟排放贸易指令（指令 2003/87/EC）终于在 2003 年 10 月 13 日获得通过，并于 25 日生效，该指令以法律文件的形式规定了碳排放产权的属性，最终促使欧盟碳排放交易体系得以建立并于 2005 年 1 月 1 日正式实施。之后的几年中，欧盟又陆续发布了相关指令，对碳排放交易体系进行完善，包括将《京都议定书》中的项目机制和航空业纳入 EU ETS 等。欧盟于 2009 年底通过了《2020 年能源和气候一揽子计划》，承诺了"3 个 20%"目标，即到 2020 年将温室气体排放量在 1990 年基础上至少减少 20%，将可再生能源占总能源消费的比例提高到 20%，将煤、石油、天然气等一次能源消耗量减少 20%，同时将改进碳排放交易体系作为其实现上述目标的重要手段，也是后续发布的《2030 气候与能源政策框架》和《2050 低碳经济体战略》的低碳目标，以及 2015 年达成的《巴黎协定》中承诺的减排目标实现的主要政策工具。2009 年，欧盟又发布了《指令 2009/29/EC》，对 EU ETS 第三阶段的配额上限和配额拍卖等做出了规定。2014 年，欧盟对《指令 2003/87/EC》进行了修订和进一步解释。2018 年，欧盟发布了《指令 2018/410》，对 EU ETS 第四阶段的调整做出了立法规定。

---

① 王文涛、陈跃、张九天等：《欧盟碳排放交易发展最新趋势及其启示》，《全球科技经济瞭望》2013 年第 8 期。

2. 四个阶段依次深入，边干边学

欧盟碳排放交易体系的实施分为四个阶段，体现了"边干边学"的指导思想。四个阶段的具体实施如表4-4所示，分述如下。

表4-4　　　　　　　　　欧盟碳排放交易体系四个阶段的具体内容

阶段	目标	排放许可上限	覆盖范围
第一阶段（2005—2007年）	实验阶段，检验EU ETS的制度设计，建立基础设施和碳市场	22.99亿吨二氧化碳当量/年，由各成员国提交NAP，经欧盟委员会批准后确定配额总量，至少95%配额免费发放	二氧化碳气体；20兆瓦（MW）以上燃烧装置，有11000多个工业设施，包括电力、炼油、炼焦、钢铁、水泥、玻璃、陶瓷、造纸等部门
第二阶段（2008—2012年）	履行《京都议定书》的减排目标	20.81亿吨二氧化碳当量/年，由各成员国提交NAP，并经欧盟委员会批准，至少90%配额免费发放	同上；2012年纳入航空业排放
第三阶段（2013—2020年）	2020年排放比2005年降低21%	2013年为19.74亿吨二氧化碳当量，以后每年下降1.74%，到2020年降至17.2亿吨二氧化碳当量。取消NAP，由欧盟确定总量。超过50%的配额拍卖	一氧化二氮、六氟化硫、全氟化碳等其他温室气体被纳入，行业扩大到化工、石化、合成氨、有色和炼铝等部门
第四阶段（2021—2030年）	实现《2030气候与能源政策框架》目标与《巴黎协定》承诺，2030年温室气体排放比1990年降低40%	在2021年配额总量基础上每年下降2.2%	同第三阶段

第一阶段（2005—2007年）：该阶段交易涵盖的温室气体只有二氧化碳，交易主体主要是能源密集型企业，如电力、炼油、炼焦、钢铁、水泥、玻璃、陶瓷、造纸等能源密集型工业部门，这些行业企业的设施排放量占欧盟温室气体排放总量的44%左右。

第二阶段（2008—2012年）：欧盟委员会将这一阶段的排放限额为在2005年基础上减少6.5%，限排内容也有所增加；允许各成员国单方面将排放贸易机制扩大到其他部门或涵盖更多温室气体种类，但要经过欧盟委员会的批准；同时，该阶段引入了《京都议定书》中的"清洁发展机制"（CDM）和"联合履约"（JI）机制，增加了对氮氧化物排放的限制；自

2012 年起，航空业也被纳入 EU ETS。

第三阶段（2013—2020 年）：这一阶段时间跨度较长，目的是鼓励企业的长期减排投入。在该阶段，排放限额每年比上一年减少 1.74%，计划到 2020 年排放量比 2005 年降低 21%；交易体系涵盖行业和温室气体的范围继续扩大：化工、石化、合成氨、有色和炼铝等行业的碳排放，生产硝酸、肥酸和乙醛酸过程中释放的氮氧化物以及制铝过程中释放的全氟化碳均被纳入该体系。

第四阶段（2021—2030 年）：将配额总量年度下降系数提高到 2.2%，进一步加强 EU ETS 的力度，以其作为投资驱动力，并加强 2015 年开始实施的市场稳定预留机制（MSR）来增强 EU ETS 应对未来可能的市场冲击的弹性；对存在碳泄漏风险的工业部门继续免费分配配额，但需要保证免费分配方法需要反映技术进步；通过多种低碳基金机制来帮助工业和电力部门应对创新和投资挑战。

3. 要素构建完整，注重政策、制度间的彼此衔接与相互支撑

碳排放交易体系是复杂的系统工程，不仅需要立法规定排放产权，还需制定排放上限和排放权分配规则，完成体制建设和市场建设。EU ETS 在实施方面形成了基于国家分配方案的配额分配机制，遵约许可证制度，监测、报告与核查制度，机构设置和注册登记系统等体制安排，并通过不断优化交易规则和交易机制，强化了不同制度间的衔接与配合。

（1）配额分配机制：体系纳入的排放实体通过祖父法（主要针对 EU ETS 第一、第二阶段）、基准线法（主要用于 EU ETS 第三阶段及之后存在碳泄漏风险的工业部门）免费或参与配额拍卖有偿获得排放配额，是配额交易的基础，也是总量控制目标实现的主要手段，是 EU ETS 的核心。

（2）遵约许可证制度：受管制的排放实体需要遵守严格的遵约程序，首先必须申请获得温室气体排放许可证（EUA），否则不得从事任何活动。排放实体应于每年 4 月 30 日前上缴与其核证的前一年实际排放量等量的排放许可，排放许可随即被注销。若实际排放高于被分配的排放许可，企业需从市场获取排放许可，或使用符合条件的《京都议定书》下 JI 和 CDM 产生的减排量来抵消实际排放。若没有遵约，排放实体运营者将面临罚款、未履约名单公开及国家层面的其他惩罚措施。

（3）监测、报告与核查制度：对排放实体产生的温室气体进行严密而规范的监测、报告与核查是确保碳排放交易体系得以顺利实施并产生相应

环境效果的关键步骤。欧盟委员会于2004年1月通过了《温室气体排放监测和报告指南》（MRG），指导第一阶段的温室气体监测和报告活动；此后，又分别于2007年和2011年对该指南进行了修订，用于第二阶段和第三阶段。温室气体排放的监测和报告是实施排放贸易的基本条件和工具，是衡量排放源是否达标的重要依据，也是欧盟碳排放交易体系与其他国家或国际贸易机制接轨的必备基础。

（4）注册登记体制：为有效跟踪和记录排放许可的发放、持有、交易和注销情况，欧盟于2004年颁布了《关于标准、安全的注册登记系统规定》（280/2004/EC及2216/2004/EC规定），其主要内容是建立国家电子登记注册系统，以签发、持有、转让和取消排放许可，即国家登记簿。由于在第一阶段后期和第二阶段，登记系统发生了一些被盗和安全事件，为更好地控制和统一交易记录标准和安全，欧盟于2009年颁布了新的注册登记指令（指令2009/29/EC10），规定EU ETS操作将集中到一个统一的欧盟登记注册系统中，即欧盟登记簿（Union Registry）。这个新的登记注册系统由欧盟委员会操作管理，于2012年6月正式全面运行。超过3万个国家登记注册系统中的账户转移至欧盟统一登记注册系统，取代了之前独立运行的各成员国登记簿。

（三）效果评价

通过不断摸索和实践，欧盟分阶段、分步骤地建立起较为完善的碳排放交易体系。对于该碳排放交易体系的实施效果，至少可以从两个不同的角度来审视。

第一，EU ETS为欧洲减排温室气体提供了市场化的手段，具有一定的积极影响。EU ETS在第一阶段和第二阶段尽管存在制度设计上的缺憾，在实践中仍成功地将绝大多数成员国在该交易体系下排放实体的实际排放量控制在预设的配额上限之内，更保证了欧盟2009年和2010年的整体排放量比EU ETS配额分别低10%和8%。重要的是，这是建立在不断完善制度设计、优化交易体系基础上的，体现了"边干边学"的意义所在，而这应该是EU ETS给其他国家和地区最大的启示。

第二，EU ETS到底在多大程度上发挥了促进减排的作用目前尚无从知晓。尽管自启动EU ETS后，欧盟整体温室气体排放水平确实逐年下降，但是这种下降是多种能源和气候变化政策共同作用的结果，特别值得注意的是，欧盟诸国近年遭遇了严重的金融危机、欧债危机，经济增长乏力，客观上降低了能源消耗和温室气体排放水平。基于此，目前很难得出 EU ETS 对欧洲实际减排贡献的确切结论。

总的来说，尽管 EU ETS 的实际减排效果存在较大争议，实施过程中也出现了较多问题，但它最终使利用市场化手段减排温室气体、推进低碳产业发展成为现实，在全球应对气候变化行动中的地位不容置疑，对其他国家碳排放交易市场的构建、运营和监管亦具有极大的参考和借鉴意义。

二　欧盟碳排放交易体系的最新动向与发展趋势

（一）欧盟碳交易市场走势

EU ETS 是目前世界上规模最大、运行时间最长的碳排放交易体系。欧盟碳交易市场的主要交易中心有欧洲气候交易所（ECX）、欧洲能源交易所（EEX）、奥地利能源交易所（EXAA）等多家。EEX、EXAA 以现货为主，ECX 以期货为主。以 EEX 公布的交易数据为代表，2013 年以来，一级市场的配额交易量一直处在相对平稳的波动状态，二级市场交易量在经历了 2013—2014 年长时间的低迷后，2015—2016 年出现了短暂的回升，但在 2017 年再次回落，2018 年开始，配额交易量开始迅速上涨。

在价格方面，2013—2017 年，欧盟碳市场的配额价格长时间在 7 欧元/吨二氧化碳以下低位波动，但在 2018 年迅速回升，目前已达到约 15 欧元/吨二氧化碳。欧盟的碳交易体系制度，尤其是配额分配方面的收紧，在很大程度上增强了市场信心，提高了市场活跃度。

（二）配额过量导致价格持续偏低，改革现行交易体系任重而道远

配额过量问题一直是 EU ETS 备受争议和饱受指责的棘手问题，但不同阶段的原因是不相同的。第一阶段因为是试验期，本底排放源数据缺乏以及各成员国都尽量争取配额最大化的政治努力，使得第一阶段制定的总量目标（每年 22.99 亿吨）显著超过实际排放（年均约 20.3 亿吨）。第二阶段虽然将年度排放上限削减至 20.81 亿吨，但由于 2008 年的国际金融危机和 2010 年的欧债危机使欧洲能源消费产生的碳排放量下降，配额总量过剩明显。第三阶段配额剩余将更加突出，可能累计将达到 20 亿吨。配额过量导致从 2010 年起欧盟碳排放交易价格持续下跌。此后，欧盟碳排放交易价格持续低于每吨 5 欧元，已严重威胁到 EU ETS 的正常运行（市场分析人士认为，要想促使 EU ETS 正常运转并真正推动清洁能源投资，碳排放

交易价格必须维持在每吨 20—30 欧元的水平）。①

　　为挽救 EU ETS，欧盟委员会于 2013 年初提出了"限量保价"的策略，建议欧洲理事会推迟碳排放配额拍卖，以冻结在 2013 年至 2015 年期间欧盟境内可供交易的 9 亿吨碳排放配额，避免碳排放交易市场供大于求，从而维持和提高碳排放交易价格，达到鼓励投资绿色能源和减少碳排放的目的，这一策略被称为"折量拍卖"（Black Loading）计划，即从第三阶段开始，EU ETS 将 9 亿吨的配额延迟到 2019—2020 年拍卖，2014 年、2015 年、2016 年分别减少拍卖 4 亿吨、3 亿吨和 2 亿吨的配额，作为市场稳定储备（MSR）。另外，从第四阶段开始，EU ETS 的配额总量年度下降系数将从第三阶段的 1.74% 提高到 2.2%，进一步收紧配额总量。

　　更值得思考的是，EU ETS 在设计之初只关注于预期的增长模式，而对宏观经济系统本身的波动性和突发事件考虑不够，进而未能建立一套能有效适应宏观经济波动的市场机制和应急处置机制。事实上，作为一种人为创造的市场，碳交易体系必须高度关注外部宏观经济波动的影响，并将其纳入交易体系和监管机制设计中。实际上，EU ETS 低迷的另一个重要原因是欧盟提出的减排目标缺乏力度，2011 年欧盟 27 国温室气体排放量为 45.5 亿吨二氧化碳当量，比 1990 年下降了 18.5%，已经基本实现原计划到 2020 年在 1990 年基础上减排 20% 的目标。尽管第四阶段调控手段公布之后，欧盟碳市场配额交易量和价格在很大程度上回升，但距离有效推动清洁能源投资、激励减排还有很大的差距。改革现行交易体系，强化市场调控，对于 EU ETS 来说任重而道远。

　　（三）逐步增强交易体系的管控力度，并降低对国际碳信用的需求

　　首先，EU ETS 在第三阶段纳入了航空业、大宗有机化工原料、氢气、氨、铝等生产部门，其中最大的是航空业。欧盟原定从 2012 年 1 月 1 日开始正式将全球航空业纳入 EU ETS，但在各方强大压力下，2012 年 11 月欧盟宣布将国际航空碳排放纳入 EU ETS 的决定暂缓一年执行（不含欧盟境内航班），但条件是 2013 年 9 月国际民航组织（ICAO）应出台符合各方利益的全球航空减排方案。欧盟此举的目的很明显，即扩大 EU ETS 的行业覆盖范围，推动其全球化进程，并试图以碳排放交易为载体，

---

　　① 聂宇琪：《欧盟碳排放配额价格与能源价格的关系》，硕士学位论文，合肥工业大学，2015 年。

推动单边行业减排。同时，除了将二氧化碳排放计入 EU ETS 外，生产硝酸、己二酸和乙醇酸的氧化氮排放以及生产铝的全氟化碳排放也将被计入在内。[①]

其次，在第三阶段有偿分配的配额比例提高到 40%。除某些成员国可以选择对电力部门免费分配外，电力部门的配额 100% 由拍卖获取。其他工业部门按照行业基准线法获得一定数量的免费配额，即被认定为存在碳泄漏风险的子行业可以获得原定基准的 100% 的分配，其他子行业的免费分配比例从 2013 年的 80% 逐渐下降为 2020 年的 30%，超出部分则需要通过拍卖获得。

再次，从第三阶段开始，全面禁止特定工业气体减排信用用于欧盟碳排放交易体系，包括三氟甲烷（HFC-23）分解项目和己二酸生产中的一氧化二氮（N_2O）减排项目。这表明，欧盟在有意考虑对全球碳信用在欧盟碳排放交易体系的使用加以控制。有研究预计，欧盟对全球碳信用的需求将逐渐下降，从 2013 年的 4.2 亿吨二氧化碳当量，下降到 2020 年的 0.63 亿吨二氧化碳当量。

最后，根据 2018 年通过的最新政策文件，从第四阶段开始，EU ETS 通过提高年度下降系数收紧配额总量，并通过更新免费分配的基准值以反映被管控行业的技术进步水平，进一步增强对 EU ETS 的管控力度，以更有效地促进减排目标的实现。

（四）与瑞士碳市场连接，以期逐步发展成为全球统一碳市场

欧盟委员会一直认为，欧盟碳排放交易体系是构建全球碳排放交易网络的重要模块，希望将其他国家或区域总量控制及碳排放交易体系同欧盟碳排放交易体系相互连接，创造出一个更大的市场，从而降低温室气体减排总成本。根据欧盟的愿景，全球碳市场的建立将采用自下而上的方式，由相互兼容的国家级总量控制及碳排放交易体系连通而成。

2017 年 11 月，欧盟委员会与瑞士就 EU ETS 与瑞士 ETS 连接问题的谈判达成共识并签订协议，运行层面的连接将在协议生效并完成连接协议中的要求后的次年 1 月 1 日正式实现。

---

① 郑爽、张敏思：《2012 年欧盟碳市场评述》，《中国能源》2013 年第 2 期。

第六节　欧盟气候变化科技研发与国际融资

一　欧盟应对气候变化的科技研发

(一) 欧盟预算

欧盟气候政策制定的一个重大变革是将气候行动和能源目标纳入欧盟预算。为支持应对气候变化的科技发展,欧盟在气候变化领域投入了较大的资金。欧盟 2014—2020 年预算中与气候相关的支出预计将达到 2000 亿欧元或占欧盟总支出的 18.8% (见表 4-5)。气候变化减缓和适应已被纳入欧盟所有的主要支出计划。2018 年 5 月,欧盟 2021—2027 年预算提案建议将与气候相关的支出提高到总支出的 25%[①],以进一步加强环境与气候行动。欧盟气候支出的关键领域包括:①欧洲结构和投资基金 (ESIF) 对气候变化减缓和适应的资助总计超过 1140 亿欧元,其中近一半的资金 (约 560 亿欧元) 来自欧洲农业发展基金 (EAFRD)。欧洲地区发展基金 (ERDF) 和聚合基金总共贡献了 550 亿欧元。②欧盟研究与创新框架计划 "地平线 2020" 在 7 年 (2014—2020 年) 期间提供近 800 亿欧元的资金,除私人和国内投资外。欧盟的目标是将 "地平线 2020" 全部预算的 35% 用于气候相关研究与创新,包括自然和社会经济科学、地球观测、技术研究和创新以及气候政策分析。

表 4-5　　　　　欧盟 2014—2020 年气候行动预算　　　单位:百万欧元、%

计划	2014—2017 年				2018—2020 年 (估计)			2014—2020 年共计
欧盟总预算	118054.4	158606.8	151498.4	154507.1	156623.4	160553.9	164880.1	1064724.0
气候变化资金	16098.3	27451.8	31738.1	29792.9	30481.2	31956.0	32606.7	200124.8
气候变化资金占比	13.6	17.3	20.9	19.3	19.5	19.9	19.8	18.8

(二) 环境与气候变化计划

欧盟预算通过大多数预算项目支持欧盟的气候目标。环境与气候变化

---

① European Commission, *Supporting Climate Action through the EU Budget*, 2018 - 07 - 17, https://ec. europa. eu/clima/policies/budget/mainstreaming_ en.

计划（LIFE）框架下的气候行动计划（LIFE Climate Action）是重要的支持项目，用于制定和实施创新的方法来应对气候挑战。

　　LIFE 是欧盟环境和气候行动的资助工具，总体目标是通过资助具有欧洲增值潜力的项目，促进欧盟环境与气候政策和立法的实施、更新和发展。LIFE 于 1992 年开始，迄今为止已有 4 个完整的阶段计划（即 LIFE Ⅰ：1992—1995 年，LIFE Ⅱ：1996—1999 年，LIFE Ⅲ：2000—2006 年，LIFE+：2007—2013 年），共投入约 31 亿欧元资金。LIFE 气候行动计划于 2014 年启动，计划 2014—2020 年为气候项目提供 8.64 亿欧元的资助，其目标是促进向低碳和气候适应型经济的转变，完善欧盟气候变化政策和法规的制定、实施和强制执行，在各个层面更好地支持环境和气候变化治理。LIFE 主要支持政府当局、非政府组织和私营部门（尤其是中小型企业）实施低碳和适应技术以及新方法。LIFE 金融工具（LIFE Financial Instrument）分别是自然资本融资工具（NCFF）和能源效率私人融资工具（PF4EE）。自然资本融资工具是由欧洲投资银行和欧盟委员会提供贷款和资金以支持成员国促进保护自然资本和适应气候变化的一个新的金融工具。其主要目的是实现保护生物多样性和适应气候变化的目标，并证明自然资本项目可以创造收入和节约成本，建立可复制的操作流程，吸引潜在投资者参与到此类项目中来。自然资本融资工具支持的项目包括生态系统服务付费、绿色基础设施、创新的生物多样性和适应性投资和生物多样性补偿。NCFF 在 2014—2017 年投资总预算为 1 亿—1.25 亿欧元。

　　2015 年以来，欧盟已提供了多项气候变化适应和绿色低碳项目研究。2015 年 11 月 25 日，欧盟委员会及其 22 个成员国在 LIFE 气候行动计划的第一年为 26 个项目提供 7390 万欧元的资助，以支持低碳转型和气候弹性经济。计划涉及低碳发电技术、资源优化利用、自然环境保护和灾害预防等内容。2016 年 4 月，欧盟委员会宣布，在"地平线 2020"框架下，资助 2800 万欧元开展 4 个气候适应项目，旨在更好地应对气候变化造成的极端天气和自然灾害。其中有 2 个项目（HERACLES 和 STORM）将致力于研究保护文化遗产免遭自然灾害破坏的解决方案，另外 2 个项目（BRIGAID 和 RESCCUE）的工作重点是评估和改进气候适应方案（见表 4-6）。2016 年 11 月，欧盟委员会宣布，将在欧盟 LIFE 框架下投资至少 2.2 亿欧元用于开展绿色低碳项目，这一投资将刺激额外的 3.986 亿欧元投资用于 23 个成员国的 144 个新项目。在气候行动领域，欧盟总计投资 7510 万欧元以支持气候变化适应、气候变化减缓以及气候治理和信息项目。2017 年 9 月，欧盟委员会又批准一项 2.22 亿欧元的投资，以支持 LIFE 计划下欧洲向更加可持续和低碳的发展转型。欧盟将筹集更多额外投资，总预算将达到 3.79 亿欧元，用于 20 个成员国的 139 个新项目。项目资助主题包括环境与资源效率、自然与生物多样性、环境治理与信息化、气候变化适应、气候变化减缓以及气候治理与信息 6 类（见表 4-7）。2018 年 2 月，在 LIFE 计划的支持下，欧盟委员会再次批准了 10 个"环境与气候行动"项目，以帮助欧洲向低碳循环经济转型。项目资助总额达 9820 万欧元，其中环境领域约 8020 万欧元，资助的主题包括自然保护、水资源管理和废物管理；气候行动领域约 1790 万欧元，资助的主题包括能源效率和气候变化适应。

表 4-6　　　　　　　　　欧盟资助的气候变化适应项目信息　　　　单位：万欧元、%

牵头机构	项目名称及主要研究内容	欧盟资助金额及占比
荷兰代尔夫特理工大学	促进提高灾害恢复力的创新方法的应用（BRIGAID）：（1）研究气候相关灾害的地理差异及其与社会经济变化之间的相互关系；（2）针对适于在现场实验和现实生活示范的创新，提供结构性的、不断发展的支持；（3）构建一个框架，促进独立、科学地判断创新方法的社会经济有效性	770（87.5）
意大利国家研究委员会	促进当地对气候事件的弹性（HERACLES）：为有效地保护文化遗产免遭气候变化影响，设计、验证和改进响应系统或方案	650（100）
西班牙水务部	城市地区应对气候变化的弹性——以水资源为主的多部门方法（RESCCUE）：（1）通过在综合性的恢复力平台中，整合以水为中心的模拟软件工具，提供一个框架，促进城市恢复力评估、规划和管理；（2）利用多领域的方法，评估目前和未来气候变化情景及多灾害情景下城市的恢复能力	690（86.3）
意大利 Engineering Ingegneria Informatica SPA 公司	通过技术和组织资源管理保护文化遗产（STORM）：（1）基于已有的研究经验和切实成果，提出一套创新的预测模型，并研究无干扰非破坏式的调查及评估方法，揭示有可能会损坏文化遗产的威胁与条件；（2）研究不同的极端天气事件与气候、灾害状况一起，如何影响脆弱性不同的材料、结构和建筑，提供改进的、有效的适应和减缓策略、系统和技术	730（100）

表 4-7　　　　　欧盟"环境与气候变化计划"（LIFE）资助项目 单位：个、亿欧元

资助主题	2016 年			2017 年			项目内容
	项目数量	总预算	欧盟出资	项目数量	总预算	欧盟出资	
环境与资源效率	56	1.422	0.719	59	1.346	0.73	支持空气、环境与健康、资源效率、废弃物和水五个主题的行动
自然与生物多样性	39	1.581	0.956	39	1.355	0.909	实施"自然、鸟类和栖息地指令行动计划"和"2020 年欧盟生物多样性战略"
环境治理与信息化	15	0.232	0.138	14	0.302	0.18	提高对环境事务的认识
气候变化适应	16	0.329	0.194	12	0.426	0.206	支持农林业及旅游、山区和岛屿地区适应气候变化、城市适应及规划、脆弱性评估及适应策略以及水资源专题领域
气候变化减缓	12	0.353	0.18	9	0.257	0.136	支持工业、温室气体核算/报告、土地利用/林业/农业三个领域
气候治理与信息	6	0.069	0.041	6	0.104	0.06	改善气候治理并提高气候变化认识

（三）低碳技术

除欧盟预算资源外，DG CLIMA 还管理了创新低碳能源示范"NER 300"项目，旨在通过这些项目推动欧盟范围内可再生能源、碳捕集与封存等领域的示范技术发展。"NER300"是世界上为低碳技术服务的最大融资项目之一，通过欧盟碳排放交易体系提供资金。"NER300"项目决定资助两批投资计划。2012 年 12 月，第一批投资计划启动，共提供 11 亿欧元用于 20 个高度创新的可再生能源示范项目。2014 年 7 月，第二批投资计划启动，向 19 个创新项目（包含一个大型的碳捕集与封存项目）投资 10亿欧元。欧盟支持低碳技术的其他一些主要举措包括：欧洲经济复苏计划，向碳捕集与封存示范资助 10 亿欧元，并向海上风电示范资助 5.65 亿欧元；战略能源技术计划（SET），旨在加速开发和部署具有成本效益的低碳技术。

二　欧盟应对气候变化的国际融资

欧盟及其成员国是目前世界上最大的官方发展援助者，欧盟总体承担了超过一半的全球官方发展援助（ODA）。2003 年 3 月，欧盟出台了《发展合作背景下的气候变化行动计划》，提出帮助发展中国家应对气候变化的四个战略重点：协助制定气候政策的基本框架、适应气候变化、减缓气候变化及能力建设，这是欧盟首次明确将通过合作形式来实现国际气候援助。[①]

欧盟支持发展中国家的政策对话和具体气候行动的主要渠道是"全球气候变化联盟"（GCCA＋）。2007 年，欧盟启动第一阶段"全球气候变化联盟"，执行期间支持了 38 个国家和 8 个地区的 51 个项目。在 GCCA＋阶段，欧盟将继续为最不发达国家和小岛屿发展中国家应对气候变化提供技术合作，使这些国家在国际气候谈判中也能发出声音。GCCA＋的技术支持主要关注三个重点领域：整体考虑气候变化和减贫；提高应对气候变化的抵抗能力；基于部门的气候变化适应和减缓策略。2015 年，欧盟启动 GCCA＋第二阶段工作，以帮助发展中国家应对气候变化。到 2020 年，除了利用私人和国家公共投资，欧盟还会向该联盟提供大约 3.5 亿欧元的欧盟基金。

2009 年哥本哈根大会后到 2015 年巴黎气候大会前，欧盟逐渐加大了对国际气候治理援助的投入力度。2016 年，欧盟向发展中国家提供了 754 亿欧元的资金援助，尤其是欧盟、欧洲投资银行及成员国向发展中国家提供了 202 亿欧元来应对气候变化。2013—2016 年，欧盟提供的双边财政支持从 9.64 亿欧元增加到了 27.3 亿欧元。2015—2016 年，欧盟提供的总财政支持为 42.47 亿欧元。通过欧洲发展基金（EDF）、发展合作工具（DCI），以及欧盟 GCCA＋的新阶段，欧盟增加了对最贫困和最脆弱国家的支持，在 2014—2020 年，各自承诺提供 305 亿欧元、196 亿欧元和 4.32 亿欧元的资助。[②]

---

① 冯存万、乍得·丹莫洛：《欧盟气候援助政策：演进、构建及趋势》，《欧洲研究》2016 年第 2 期。

② European Commission，7th National Communication & 3rd Biennial Report from the European Union under the UN Framework Convention on Climate Change（UNFCCC），2017-12，http：//unfccc.int/files/national＿reports/annex＿i＿natcom/submitted＿natcom/application/pdf/459381＿european＿union-nc7-br3-1-nc7＿br3＿combined＿version.pdf.

自 2014 年以来，绿色气候基金（GCF）已筹资了 1030 亿美元，其中欧盟成员国提供了近一半的资金（480 亿美元）。2017 年，欧盟委员会启动一项新的欧盟倡议——"对外投资计划"（EIP），以推动在非洲和其他邻近国家的投资，促进非洲和欧洲邻国的包容性增长和可持续发展。欧盟委员会将对该计划投资 41 亿欧元，期望能带动非洲和周边国家 440 亿欧元的投资。该计划预计到 2020 年将超过 440 亿欧元的投资。欧洲可持续发展基金（EFSD）是欧盟新的对外投资计划的核心。[1]

---

[1]　European Commission，*International Climate Finance*，2018－07－17，https：//ec. europa. eu/clima/policies/international/finance_ en.

第五章　美国气候治理格局与趋势

得益于奥巴马政府强有力的国内和国际气候议程，特别是其第二个任期内，奥巴马政府为联邦气候政策奠定了坚实的基础，推动了美国的气候治理进程。与世界其他国家坚定执行《巴黎协定》的减排承诺不同，美国特朗普政府在气候政策上全面收紧与倒退，但美国仍可以通过地方和非国家行动实现减排，包括地方政府（州政府或市级政府）制定自己的目标，企业加大对可再生能源的开发力度并减少排放，创新突破性的变革性技术，以及提出部门转型的合作倡议等。在梳理美国气候治理发展过程、特朗普政府气候治理格局、美国地方层面的气候治理格局、美国第四次气候评估报告等的基础上，我们认为，未来美国气候治理将呈现以下发展趋势：①尽管美国联邦政府在气候政策上全面收紧与大幅倒退，但美国非国家参与者在气候治理方面发挥的作用日益强大。②鉴于特朗普政府在应对气候变化方面的消极态度以及一系列"逆向"政策，有关气候变化的科学研究预算被大幅削减，使很多研究项目不得不终止，可能对美国及全球气候变化科学研究产生较大冲击。③美国气候政策的全面倒退会对减排产生不利影响，并使美国无法完成 2025 年的国家自主贡献（NDC）目标，但无法改变全球其他各国空前一致地应对气候变化的发展格局。

第一节　美国气候治理发展过程

作为全球第二大温室气体排放国，自 2007 年以来，美国的温室气体总排放量（包括 LULUCF）一直在逐步下降。根据美国环境保护署的温室气体排放清单数据，2016 年美国的排放量比 2015 年下降了 1.9%，达到 5.7

吉吨二氧化碳当量（GtCO$_{2e}$）。[①] 2017 年，天然气和煤炭使用量均下降，导致与能源相关的总排放量较 2005 年下降 14%。由于可再生能源成本的下降，美国可再生能源快速增长。美国能源信息署（EIA）《电力月刊》（*Electric Power monthly*）2017 年 3 月的数据显示，风能和太阳能的月发电量首次超过美国总发电量的 10%。

一 美国气候治理发展阶段划分

美国作为世界超级大国和碳排放第二大国，如何进行气候治理不仅影响美国自身的发展，也深刻影响国际社会的气候治理格局。由于美国是共和党与民主党两党轮流执政的国家，其气候变化政策也会随着执政党的更替而变化。从布什政府到克林顿政府、小布什政府、奥巴马政府，再到特朗普政府，美国气候治理的政策立场随着国家利益和国际格局的变化而不断进行调整（见表 5-1）。

表 5-1 美国气候治理发展过程

执政政府	任期	执政党	相关标志性事件	气候治理态度
布什政府	1989—1993 年	共和党	1990 年，布什呼吁公众关注全球气候变暖问题	主张，不积极
克林顿政府	1993—2001 年	民主党	1998 年，克林顿政府签订《京都议定书》	主张，积极应对
小布什政府	2001—2009 年	共和党	2001 年，小布什政府宣布退出《京都议定书》	不主张，不积极
奥巴马政府	2009—2017 年	民主党	2015 年，奥巴马政府签订《巴黎协定》	主张，积极应对
特朗普政府	2017 年至今	共和党	2016 年，特朗普政府宣布退出《巴黎协定》	不主张，不积极

总体而言，美国气候治理过程可以划分为三个阶段：①1992—2001 年，尽管美国在此期间加入《公约》和《京都议定书》，但是更多的是从科学研究的角度探讨气候变化及全球变暖问题。1989 年，布什总统提议，美国科学界和政治界联合开展全球变化前期研究。1990 年，美国国会通过《全球变化研究法案》（GCRA），呼吁公众关注全球气候变暖问题并鼓励对

---

① U. S. Environmental Protection Agency（U. S. EPA），*Inventory of U. S. Greenhouse Gas Emissions and Sinks：1990-2016*，2018，https：//www. epa. gov/ghgemissions/inventory－us－greenhouse－gas－e-missions－and－sinks－1990-2016.

其进行研究。① ②2001—2017 年，尽管这一阶段的美国气候治理经历了大起大落，但仍积极活跃于气候治理的国际舞台。2001 年，小布什政府宣布退出《京都议定书》，发布以降低温室气体强度为核心的《全球气候变化倡议》（*Global Climate Change Initiative*，GCCI），作为替代《京都议定书》的气候新政策。② 美国退出《京都议定书》对当时的国际气候治理带来了显著的负面影响。而在奥巴马政府期间（特别是其第二任期），美国气候治理取得了较好的进展。除了在国内宣布实施《总统气候变化行动计划》、"创新使命"等气候举措外，还积极参与和推动国际气候治理进程。正是在美国、中国和欧盟等的积极推动下，2015 年《巴黎协定》才得以顺利通过，并于 2016 年生效，开启了国际气候治理的新篇章。③2017 年至今，美国气候治理进程在特朗普总统执政期间全面收紧与倒退。特朗普总统对气候变化及其影响置若罔闻。从上任伊始推翻奥巴马政府时期的气候举措，到宣布退出《巴黎协定》，美国特朗普政府"去气候化"进程持续发酵，使美国联邦政府的气候政策全面倒退，这将深刻改变美国气候治理框架，并对美国气候治理进程带来更多的不确定性。

二 奥巴马政府 2015 年以来的气候治理

奥巴马在其第二个任期内见证了《巴黎协定》的通过与生效。气候变化政策是其重要的政治遗产之一。他进行了多方面的大胆尝试，例如，鼓励低碳能源和清洁能源的发展，与国际组织机构建立了多边合作关系，采取积极的态度应对气候变化问题，使美国发挥了在全球应对气候变化方面的领导作用。

（一）奥巴马气候治理政策概况

奥巴马政府在气候变化问题上，科学研究与应对气候变化行动并举，其全球气候治理政策（见表 5-2）主要包括：

（1）鼓励清洁能源技术创新。奥巴马政府加大了对清洁能源开发的资金投入，推动了《美国清洁能源与安全法案》顺利实施。通过设立国家低

---

① 高嘉潞：《美国奥巴马政府全球气候治理政策研究》，硕士学位论文，东北师范大学，2017 年。

② 徐蕾：《美国环境外交的历史考察（1960 年代—2008 年）》，博士学位论文，吉林大学，2012 年。

碳燃料标准、抵免联邦生产税、支持使用清洁燃料的先进汽车等一系列措施，促进了美国清洁能源领域的科技创新与发展。

（2）建立和完善气候变化应对机制。奥巴马政府设立了能源和气候变化顾问，重组了气候管理、环境和能源团队与机构，在国务院设立了一个专门负责气候变化对外谈判工作的特使，并建立了"排放限额和交易"机制。

（3）加强气候变化应对能力。奥巴马政府重视美国应对气候变化的能力建设，主要表现在加强基础设施及建筑投资，对自然和经济气候韧性项目进行保护，提倡减少浪费食物的现象等。

（4）重视与国际气候组织的合作。奥巴马政府积极与国际气候组织进行合作，不断提出与完善其气候治理政策，并呼吁世界其他国家加强对气候变化的重视，奥巴马政府主动提出与其他发达国家一同承担减排责任，不断扩大与新兴经济体的合作，并加强与发达经济体的多边合作。

表 5-2　　　　　　　　　　奥巴马执政以来的气候治理政策

时间		政策
2013 年	6 月 25 日	《总统气候行动计划》（The President's Climate Action Plan）
2014 年	3 月 28 日	《气候行动计划——削减 CH_4 排放战略》（Climate Action Plan-Strategy to Cut Methane Emissions）
	8 月	《沼气机遇路线图》（Biogas Opportunities Roadmap）
2015 年	3 月 31 日	提交国家自主贡献预案（INDC）
	5 月 19 日	《我们变化的星球：2016 财年美国全球变化研究计划》（Our Changing Planet：The U. S. Global Change Research Program for Fiscal Year 2016）
	9 月 16 日	奥巴马政府将提供 1.2 亿美元资助太阳能研究计划
2016 年	2 月 6 日	美国白宫宣布推动"创新使命"（Mission Innovation）发展的下一步计划
	9 月 8 日	美国能源部（DOE）宣布投入 1300 万美元，资助 12 个多年期的项目，开发经济有效的方法来减少天然气管道和存储基础设施的甲烷排放
	9 月 9 日	《国家海上风电战略：促进美国海上风电行业的发展》（National Offshore Wind Strategy：Facilitating the Development of the Offshore Wind Industry in the United States）
	10 月 13 日	在第七届中美能效论坛上，美国能源部（Department of Energy，DOE）宣布了 9 个中美合作新项目，以提高中国建筑能效并削减温室气体排放
	11 月 16 日	《美国 21 世纪中期深度脱碳战略》（United States Mid-Century Strategy for Deep Decarbonization）

（二）美国国家自主贡献预案

2015 年 3 月 31 日，美国正式向《公约》秘书处提交了其气候行动计

划，成为全球第二个提交国家自主贡献预案（INDC）的国家，对全球气候
变化治理的发展走向起到关键作用（见文本框5-1）。

文本框5-1　美国国家自主贡献预案

美国致力于减少温室气体排放问题，努力实现《公约》目标。应利马的要求，美国政府向秘书处通报其为实现《公约》第2条所述目标——将大气中温室气体浓度与气候系统一起稳定在一个可防止危险的人为干扰的水平上——而做出的国家自主贡献，美国打算在2025年将温室气体排放量比2005年水平减少26%—28%，并尽最大努力将其排放量减少28%。

- 温室气体：

美国目标涵盖2014年美国温室气体排放源和汇清单中包括的所有温室气体，即CO_2、CH_4、N_2O、PFCs、HFCs、SF_6和NF_3。

- 排放部门：

美国目标涵盖所有的IPCC部门。

- 温室气体总排放量的百分比：

根据美国温室气体排放源和汇清单中公布的2005年（基准年）美国温室气体排放量和清除量的100%计算，在净—净额基础上。

目标是公平的、艰巨的。美国已经采取了大量政策行动来减少其温室气体排放量，以实现2020年减排目标，即2020年将比2005年水平降低17%。实现2025年目标将需要比2005年基准目标进一步减少9%—11%的排放量，比2005年的基线和2005—2020年度减少幅度大幅加速，达到每年2.3%—2.8%。

（三）《美国21世纪中期深度脱碳战略》

2016年11月16日，美国提交了《美国21世纪中期深度脱碳战略》（*United States Mid-Century Strategy for Deep Decarbonization*），承诺到2020年二氧化碳排放量比2005年减少17%，到2050年二氧化碳排放量比2005年减少80%。该战略详细探讨了美国实现2050年减排目标的路径和措施，并提出实现整个经济系统温室气体净排放减少需要在以下三个主要领域采取行动。

（1）转向低碳能源系统。行动包括：①对清洁能源技术创新进行双倍投资，为21世纪中期能源安全制定新的解决方案。②加强国家与地方和行业排放政策法规，以继续推动清洁技术发展，并逐步转向经济系统的碳定价。③实施互补政策，清除具有成本效益的能源效率技术和清洁能源技术发展的障碍。④建立现代化电力监管结构及市场，以鼓励灵活、可靠、具有成本效益的清洁发电技术。⑤扩大目标支持，包括经济和劳动力发展，以确保美国民众从低碳能源转型中受益。

（2）增强森林和土壤的碳封存及二氧化碳去除技术。行动包括：①以碳预算协议及相关政策框架为支撑，实行持久的私人土地碳激励措施，以

增强森林碳活动和土壤碳封存能力。②在联邦土地上快速扩大森林恢复面积。③通过相关研究和政策，减少土地利用竞争和土地利用变化，提高土地生产力，并促进智能型城市发展。④支持数据收集和研究，以供未来政策参考，包括绘制减缓"热点区"（hot spot）地图、量化土壤碳潜力、提高美国温室气体清单能力。⑤支持二氧化碳去除技术的开发和部署，包括生物能源和碳捕集与封存（BECCS）技术的示范和早期商业部署。

（3）减少非二氧化碳温室气体排放。行动包括：①支持研究、开发和示范（RD&D），测量和监控甲烷的来源。②加强监管，减少来自废弃物、石油和天然气的甲烷排放。③加大 RD&D、技术援助和激励措施，通过精准农业、缓释肥料或其他替代方案减少氮肥使用。④加大 RD&D、技术援助和激励措施，减少畜牧相关的甲烷排放，以及通过厌氧分解池等提高甲烷捕获策略，并通过饮食添加剂等创新甲烷的使用。⑤实施逐步减少使用氢氟碳化物（HFC）的政策，妥善处理会产生 HFC 的电器，并支持 HFC 替代品的研究、开发和示范。

第二节　特朗普政府气候治理格局

自 2017 年 1 月 20 日上任以来，特朗普采取了许多对资源、环境和气候变化领域具有重要影响的政策行动，主要包括政府内阁的调整、财政预算的削减以及相关领域的政策改变等。根据气候透明组织（Climate Transparency）于 2017 年 7 月 3 日发布的《从棕色到绿色：20 国集团向低碳经济转型》（*Brown to Green：The G20 Transition to a Low-carbon Economy*）报告，美国在经历新一任政府政策的变化后，其国际和国内气候政策绩效评分从"高"降至"非常低"。[①] 美国的人均温室气体排放量位居 20 国集团（G20）第 4 位，人均能源使用量最大。在美国联邦政府换届之后，各国专家都对美国的国家和国际气候政策做出了下调评级。美国目前在 G20 中排名垫底。美国宣布退出《巴黎协定》被视为一大倒退。如果特朗普政府的所有声明和预算削减继续实施，对可再生能源的支持计划将会减少。

---

① Climate Transparency, *Brown to Green：The G20 Transition to a Low-carbon Economy*, 2017, https：//newclimateinstitute.files.wordpress.com/2017/06/brown_ to_ green_ report-2017.pdf.

一　政府内阁及气候治理机构调整

特朗普上台后，任命多位有能源企业背景的内阁成员。例如：雷克斯·蒂勒森（Rex W. Tillerson）是特朗普提名的国务卿人选，是埃克森美孚石油公司的首席执行官（CEO）；商务部部长威尔伯·罗斯（Wilbur L. Ross）是某私募股权公司的董事长，曾并购煤炭、钢铁、矿业和纺织等行业的多个公司，并将之重组出售而有"破产企业之王"之称；能源部部长詹姆斯·佩里（James R. Perry）曾任得克萨斯州州长，是总部设在达拉斯的能源传输公司董事会董事，这家公司承建了北达科他州输油管线项目，他是一名气候变化怀疑论者，特朗普在提名中说，佩里在担任得克萨斯州州长期间降低了得克萨斯州的能源价格，相信佩里担任能源部部长将会帮助美国实现能源独立。

二　大幅削减气候变化相关机构预算

2018 年 2 月 18 日，美国管理和预算办公室（Office of Management and Budget，OMB）发布了《2019 财年美国政府预算》（*Budget of the U. S. Government*，*Fiscal Year* 2019)[①]，概述了特朗普总统关于 2019 财年政府各部门的预算计划。为了支付额外的国防开支、边境围墙和基础设施计划，许多执行部门和机构的预算将被削减，相关气候变化的部门/机构预算变化情况如表 5-3 所示。

表 5-3　　　　　　涉及气候变化的部门/机构预算变化情况　　　　单位：亿美元、%

机构/部门	2017 年执行情况	2019 年预算请求	变化情况	变化百分比
环境保护署	82.00	54.00	-28.00	-34.1
能源部	299.00	290.00	-9.00	-3.0
国家航空航天局	196.61	196.00	-0.61	-0.3

（一）环境保护署（EPA）

EPA 负责实施与执行旨在保护人类健康和环境的法规。EPA 的预算将

---

① Office of Management and Budget（OMB），*Budget of the U. S. Government*，*Fiscal Year 2019*，2018，https：//www. whitehouse. gov/wp-content/uploads/2018/02/budget-fy2019. pdf.

重点支持保护空气、土地和水不受污染的核心任务，同时减少和取消较低优先级别的活动与志愿项目。EPA 的预算请求为 54 亿美元，比 2017 年执行水平减少 28 亿美元，降幅为 34.1%。主要包括：①EPA 的预算取消了对气候变化相关项目的资助；②也不再寻求取消"能源之星"项目（Energy Star Program），该项目将完全通过收费获得资金。

（二）能源部（DOE）

美国能源部的任务是通过变革性的科技创新来促进美国的安全和经济增长，促进可负担的和可靠的能源发展，并满足美国核安全和环境安全的需要。预算通过战略投资保护美国的繁荣，以保持美国在科技创新方面的领导地位，并大力推进支撑美国国内外安全的核安全企业的现代化。DOE 的预算请求为 290 亿美元，比 2017 年执行水平减少了 3.0%。主要包括：①能源效率和可再生能源办公室（Office of Energy Efficiency and Renewable Energy）预算的 66% 被削减，该办公室研究先进的交通、风能和太阳能；②取消在国会广受欢迎的能源先进研究计划署（Advanced Research Projects Agency-Energy，ARPA-E）；③提供超过 17 亿美元支持应用能源项目的早期研发，使私营部门能够部署下一代技术和能源服务，从而建立一个更安全、更有弹性、更综合的能源系统。其中，为化石能源办公室（Office of Fossil Energy）提供逾 3 亿美元的研发资金，用于支持国家实验室在清洁、高效化石燃料和系统方面的研究，并支持早期关键材料的研发。

（三）国家航空航天局（NASA）

NASA 负责领导一个创新的、可持续的探索项目，与商业和国际伙伴合作，使人类能够在太阳系内扩张，并将新的知识和机遇带回地球。NASA 预算通过将其现有的活动重新聚焦于探索，将资金转向支持新政策的创新项目，以及提供额外资金支持新的公私合作项目，来支持政府的新太空探索政策。NASA 的预算请求为 196 亿美元，比 2017 年减少了 6100 万美元。主要包括：①提议在 2025 年之前终止美国政府对空间站的直接资助，并提供 1.5 亿美元用于启动一个项目，该项目将鼓励 NASA 对其现有能力进行商业开发；②重新调整和巩固了 NASA 的空间技术发展计划，以支持空间探索活动；③继续在科学和航空学方面开展强有力的项目，包括超音速"X-plane"、行星防御来自危险的小行星，以及在地球上寻找火星碎片进行大胆的科学研究任务。

三 相关领域的政策改变

特朗普早在竞选前就声称气候变化是"骗局",他不仅未关注环境问题,还声讨奥巴马政府的气候政策,并支持美国的化石燃料行业,同时承诺将在就任总统的100天内退出《巴黎协定》。自2017年1月20日上任以来,特朗普采取了一系列调整环境保护政策的举措。从上任第二天就宣布《美国优先能源计划》(America First Energy Plan),废除《气候行动计划》(Climate Action Plan)开始,特朗普政府每月至少发布一项关于调整气候变化措施的政策,调整范围和力度是空前的,政策内容更是彻底颠覆了奥巴马时期的气候政策,到6月1日特朗普政府正式宣布退出《巴黎协定》。特朗普上台后彻底改变了奥巴马政府对于气候变化问题的积极政策,废除清洁能源计划,退出《巴黎协定》,回归传统能源政策,削减气候预算,多渠道降低气候的重要性等,导致美国气候政策的倒退。特朗普执政以来调整的气候变化政策如表5-4所示。

表5-4　　　　特朗普执政以来调整的气候变化治理相关政策举措

时间		政策
2017年	1月20日	消除有害与不必要的政策,如废除《美国水域》,保护《美国优先能源计划》
	1月21日	特朗普宣布放宽能源监管,包括废除气候变化行动计划
	1月24日	特朗普重启了两个输油管道项目的谈判,要求建设输油管道使用美国造的材料
	2月1日	任命化石燃料公司埃克森美孚的首席执行官雷克斯·蒂勒森担任美国国务卿
	2月8日	在特朗普的要求下,授予美国陆军工程兵团达科他州输油管道地役权
	2月14日	国会废除证券交易委员会(SEC)制定的石油和天然气业反腐规定
	2月16日	国会废除限制煤炭开采、旨在保护水资源的《溪流保护条例》
	2月28日	要求环境保护署(EPA)审查《美国水资源条例》(Waters of the United States)
	3月2日	EPA撤销石油和天然气甲烷排放信息要求
	3月3日	废除一项奥巴马时期的禁令,该禁令禁止在联邦土地和水中使用铅弹药
	3月9日	EPA署长Scott Pruitt在公开采访中贬低气候变化的重要性
	3月13日	深度削减美国科学与环境机构预算,特别削减了EPA和NOAA的经费
	3月15日	EPA和美国国家公路交通安全管理局(NHTSA)宣布重新审查2022—2025年车型的温室气体标准

续表

时间		政策
2017 年	3 月 16 日	特朗普预算蓝图削减：①EPA 31%的预算经费；②美国能源部（DOE）效率和技术项目；③对联合国气候项目的资助；④NOAA 气候准备资金
	3 月 21 日	锈斑熊蜂（bombus affinis）正式被列为濒危物种
	3 月 24 日	在特朗普的要求下，国务院批准 Keystone XL 输油管道项目
	3 月 27 日	国会废除土地管理局（BLM）计划规则
	3 月 28 日	特朗普签署能源独立行政命令：①撤销联邦部门关于考虑气候变化影响的指导意见；②解散碳社会成本工作组，撤销对碳社会成本的评估；③撤销气候恢复力行政命令；④命令审查清洁能源计划；⑤命令审查新建和改建化石燃料发电厂的碳规则；⑥命令撤销限制公共土地上煤炭租赁的规定；⑦命令审查公共土地上化石燃料生产的规定；⑧命令审查新建和改建石油和天然气系统的甲烷排放限制
	3 月 29 日	EPA 拒绝了全面禁止使用杀虫剂毒死蜱（chlorpyrifos）的十年请愿书
	4 月 3 日	特朗普将其第一季度的薪水（78333.32 美元）全部捐赠给了国家公园管理局
	4 月 7 日	EPA 几名专门从事气候变化适应工作的人员被调动至政策办公室
	4 月 11 日	法院批准 EPA 要求，延迟执行臭氧标准的申请
	4 月 14 日	EPA 署长 Scott Pruitt 呼吁退出《巴黎协定》
	4 月 19 日	内政部更新其气候变化网站，删除大部分内容
	4 月 26 日	特朗普下令审查美国的 40 多个国家纪念碑，目的是重新开放一些地区用于开发、采矿和其他发展用途
	4 月 28 日	EPA 审查其与气候变化有关的网络内容，并于 5 月 2 日还撤销了其气候变化网页的西班牙语版本；特朗普签署美国离岸能源战略的总统行政命令，扩大美国离岸能源开采范围
	5 月 23 日	2018 年预算案要求大幅削减科学研究和一系列保护空气和水的环保项目，预算取消了恢复五大湖、切萨皮克湾和普吉特海峡的主要计划，结束了 EPA 的减少铅风险和氡检测项目，并削减了超级基金清理计划的资金
	6 月 1 日	美国退出《巴黎协定》
	6 月 8 日	内政部审核艾草榛鸡（greater sage grouse）保护计划，以确定该计划是否会干扰特朗普政府在联邦土地上增加能源生产的努力。8 月 7 日内政部宣布放松对艾草榛鸡的保护
	6 月 12 日	内政部建议缩小熊耳国家纪念碑（Bears Ears National Monument）的面积
	6 月 13 日	美国国家海洋与大气管理局（NOAA）取消了保护鲸鱼免受渔网捕捞的规定
	8 月 2 日	EPA 降低了奥巴马时代的臭氧标准
	8 月 15 日	撤销联邦洪灾风险标准，该标准包括气候科学预测的海平面上升
	8 月 22 日	暂停一项对居住在阿巴拉契亚山脉（Appalachian Mountains）山顶一处煤矿遗址附近居民健康风险的研究
	8 月 22 日	解散联邦政府气候评估咨询小组
	10 月 11 日	EPA 废除清洁能源计划

续表

时间		政策
2017 年	10 月 23 日	内政部提出有史以来最大的石油和天然气租赁拍卖
	12 月 18 日	将气候变化从国家安全威胁的名单上删除
	12 月 4 日	特朗普宣布大幅缩小前任总统建立的 2 个犹他州国家纪念碑保护区
	12 月 22 日	内政部宣布将不再保护鸟类的意外死亡
2018 年	1 月 25 日	EPA 在一份简短的法律备忘录中，取消了一项克林顿时代旨在减少来自工业污染源的有害空气污染的政策
	2 月 12 日	2019 财年预算中削减气候变化和可再生能源项目。设法取消 2017 年未能取消的 5 项地球科学任务：辐射预算工具（RBI），浮游生物、气溶胶、云、海洋生态系统（PACE），轨道碳天文台—3，深空气候观测台（DSCOVR）地球观测仪器，以及气候绝对辐射和折射观测台（CLARREO）探路者；取消对气候变化研究的资助，并重新组织研究学科大纲；提议国家海洋与大气管理局（NOAA）削减气候变化相关项目开支，以及关闭空气资源实验室；为化石能源研究提供 5.02 亿美元，增长近 24%
	2 月 26 日	EPA 改组了儿童健康和环境卫生差距对少数民族和穷人的影响的研究计划
	3 月 16 日	联邦应急管理署（FEMA）在新发布的战略计划中删除了"气候变化"
	3 月 23 日	宣布支持将灰熊送回北瀑布（North Cascades）生态系统的努力
	4 月 2 日	白宫审查濒危物种保护的法规
	4 月 2 日	EPA 审查汽车和轻型卡车的燃油效率标准
	5 月 9 日	取消国家航空航天局（NASA）的碳监测系统研究预算

第三节 美国地方层面的气候治理格局

联邦以外的气候行动以及一系列广泛的市场与技术变革，继续加速推动着美国的气候治理进程，如美国州长、市长和商界领袖近年来在制定美国气候议程方面的作用日渐增加。截至 2017 年 10 月 1 日，美国共有 19 个州和 110 个城市制定了量化的温室气体减排目标。此外，美国 1300 多家企业自愿采用了温室气体减排目标。

一 州层面的气候政策

美国地方层面的气候治理呈现出许多重要和令人鼓舞的迹象。美国有 22 个州已经做出了气候承诺，有 19 个州做出了可量化的温室气体减排或可再生能源承诺，16 个州政府已经表明了将根据"美国气候联盟"继续履行《巴黎协定》目标。

（一）设定州级减排目标

在联邦的约束目标之外，加利福尼亚州、新墨西哥州、科罗拉多州等19个州和哥伦比亚特区（见表5-5）设立了州级减排目标，虽然基年（1990—2006年）各异，但多数制定了2020年短期减排目标（例如，将二氧化碳排放量稳定在1990年排放水平左右）和2050年的长期目标（例如，相比1990年排放量降低80%左右）。[①]

表5-5　　　　　　　　　　　美国各州减排目标概览

州	减排目标
亚利桑那	到2020年，维持在2000年排放水平；到2040年，在2000年水平上减少50%
加利福尼亚	到2030年，在1990年排放水平上减少40%；到2050年，在1990年水平上减少80%
科罗拉多	到2025年，在2005年排放水平上减少26%
康涅狄格	到2020年，在1990年排放水平上减少10%；到2050年，在2001年水平上减少80%
哥伦比亚特区	到2020年，在2006年水平上减少10%；到2050年，在2005年水平上减少80%
佛罗里达	到2020年，维持在2005年排放水平；到2050年，在1990年水平上减少80%
伊利诺伊	到2020年，维持在1990年排放水平；到2050年，在1990年水平上减少60%
夏威夷	遵照《巴黎协定》的减排目标
缅因	到2020年，在1990年排放水平上减少10%；长期而言，将在2003年水平上减少75%—80%
马里兰	到2020年，在2006年排放水平上减少25%；到2050年，在2006年水平上减少80%
马萨诸塞	到2020年，在1990年排放水平上减少10%；长期而言，将在2003年水平上减少75%—85%
明尼苏达	到2025年，在2005年排放水平上减少30%；到2050年，在2005年水平上减少80%
新罕布什尔	到2020年，在1990年排放水平上减少10%；长期而言，将在2001年水平上减少75%—85%
新泽西	到2020年，维持在1990年排放水平；到2050年，在2006年水平上减少80%

① Takeshi Kuramochi, Niklas Höhne, Sebastian Sterl, Katharina Lütkehermöller, Jean-Charles Seghers, *States*, *Cities and Businesses Leading the Way*: *A First Look at Decentralized Climate Commitments in the US*, 2017, https://newclimate.org/wp-content/uploads/2017/09/states-cities-and-regions-leading-the-way.pdf.

续表

州	减排目标
新墨西哥	到 2020 年，在 1990 年排放水平上减少 10%；到 2050 年，在 2000 年水平上减少 75%
纽约	到 2020 年，在 1990 年排放水平上减少 10%；到 2030 年，在 1990 年水平上减少 40%；到 2050 年，在 1990 年水平上减少 80%
俄勒冈	到 2020 年，在 1990 年水平上减少 10%；到 2050 年，在 1990 年水平上减少 75%
罗德岛	到 2020 年，在 1990 年水平上减少 10%
佛蒙特	到 2020 年，在 1990 年排放水平上减少 10%；到 2028 年，在 1990 年水平上减少 50%；到 2050 年，在 1990 年水平上减少 75%
华盛顿	到 2020 年，维持在 1990 年排放水平；到 2035 年，在 1990 年水平上减少 25%；到 2050 年，在 1990 年水平上减少 50%

（二）编制气候行动计划

目前美国已有 34 个州及哥伦比亚特区完成了详细的气候行动计划的编制。但部分行动计划仍缺少清晰的目标、对清洁技术的有效激励和明确的气候政策信号，这在一定程度上阻碍了减排效果。

美国各州正在保护关键的碳排放政策不受特朗普政府气候政策倒退的影响。2018 年 5 月 1 日，17 个州起诉环境保护署取消汽车和卡车排放标准的提案。

二　非国家参与者的相关倡议

自美国特朗普总统宣布决定退出《巴黎协定》以来，美国各州、城市、企业和高校重申将通过协作来支持《巴黎协定》，包括"美国气候市长"（US Climate Mayors）、"我们仍在坚守"（We Are Still In）、"美国气候联盟"（US Climate Alliance）、"美国气候变化承诺"（America's Pledge on Climate Change）等。在缺乏联邦政府领导的情况下，这些非国家参与者在维持美国气候行动方面发挥的作用与日俱增。这一"自愿联盟"经济规模仅次于美国和中国（见图 5-1）。美国各州、城市、企业和其他实体经济仍然致力于执行《巴黎协定》，所覆盖的人口达 1.73 亿（占美国 2018 年人口总量的 53%），代表了 11.4 万亿美元的 GDP（占美国 GDP 总量的 58%），其温室气体排放量达 2.4 吉吨（Gt），占美国温室气体排放总量的 37% 以上。

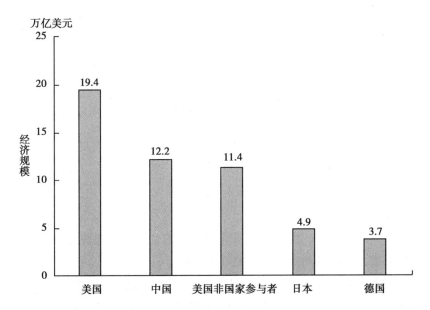

图 5-1　支持《巴黎协定》的美国非国家参与者的经济规模与各国对比情况

（一）《巴黎协定》的支持网络正逐渐壮大

1. 美国气候市长

美国气候市长，又称"市长国家气候行动议程"（Mayors National Climate Action Agenda），在特朗普总统退出《巴黎协定》之前就已经存在。它成立于 2014 年，是一个由美国市长组成的两党对等的网络，他们共同努力，通过在社区采取有意义的行动，展示在气候变化问题上的领导地位，并表达和构建有效的联邦和全球政策行动的政治意愿。美国气候市长已成为美国各城市为加快气候进步所做出的持续承诺的关键声音和示范。特朗普总统宣布退出《巴黎协定》之际，美国气候市长随即发表声明表示"将一起支持《巴黎协定》"。截至 2018 年 6 月 8 日，美国 407 个城市承诺将坚持《巴黎协定》所确立的目标，并加大努力实现气候目标。值得注意的是，几乎近一半的这些城市所在州没有加入美国气候联盟。①

2. 我们仍在坚守

2017 年 6 月，美国各州州长、市长和商界领袖首次签署了《"我们仍

---

①　Climate Mayors，*407 US Climate Mayors Commit to Adopt*，*Honor and Uphold Paris Climate Agreement Goals*，2018-06-01，http：//climatemayors.org/actions/paris-climate-agreement/.

在坚守"宣言》（*We Are Still In Declaration*），以此向世界领导人承诺，美国人不会放弃《巴黎协定》。最初只有 1219 人签字，截至 2018 年 9 月 12 日，其规模增长了约 2 倍，包括来自所有 50 个州的 3500 多名代表。签署《"我们仍在坚守"宣言》的州、部落和城市的人口占美国总人口的 50% 以上，其国内生产总值（GDP）达 6.2 万亿美元。

3. 美国气候联盟

为回应美国联邦政府退出《巴黎协定》的决定，纽约州州长安德鲁·库默（Andrew Cuomo）、华盛顿州州长杰伊·英斯利（Jay Inslee）和加州州长杰瑞·布朗（Jerry Brown）发起成立美国气候联盟，由 17 名州长组成的两党州长联盟，致力于根据《巴黎协定》的目标减少温室气体排放。该联盟由各州政府领导，重点关注州与州之间的合作，以加快部署必要的气候解决方案，帮助各州实现各自的气候目标。

美国气候联盟有三个核心原则：①各州继续在气候变化方面发挥领导作用。各联盟州认识到气候变化对环境、居民、社区和经济构成严重威胁。②州层面的气候行动正在造福经济。联盟州正在发展清洁能源经济并创造新的就业机会，同时减少空气污染，改善公共卫生，建立更有弹性的社区。③各州正在向全国和全世界展示雄心勃勃的气候行动是可以实现的。尽管美国联邦政府决定退出《巴黎协定》，但联盟州仍致力于支持这项国际协定，并正在采取积极的气候行动，以实现其目标。

各联盟州承诺：①实施推进《巴黎协定》目标的政策，力争到 2025 年使温室气体排放量比 2005 年水平至少减少 26%—28%。②在适当的情况下，跟踪并向国际社会报告进展情况，包括世界各国开会盘点《巴黎协定》之际；③加快实施新的和现有的政策，以减少碳排放和促进清洁能源在州和联邦的部署。

美国气候联盟代表了美国 40% 的人口和 9 万亿美元的经济规模。各联盟州的气候和清洁能源政策几乎占美国总量的一半。美国气候变化联盟发布的《2017 年度报告》（*2017 Annual Report*）表明，各联盟州不仅在减排方面超过了非联盟州，而且在以更快的速度发展经济。2005—2015 年，各联盟州的排放量减少了 15%，而其他州的排放量则只减少了 10%。在同一时期，各联盟州的人均经济产出增长速度是其他州的 2 倍。这表明，气候领导力和经济增长是并行不悖的。①

4. 美国气候变化承诺倡议

2017 年 7 月 12 日，加州州长杰瑞·布朗和前纽约市市长迈克尔·布隆伯格（Michael Bloomberg）提出"美国气候变化承诺"（以下简称"美国承诺"）新倡议，旨在根据《巴黎协定》目标，汇编并量化美国各州、城市和企业减少温室气体排放的行动②，并向国际社会展示这些实体是如何以及以何种方式帮助美国兑现其在《巴黎协定》中的承诺的。

"美国承诺"倡议将努力向全美国社会展示持续的气候领导能力，在联邦领导能力有限的情况下，地方层面的行动可以显著减少美国的温室气体排放。"美国承诺"倡议主要涉及三个方面的工作任务：①收集有关非国家气候行动的数据，以量化和报告在《巴黎协定》下美国国家自主贡献（NDC）方面取得的进展；②向国际社会和联合国通报其研究成果以及非国家参与者的相关数据；③向美国商业、城市和国家层面的行动以及其他国家提供详细的路线图，以在短期内进一步促进气候行动。

5. "美国城市气候挑战"项目

2018 年 6 月 1 日，布隆伯格慈善基金会（Bloomberg Philanthropies）启动了 7000 万美元的"美国城市气候挑战"（American Cities Climate Challenge）项目，以支持美国城市在应对气候变化方面发挥主导作用。在美国联邦政府无所作为的情况下，此举将成为加快减少温室气体排放进程的一项重大新举措。该项目将通过一个竞争性过程，选出 20 名最具领导力和执行力的市长，以推动美国实现《巴黎协定》目标。被选定的城市将参加一个为期 2 年的项目，旨在深化其应对气候变化努力。

"美国城市气候挑战"项目对美国人口最多的 100 个城市开放。到 2025 年，这些城市的碳排放量将超过 2 亿吨，相当于关闭 48 家燃煤发电厂。为了有资格申请该项目，这 100 个城市的市长必须在 2018 年 6 月 19 日之前签署《"我们仍在坚守"宣言》。该项目将特别关注交通和建筑行

---

① United States Climate Alliance, *United States Climate Alliance Fact Sheet*, 2018, https：// static1. squarespace. com/static/5a4cfbfe18b27d4da21c9361/t/5b2d30f3758d46726f87cb27/1529688307- 193/Climate-Alliance-FactSheet-June_ 2018. pdf.

② *California Governor Jerry Brown and Michael Bloomberg Launch "America's Pledge"*, 2017-07- 12, https：//www. americaspledgeonclimate. com/news/california - governor - jerry - brown - michael - bloomber-launch-americas-pledge/.

业，这两个行业通常占全市排放总量的 90%。被选中的 20 个城市将分别获得 250 万美元资金支持、有力的技术援助和支持方案。以实现近期的碳减排目标。具体包括：提供气候顾问，以促进制定和通过有影响力的政策；提供数据、设计和创新资源，帮助城市官员设计和发布规划；支持发展领导力；实施培训；提供快速反应赠款以加速影响；点对点学习和网络。美国城市气候挑战的世界级合作伙伴将由自然资源保护委员会（Natural Resources Defense Council）和运输协会（Delivery Associates）牵头。

"美国城市气候挑战"也支持"美国承诺"倡议，帮助协调关键的房地产、金融和私营部门领导人以及州长之间的关系，跟踪和报告进展。虽然各城市可以在气候问题上取得重大进展，但州、城市和私营部门之间的协调和伙伴关系是实现地方和国家气候目标的关键。

（二）非国家参与者实现美国《巴黎协定》承诺的作用日益凸显

美国的非国家参与者（包括各州、城市、部落和企业等）在实现美国《巴黎协定》承诺中的作用不容小觑。2017 年 11 月 11 日，"美国承诺"倡议发布《美国承诺第一阶段报告：美国各州、城市和企业正在加强气候行动》（America's Pledge Phase 1 Report：States，Cities，and Businesses in the United States Are Stepping Up on Climate Action），首次聚焦特朗普政府决定退出《巴黎协定》之后的美国非联邦气候行动的范围和规模，结果显示，代表美国经济和人口一半以上的州、城市和企业宣布支持《巴黎协定》。如果将这些非联邦参与者视为一个国家，那么其经济规模相当于世界第三大经济体。报告还发现，美国共有 20 个州、110 个城市和 1400 多家在美国运营的企业采用了量化减排目标，这些企业的市值达 25 万亿美元，年温室气体排放量接近 10 亿吨。

2018 年 9 月 12 日，"美国承诺"倡议发布《完成美国承诺》（Fulfilling America's Pledge）报告，全面评估了美国各州、城市、企业和其他（以下统称为"经济实体"）利用新的经济机遇与技术来实现其管辖范围内的气候目标和减排行动。报告指出，当前的联邦和实体经济承诺，加上市场力量，将使美国的排放量在 2025 年比 2005 年减少 17%，大约是美国 NDC 目标的 2/3。报告提出一个包含 10 项气候行动战略的路线图，为美国非国家参与者进一步减排奠定基础。如果全面实施这些措施，到 2025 年，美国温室气体排放量将比 2005 年低 21%。

三　美国民众对气候变化及《巴黎协定》的态度

（一）67%的气象学会会员支持气候变化

2016 年 3 月，美国气象学会（AMS）发布了《2016 年美国气象学会会员关于气候变化的立场：初步发现》（*A 2016 Survey of American Meteorological Society Members about Climate Change：Initial Findings*）报告，超过 4000 名 AMS 会员接受调研，67%的 AMS 会员支持过去 50 年来的气候变化主要是由人为因素引起的观点，反映了美国气象专家关于气候变化的立场。

根据这项调查，只有极少数（5%）认为气候变化很大程度或者完全由自然事件引起。高达 87%的人"更加确信"人为因素造成的气候变化还在持续发生。文献研究表明，2/3 的人认为通过个人观察也可以发现气候变化。但对于气候变化对人类健康、农业、淡水供给、交通系统、家庭和建筑等的影响在未来 50 年能否避免，受访者意见不一。1/4—1/3 的人认为大部分或者全部的危害能够预防，近 1/3 的人认为只能预防一部分危害。

（二）77%的登记选民支持美国加入《巴黎协定》

基于耶鲁大学气候变化沟通项目和乔治梅森大学气候变化交流中心于 2018 年 3 月 7—24 日联合开展的"美国人心中的气候变化"（Climate Change in the American Mind）调研结果显示[1]，与特朗普总统的决定形成鲜明对比的是，77%的登记选民支持美国加入《巴黎协定》。支持范围涵盖了大多数政治派别，包括民主党的绝大多数（92%，包括 95%的自由民主党），75%的无党派人士和共和党的大多数（60%，包括 51%的保守共和党人，自 2017 年 10 月以来增加了 8%）。同样，66%的登记选民反对特朗普总统退出《巴黎协定》的决定，其中包括 91%的民主党人和 63%的无党派人士，但只有 36%的共和党人。

四　非国家参与者采取气候行动的未来空间

自 2017 年 6 月特朗普总统宣布退出《巴黎协定》以来，美国各州、

---

[1]　Leiserowitz, A., E. Maibach, C. Roser-Renouf, S. Rosenthal, M. Cutler and J. Kotcher, *2018 Politics & Global Warming*, March 2018, Yale University and George Mason University, New Haven, CT: Yale Program on Climate Change Communication.

城市和企业的领导人仍在继续采取气候行动，在降低温室气体排放和扩大可再生能源部署的同时，增加了就业机会并推动了强劲的经济增长。

2017 年，非联邦气候行动和对清洁能源技术的持续投资使美国与能源相关的二氧化碳排放量降至 25 年来的最低水平。自 2005 年以来，美国的碳排放量减少了 14%，而同期美国经济增长了 20%。自 2017 年 6 月 1 日以来，美国新增可再生电力装机容量超过 900 万千瓦，足以为每年 200 多万户家庭提供电力。仅 2018 年的前两个月，美国就增加了 210 万千瓦的风能和太阳能装机容量。与此同时，2018 年 1 月退役的燃煤电厂比 2009—2011 年（含 2009 年）退役的燃煤电厂还多。

美国各州、城市和企业都以引人注目的方式引领气候变化，从实施碳定价立法到承诺雄心勃勃的可再生能源目标。这些集体行动证明，即使在缺乏联邦气候领导的情况下，地方和私营部门也可以取得进展。例如：①占美国经济总量 35% 的州预计将在 2018 年底为碳排放定价。夏威夷成为第一个承诺保持碳中和的州，目标日期是 2045 年。②84 个市县承诺100% 的电力来自可再生能源。明尼阿波利斯在 2018 年 4 月通过了到 2030年实现 100% 可再生电力的目标。

综上所述，美国城市、州、企业和其他方面采取气候行动还有很大的空间，主要表现为以下五个方面。

（1）在许多地区，现在建造新的风能和太阳能电厂比建造新的化石能源电厂便宜。预计美国太阳能装机容量将在 2022 年达到 60 吉瓦（GW），风能装机容量将在 2026 年达到 60 吉瓦。考虑到有利的市场条件，州、市和企业有机会制定更雄心勃勃的可再生能源目标。

（2）2016 年以来，由于成本下降和消费者需求增加，几乎所有对电动汽车增长的预测都大幅上升。彭博新能源财经（Bloomberg New Energy Finance）预计，到 2030 年，美国将有 2700 万辆电动汽车上路，到 2040 年将增加约 3 倍，达到 1.19 亿辆。非联邦参与者可以通过车辆授权、补贴、基础设施和政府采购来帮助提升这一潜力。

（3）通过促进智能增长、提高建筑效率和增加公共交通的政策，美国城市可以在 2025 年之前每年减少 200 兆吨二氧化碳当量（$MtCO_{2e}$）排放，到 2035 年，每年减少 480 兆吨二氧化碳当量排放。

（4）美国石油和天然气每年的排放量约为 300 兆吨二氧化碳当量，但其中高达 45% 的排放量——相当于到 2030 年减少 140 兆吨二氧化碳当量——可以通过一些政策（如科罗拉多州的政策）以低成本或零成本获取，这些政策要求改进技术并监测泄漏情况。

（5）电力部门在美国碳排放中所占的份额最大。但由于成本更低、资源更清洁，以及由公民发起的一项自下而上的运动，额外的燃煤发电机组提前退役。截至 2018 年 5 月，2011 年在美国运营的 523 家燃煤电厂中，有 268 家（超过一半）已确定退役。如果核电站的退役速度与 2017—2025 年保持一致，电力部门最多可减少 477 兆吨二氧化碳当量。

第四节　美国第四次气候评估报告

根据 1990 年《美国全球变化研究法》，美国要定期组织气候变化国家评估，迄今为止已发布了三次国家报告。《第四次美国国家气候变化评估报告》（NCR4）第一卷《气候科学特别报告》（CSSR）于 2017 年发布[①]，对全球、美国以及全美十个区域的气候系统变化以及未来趋势进行了评估，特别分析了 2014 年《第三次美国国家气候变化评估报告》（NCR3）发布以来新的观测和研究进展，进一步加深了对气候系统过去、现在和未来变化的科学解释。作为关注美国气候变化自然科学的权威报告，该报告代表了美国气候科学的共识，由美国气候变化科学领域的顶级专家撰写，这些专家为来自联邦政府、国家实验室、大学和私营部门的代表。

一　报告主要结论

（一）全球气候持续变暖，人类活动是主要原因

1. 全球、长期和确凿的气候变暖趋势仍在持续

从历史数据看，近百年的全球温升比过去 1700 年中的任何时期都要高。1901—2016 年是现代文明史上最暖的时期，温升幅度达 1.0℃；其中，1986—2016 年全球年平均温度比 1901—1960 年高 0.65℃。而且，有记录以来最热的 17 个年份中有 16 个是在 21 世纪（1998 年除外），继 2014 年

---

① USGCRP, "Climate Science Special Report", in Wuebbles, D. J., D. W. Fahey, K. A. Hibbard, D. J. Dokken, B. C. Stewart, and T. K. Maycock (eds.), *Fourth National Climate Assessment*, Volume I, U. S. Global Change Research Program, Washington, DC, USA, 2017, p. 470, doi: 10.7930/J0J964J6.

成为全球有记录以来最热年份后，2015 年、2016 年相继刷新纪录。

2. 全球气候的其他指标也在发生变化

1900 年以来，全球平均海平面升高了 16—21 厘米，其中约 7 厘米是在 1993 年后发生的。全球海平面上升已经影响到了美国，美国东部和海湾地区的海平面上升将高于全球平均水平。美国和全球的强降雨强度和频率都在增加，预计还会继续增加。20 世纪 60 年代以来，热浪在美国变得更加频繁，而极端寒冷的温度和寒潮则不那么频繁。20 世纪 80 年代以来，美国西部和阿拉斯加发生的大规模森林火灾事件有所增加，预计随着气候的变化，这些地区的森林火灾将进一步增加，对区域生态系统造成深远的变化。

3. 人类影响极有可能是 20 世纪中期以来气候变暖的主要原因

人类活动对 1951—2010 年全球平均温度的贡献为 0.6℃—0.8℃，即人类活动对全球温升的贡献在 92%—123%。而自然变率（如厄尔尼诺和其他海气相互作用等），一般只是在数月到年的时间尺度上影响区域的温度和降水变化。基于广泛的证据，人类活动特别是温室气体的排放，极有可能是 20 世纪中期以来观测到的气候变暖的主要原因。对于 21 世纪的气候变暖，没有一个令人信服的替代解释可以得到证据的支持。

4. 未来全球气候变化幅度取决于温室气体的排放情况，以及地球气候与排放敏感性的不确定性

如果大幅度减少温室气体排放，21 世纪末全球平均温度上升将可控制在 2℃ 或更低，否则可能达 5℃。21 世纪及以后的时间里，二氧化碳排放的持续增长将导致大气中的二氧化碳浓度进一步提高。人们普遍认为，地球系统向变暖推进得越远、越快，发生意外变化和影响的风险就越大，其中一些变化和影响可能是巨大的、不可逆转的。

（二）美国气候系统变化显著，极端事件发生更为频繁

1. 极端高温事件频发

1901—2016 年美国平均温度增加了 1.0℃，是过去 1500 年以来最暖的时期；预计 2021—2050 年相对于 1976—2005 年温度将上升 1.4℃，意味着破纪录的高温年份将在未来几十年成为常态。极端高温导致森林火灾风险和干旱加剧。20 世纪 80 年代以来，极端高温使得美国西部和阿拉斯加森林火灾风险增大；未来美国极端温度的显著上升将导致火灾风险继续增加，区域生态系统也将发生深刻变化。

2. 美国的强降水事件存在明显的区域差异

近 120 年以来，美国大部分地区的强降水事件在频率和强度上都有所增加，但趋势上存在明显的区域差异，其中东北部地区极端降水事件增加最多。大部分地区的地表土壤湿度受到人类活动的影响，呈减少趋势。春季较早融化和积雪减少的年度趋势已经影响到美国西部的水资源，且趋势还会继续。假设在 21 世纪末之前水资源管理现状不变，长期水文干旱的发生将可能更为频繁。

3. 21 世纪美国海平面的上升已对沿海地区造成威胁

20 世纪 60 年代以来，随着海平面的上升，美国一些沿海城市每年的风暴潮增加了 5—10 倍。由于地球引力场和旋转、陆地冰融化、海洋环流变化，以及陆地垂直运动变化等因素，未来美国东北部和墨西哥湾西部的海平面上升要大于全球平均。

4. 海洋酸化、海冰消融等加剧，对局地和全球生态造成影响

美国沿海的区域性酸化大于全球平均，给海洋生态系统带来潜在不利影响。阿拉斯加和北极地区在过去 50 年的年均地表气温上升速度是全球的两倍多，北极陆地冰物质损失 30 年来一直持续，并呈加速趋势；20 世纪 80 年代以来，北极海冰以每十年 3.5%—4.1% 的速度减少，9 月海冰范围每十年减少了 10.7%—15.9%。

（三）要使全球温升控制在 2℃，需要大量减少温室气体排放

1. 全球减排存在巨大缺口

过去 15—20 年，全球碳排放观测值的增加与 IPCC 第 5 次评估报告中最高排放情景（RCP 8.5）一致，到 21 世纪末全球温升将超过 4℃。尽管在 2014—2015 年因全球经济放缓，全球碳排放增速趋缓，但即使保持这种趋势，21 世纪末全球平均温升仍将超过 2℃。

2. 需要大量减少二氧化碳和其他短寿命温室气体排放

目前，全球大气二氧化碳平均浓度已经超过 400 ppm，达到 300 万年前的水平，而那时的全球平均温度和海平面高度都显著高于目前水平。虽然其他温室气体（如甲烷）和黑碳气溶胶产生的温室效应比二氧化碳强，减少其排放对短期的冷却效应有显著贡献。但总的来看，由于非二氧化碳气体生命期短于二氧化碳，因此，减少二氧化碳的净排放量是实现 2℃ 目标的必要条件。

（四）人类活动对地球系统的影响将带来重要并潜在的风险

人类大面积砍伐森林、大规模燃烧化石燃料导致二氧化碳排放增加，加速地球系统变暖。这将至少造成两个重要并潜在的风险：一是由多个极端气候事件同时或连续发生引起的复合事件的风险；二是由于气候系统某个重要阈值变化导致的临界点事件（Tipping Point）发生的风险。未来随着临界阈值的跨越和/或多个与气候相关的极端事件的同时发生，不可预料的和难以控制的气候系统的变化是可能的。因此，今天做出的选择将决定未来几十年内气候变化风险的大小。

二　报告要点分析及特点

（一）报告对普遍关注的一些科学问题给予了更深入的回答

尽管气候系统的其他指标，如海洋热容量、北极海冰范围均指示气候变暖仍在继续，但仍有一些人质疑气候变暖的事实。有人认为，1998 年之后的十多年全球温升"停滞"或"趋缓"，即所谓的"Hiatus"现象。实际上，地球气候既有年变化，也有年代际变化，十几年尺度的变暖速率既受气候系统长期内部变率的影响，也受气溶胶或太阳辐射等短期变化影响。研究表明，热带海洋海气相互作用对气候系统的作用、海洋表层能量向深海的传播等都对此有影响；另外，火山喷发引起的气溶胶降温作用、平流层水汽以及太阳辐射变化等也是原因。这个结论彻底否定了所谓的气候变暖停滞说。

（二）知识和研究方法的进步，以及全球气候政策的推动使报告呈现出更多的科学新进展

报告分析了截至 2017 年全球最新研究成果，给出了大量科学新认识以及未来可能的突破方向。如开展对单个天气气候极端事件的人类影响的检测归因；随着计算资源的快速增长，全球气候模式可以开展 25 千米水平分辨率的年代际模拟，能更真实表征强烈天气系统，如飓风变化；首次将诸如地沉降、海洋环流和地球引力场等因素变化用于对区域海平面上升的预测；基于许多新的不同来源观测证实了冰盖损失的加速，在 RCP 8.5 情景下 21 世纪末全球海平面的上升将从 NCR3 的 2 米提高到 2.59 米；与长期记录相比，2016 年北极海冰面积最小，是历史第二低值，而在 2017 年 3 月北极海冰年度最大值是历史最低点。

此外，报告还指出了未来新的研究领域，如气候模式如何捕捉中纬度

地区大气环流变化或预计变化；对美国而言气候变化怎样影响特定的极端事件变化的趋势。

（三）报告试图通过提供气候科学的最新信息，服务于适应和减缓目标

报告提出，无论是气候系统临界点，还是多个极端事件均会引发意想不到的风险，地球系统偏离历史气候越远，气候变化越明显，由此带来的风险就越大。这一信息有利于科学认识应对气候变化的紧迫性。报告以专门章节评估了两类重要的气候风险：气候系统中的"临界点"（或阈值）以及多个极端事件叠加造成的复合风险。气候系统中某些正反馈可能大大加速人类活动导致的气候变化，甚至部分或全部改变人类曾经历过的气候模态，这些变化有些可以被定量模拟，有些还不能，甚至未知。多个极端事件造成的物理和社会经济影响都可能大于部分事件影响的总和，但目前仍鲜有分析极端事件之间的空间或时间相关性的研究。

报告首次讨论了何时减排二氧化碳和其他温室气体活动会影响未来温升的时间，以及温室气体减排活动何时可以获益。与 NCR3 仅仅讨论 RCP 4.5 情景不同，此次评估所设定的温控目标既关注 2℃，也涉及 1.5℃，紧扣《巴黎协定》目标。同时强调了减少短寿命气体与温室气体减排的协同效益，但也表述了实现长期目标的艰巨性。

基于各国提交的自主贡献目标承诺，报告强调即使各国完成承诺，21世纪末全球温升仍将达到 2.6℃—3.1℃（也有研究给出 3.3℃—3.9℃），并且特别强调了没有考虑美国退出《巴黎协定》的影响。

第六章　其他主要发达国家气候治理格局与趋势

发达国家作为应对气候变化和参与全球治理的重要力量，作用不容忽视。本章选取了英国、德国、法国、澳大利亚和日本等主要发达国家，深入介绍了其气候治理格局与趋势。

第一节　英国

英国在发展低碳经济和应对气候变化方面处于世界领先地位，2008 年《气候变化法案》（*Climate Change Act*，CCA）正式生效，该法案使英国成为世界上第一个针对减少温室气体排放、适应气候变化问题，拥有法律约束力的长期构架的国家。2017 年以来，英国宣布脱欧成为国际社会的一大热点问题，使全世界不得不重新思考欧洲一体化的未来。脱欧之后的英国，必然对国内生态环境和气候治理方面进行政策调整，不管应对措施如何变化，都为欧洲气候治理乃至全球气候治理的整体推进上增加了不确定因素。

一　英国气候治理机构

2008 年，为协助和保障减排目标的落实，《气候变化法案》规定，英国政府设立独立的气候变化委员会（Committee on Climate Change）。气候变化委员会作为英国新设的独立机构，主要由应对气候变化领域的专家组成，下设 25 人组成的秘书处，负责委员会的日常事务和组织人力对气候变化趋势以及对社会经济影响的分析预测。①《气候变化法案》明确规定了气

---

① 宋锡祥、高大力：《论英国〈气候变化法〉及其对我国的启示》，《上海大学学报》（社会科学版）2011 年第 2 期。

候变化委员会的职责和权限，委员会下设了适应小组委员会（The Adaptation Sub-Committee，ASC），小组委员会就气候变化对英国的影响等问题向英国政府和行政部门提供独立的建议，并评估政府在实施国家适应计划上的进展。

2009年，英国专门设立了管理气候变化事务的能源与气候变化部（DECC）。2016年7月13日，特蕾莎·梅（Theresa Mary May）就职当天组建新内阁的同时，决定取消能源与气候变化部，并将原属能源与气候变化部的任务——应对气候变化，移交给了新成立的"商业、能源与工业战略部"（Department for Business，Energy and Industrial Strategy），格雷格·克拉克（Greg Clark）被任命为该部大臣。新部门号称"为商业、工业战略、科学、创新、能源和气候变化担负联合责任"，这些领域并非按字母顺序排列，因为具体到"气候变化与工业"方面的职位设置其实较低。外界舆论对英国撤销能源与气候变化部的行为以及英国脱欧会影响英国在气候变化治理中取得的成绩表示质疑和担忧。目前确定脱欧后的英国新政府尚未给出与上届政府根本不同的气候政策，其政策倾向尚有待观察。

英国是首个将碳预算写入法律的国家。2016年7月22日，英国商业、能源与工业战略部发布了第五次碳预算①，通过气候变化委员会的提案，设定英国第五次碳预算期（2028—2032年）温室气体排放总量的限定值为1725兆吨二氧化碳当量。在碳预算体系下，需要核算到2050年全国温室气体排放量。当某个行业的排放量增加，则其他行业相应排放量减少。以下为英国自2008年以来的5次碳预算及相关法律（见表6-1）。

表6-1　　　　　　　　　英国5次碳预算及相关法律

碳预算	预算期	碳预算值（兆吨二氧化碳）	实际碳排放量（兆吨二氧化碳）	发布时间	法案名称
第一次	2008—2012年	3018	2982	2009年	《2009年碳预算法令》
				2009年	《2008年气候变化法案（信用额度）2009年法令》

① Department for Business, Energy & Industrial Strategy, *The Carbon Budget Order 2016*, 2016-07-22, https://www.gov.uk/guidance/carbon-budgets#history.

碳预算	预算期	碳预算值（兆吨二氧化碳）	实际碳排放量（兆吨二氧化碳）	发布时间	法案名称
第二次	2013—2017 年	2782	—	2009 年	《2009 年碳预算法令》
				2011 年	《2008 年气候变化法案（信用额度）2011 年法令》
第三次	2018—2022 年	2544	—	2009 年	《2009 年碳预算法令》
				2016 年	《2008 年气候变化法案（信用额度）2016 年法令》
第四次	2023—2027 年	1950	—	2011 年	《2011 年碳预算法令》
第五次	2028—2032 年	1725	—	2016 年	《2016 年碳预算法令》

二　英国应对气候变化政策和进展

根据《气候变化法案》，英国每年需要对温室气体减排和应对气候变化进展进行评估。2015 年以来，英国又发布了应对气候变化的系列新政策，包括工业脱碳路线图、供热政策、清洁增长战略、零碳道路战略等，对各领域提出了具体的气候治理措施。

（一）英国 2015 年以来气候治理政策

1. 工业脱碳路线图

英国工业碳排放量在碳排放总量中的占比近 1/4，政府期望，2050 年的二氧化碳排放量在 2009 年的基础上实现高达 70% 的减排。全球经济巨变和行业脱碳的需求在引发英国企业竞争加剧的同时，也为其提供了新的机遇。

2015 年 3 月 25 日，英国能源与气候变化部（DECC）与商业、创新和技能部门（BIS）联合发布《2050 年工业脱碳和能源效率路线图》（*Industrial Decarbonisation and Energy Efficiency Roadmaps to 2050*）系列报告，选取钢铁、化工、炼油、食品和饮料、造纸和纸浆、水泥、玻璃、陶瓷八个能源密集型行业，探讨了这八大部门实现二氧化碳减排和保持行业竞争力的潜力与挑战（见表6-2），绘制了英国工业的低碳未来。[①]

表6-2　　　　　　　　　　　　　8个行业的脱碳潜力

行业	路径	基准年排放量（兆吨二氧化碳）	2050年相对减排量（相对2012年）	2050年绝对减排量（兆吨二氧化碳）	技术组（相对贡献的降序排列）
水泥	BAU	7.5	12%	0.9	其他；能源效率
水泥	Max Tech——有或没有碳捕获	7.5	33%—62%	2.5—4.7	CCS；生物质；其他；能源效率；燃料转换
制陶	BAU	1.3	27%	0.3	能源效率；其他；材料效率；燃料转换；生物质
制陶	Max Tech	1.3	60%	0.8	热电气化；CCS；能源效率；生物质；其他；材料效率；燃料转换
化工	BAU	18.4	31%	5.8	生物质；能源效率；CCS；燃料转换；集群；其他
化工	Max Tech——有或没有生物质	18.4	79%—88%	14.6—16.1	CCS；（生物质）；其他；能源效率；集群；燃料转换
食品和饮料	BAU	9.5	40%	3.8	能源效率；生物质；热电气化；材料效率；CCS；其他；燃料转换
食品和饮料	Max Tech——有或没有热电气化	9.5	66%—75%	6.2—7.2	（热电气化）；能源效率；生物质；其他；材料效率；CCS；燃料转换
玻璃	BAU	2.2	36%	0.8	能源效率；材料效率；其他；燃料转换
玻璃	Max Tech——有或没有碳捕获	2.2	90%—92%	2.0左右	CCS；热电气化；燃料转换；材料效率；能源效率；其他
钢铁	BAU	23.1	15%	3.4	能源效率；材料效率；燃料转换
钢铁	Max Tech	23.1	60%	13.9	CCS；能源效率；集群；材料效率；燃料转换
炼油	BAU	16.3	44%	7.2	能源效率；燃料转换
炼油	Max Tech	16.3	64%	10.4	能源效率；CCS；燃料转换

①　DECC, *Industrial Decarbonisation and Energy Efficiency Roadmaps to 2050*, 2015-03-25, https://www.gov.uk/government/publications/industrial-decarbonisation-and-energy-efficiency-roadmaps-to-2050.

续表

行业	路径	基准年排放量（兆吨二氧化碳）	2050年相对减排量（相对2012年）	2050年绝对减排量（兆吨二氧化碳）	技术组（相对贡献的降序排列）
造纸和纸浆	BAU	3.3	32%	1.0	能源效率；热电气化
	Max Tech—集群和电气化		98%	3.2	能源效率；集群；热电气化
	Max Tech—生物质		98%	3.2	生物质；能源效率；热电气化

2. 清洁增长战略

2017 年 10 月 12 日，英国商业、能源和工业战略部（BEIS）发布《清洁增长战略》，确定了在技术突破和大规模部署方面需要实现最大进展的关键政策行动（见文本框 6-1），为 2030 年前英国低碳经济发展描绘了宏伟蓝图。《清洁增长战略》[①] 是英国在确保经济增长的同时实现脱碳工作的一个重要里程碑，将会不断地开发适应环境变化的新方法，并在 2017—2018 年启动一系列的政府磋商。

文本框 6-1　英国清洁增长战略

1. 目标
在英国《气候变化法案》的法律要求下，英国减少排放的方法有两个指导目标：①以对英国纳税人、消费者和企业尽可能低的净成本实现国内承诺；②从过渡中实现英国社会和经济效益最大化。为了实现这些目标，英国将需要培育尽可能便宜的低碳技术、过程和系统。

2. 关键的政策和建议
《清洁增长战略》确定了在技术突破和大规模部署方面需要实现最大进展的领域，建议采取以下关键行动。

（1）加速清洁增长
行动 1：发展世界领先的绿色金融能力，包括：①建立一个绿色金融工作组（Green Finance Taskforce），为实现碳预算和尽可能增加英国在全球绿色金融市场的份额所需的公私投资提供建议。②与英国标准学会（British Standards Institution）合作，开发一套自愿的绿色、可持续金融管理标准。③提供 2000 万英镑支持一个新的清洁技术早期投资基金。④与抵押贷款机构合作，开发绿色抵押贷款产品，这些产品考虑了降低贷款风险，增强与更加节能特性相关的偿还能力。

（2）提高企业和行业效率
行动 2：制定一揽子措施，支持企业到 2030 年至少提高能源生产率 20%。

---

① BEIS, *The Clean Growth Strategy*, 2017-10-12, https：//www.gov.uk/government/publications/clean-growth-strategy.

行动3：建立工业能效计划，以帮助大公司采取措施减少其能源使用和账单。

行动4：与7个能源最密集行业部门发布联合行业脱碳和能源效率行动计划。

行动5：展现英国在碳捕集、利用和封存（CCUS）方面的国际领导力，通过与全球合作伙伴合作以及在前沿的CCUS和行业创新进行多达1亿英镑的投资以降低成本。

行动6：与行业合作，通过一个新的CCUS委员会，让英国步入实现其有选择地规模部署CCUS雄心的正轨，以及尽可能增加英国的行业机遇。

行动7：制定温室气体去除技术的战略方针，基于政府研发计划，并解决其长期部署的障碍。

行动8：在21世纪20年代，逐步停止在新建企业和不使用公共煤气输送网的现有企业安装高碳形式的化石燃料加热装置，从新的建设入手。

行动9：支持工业生产过程产生的热量的循环利用，减少企业能源账单，并使当地社区受益。

行动10：投资1.62亿英镑的公共资金用于能源、资源和过程效率的研究与创新，包括多达2000万英镑用于鼓励转向低碳燃料。通过"能源企业家基金"进一步投资1400万英镑支持创新能源技术与过程。

（3）提高家庭能源效率

行动11：通过能源公司义务（Energy Company Obligation，ECO）给予约36亿英镑的投资支持，用于升级100万户家庭，并在ECO资金的现有水平上，在2028年之前，延长对家庭能源效率改进的支持。

行动12：希望所有的燃料贫困家庭在2030年升级为能源效能证书（Energy Performance Certificate，EPC）C级，尽可能多的家庭在2035年达到EPC的C级，家庭在这一等级可以获得经济实惠且负担得起的燃料。

行动13：制定提高私人租赁房屋能源效能标准的长期路线，其目标是在2030年使尽可能多的家庭升级到EPC的C级，家庭在这一等级可以获得经济实惠且负担得起的燃料。

行动14：就社会住房如何在这段时间达到类似的标准征询意见。

行动15：基于建筑法规和消防安全的独立审查结果，并遵循其结论，英国打算根据建筑法规和消防安全标准就提高新建和现有住宅的能源效能标准征询意见。

行动16：为所有家庭提供安装智能电表的机会，以帮助他们在2020年底前节约能源。

行动17：在全国范围内建设和扩展热力网络，《2015年支出审查》（Spending Review 2015）中分配的公共资金对其支持到2021年。

行动18：在21世纪20年代，逐步停止在新建住宅和目前不使用公共煤气输送网的现有住宅安装高碳形式的化石燃料加热装置，从新的住宅入手。

行动19：提高每年在英格兰安装120万新锅炉的标准，并要求安装控制装置，以帮助人们节约能源。

行动20：通过改革"可再生供热激励措施"（Renewable Heat Incentive）投资低碳供热，在2016—2021年花费45亿英镑支持住宅和企业的低碳热力技术。

行动21：投资约1.84亿英镑的公共基金，包括2个新的1000万创新计划，开发新的能效与供热技术，促使减少低碳住宅的成本。

（4）加速转向低碳运输

行动22：到2040年，停止销售新的常规汽油、柴油汽车和货车。

行动23：花费10亿英镑支持推广超低排放车辆（Ultra Low Emission Vehicles，ULEV），包括帮助消费者解决电动汽车前期成本。

行动24：发展世界上最好的电动汽车充电网络之一，通过：①额外投资8000万英镑，以及来自英格兰高速公路的1500万英镑，支持充电基础设施的部署。②根据《自动化和电动汽车法案》（Automated and Electric Vehicles Bill）获取新的权力，允许政府为提供充电站点设定要求。

行动25：加快应用低排放的出租车和公交车，通过：①为插电式出租车计划提供5000万英镑，为出租车司机提供低于新ULEV出租车购买价7500英镑的补贴，以及1400万英镑支持10个局部地区提供专用的出租车充电站点。②提供1亿英镑支持在英格兰和威尔士改装、更新低排放公交车的国家项目。

行动26：与行业合作制定加速向零排放车辆转型的汽车行业政策。

行动27：宣布公共部门引领向零排放汽车转型的计划。

行动 28：投资 12 亿英镑使骑行和步行成为短途旅程的自然选择。

行动 29：为实现将更多的货物由公路向铁路转移的经济划算选择而努力，包括使用低排放的铁路将货物运送到城市地区，以及最后 1 英里运送零排放。

行动 30：通过建立联网和无人驾驶汽车中心和由行业匹配的超过 2.5 亿英镑的投资，使英国处于联网和无人驾驶汽车技术（Connected and Autonomous Vehicle Technologies）研究、开发和示范的前沿。

行动 31：投资 8.41 亿英镑的公共资金，用于低碳运输技术和燃料，包括：①通过在"法拉利挑战"（Faraday Challenge）计划中多达 2.46 亿英镑的投资，确保英国基于其优势，在电池设计、开发和制造方面引领世界；②实现重型货车队列行驶（HGV Platoons）的试航，可以节省大量的燃料和避免排放。

（5）提供清洁、智能、灵活的电力

行动 32：减少家庭和企业的电力成本。

行动 33：到 2025 年，逐步淘汰使用无烟煤发电。

行动 34：通过欣克利角 C 核电站（Hinkley Point C）提供新的核电，推动与开发人员的讨论，以确保未来筹建项目的竞争价格。

行动 35：改进可再生能源技术（如离岸风能）的市场路径。

行动 36：确定电力行业的碳总价。

行动 37：投资大约 9 亿英镑的公共资金，包括：①大约 2.65 亿英镑用于智能系统，以降低电力储存的成本、推动创新需求响应技术，以及发展平衡电网的新方法。②大约 4.6 亿英镑用于核能领域，以支持包括未来核燃料、新的核制造技术、循环利用与再加工、先进的反应堆设计等领域的工作。③大约 1.77 亿英镑用于进一步降低可再生能源的成本，包括离岸风能涡轮叶片技术与地基的创新。

（6）提高自然资源的效益和价值

行动 38：随着英国脱离欧盟，需要设计一个新的未来农业支持系统，聚焦实现更好的环境效果，包括更直接地应对气候变化。

行动 39：在英格兰建立一个新的森林网络，包括在农田上种植新的林地，并为更大规模地开发林地和森林提供资金，以支持英国实现种植 1100 万棵树并增加建设所使用的英国木材数量的承诺。

行动 40：面向到 2050 年实现零可避免废物的目标开展工作，尽可能增加资源的提取价值，并尽量降低有关资源提取、利用和处置的负面环境影响和碳排放影响。

行动 41：发布一项新的资源与废物战略，使英国成为竞争力、资源生产率和资源效率方面的世界领先者。

行动 42：探索管理垃圾填埋场排放的创新方法。

行动 43：通过 1000 万英镑的泥炭恢复资本拨款计划支持泥炭地。

行动 44：投资 9900 万英镑用于农业技术、温室气体去除技术、废物与资源效率的创新技术与研究。

（7）引领公共部门

行动 45：同意为中央政府制定更严格的 2020 年目标和行动，以进一步减少 2020 年以后的温室气体排放。

行动 46：为更广泛的公共部门引入 2020—2021 年减少 30% 碳排放的自愿目标。

行动 47：为英国能源效率提升提供 2.55 亿英镑的资金，帮助公共机构获得资金来源。

（8）政府领导推动清洁增长

行动 48：与企业、民间社团合作推出"绿色英国"（Green Great Britain）周，促进清洁增长。

行动 49：恢复常规的清洁增长部际小组（Clean Growth Inter-Ministerial Group），负责监督战略的执行和推动雄心勃勃的清洁增长政策。

行动 50：通过"排放强度比"（Emissions Intensity Ratio），报告英国在实现 GDP 增长与减少排放方面的年度表现。

3. 零碳道路战略

2018 年 7 月 9 日，英国交通部（Department for Transport）发布《零碳

之路：迈向更清洁的道路运输和实现英国工业战略的下一步》报告①，启动了"零碳道路战略"，制定了全国范围内大规模扩展绿色基础设施的计划，以减少英国道路车辆的排放，推动零排放汽车、货车和卡车的发展。采取的政策措施包括：减少道路车辆的排放；增加最清洁的新型车辆；减少重型货车和公路货物运输的排放；推动英国处于零排放车辆设计和制造的最前沿；支持电动汽车基础设施网络的发展；支持当地行动（见文本框6-2）。

文本框 6-2 英国零碳道路战略

1. 长期目标

英国处于零排放车辆设计和制造的最前沿，所有新增汽车和货车将在 2040 年前实现零排放。英国将在 2030 年前有望实现 50%—70% 的新售汽车和 40% 的新售货车的超低排放，在 2040 年前停止使用常规汽油和柴油的新售汽车、货车。届时，预计大部分新售的汽车、货车将实现 100% 零排放，所有新售的汽车、货车具有显著的零排放能力。到 2050 年，几乎所有的汽车、货车将实现零排放。

2. 政策措施

（1）减少道路车辆的排放。①增加英国低碳燃料的供应和可持续性，通过具有法律约束力的 15 年战略，使低碳燃料使用量增加 1 倍以上，到 2032 年低碳燃料使用量占道路运输燃料使用量的 7%。②采取行动避免车辆被违法改装，与英国驾驶员和车辆标准局（DVSA）、英国车辆认证局（VCA）以及行业合作，确保监管和执法制度有效解决这一问题。③将清洁车辆改装认证计划（CVRAS）扩展到公共汽车、长途汽车和重型货车之外，涵盖货车和出租车。④采取措施加速公司车辆、商用车辆和私人车辆使用节油汽车。

（2）增加最清洁的新型车辆。①至少在 2020 年前，继续为插电式汽车、货车、出租车和摩托车提供补助。消费者激励措施将在 2020 年之后继续发挥作用。②开展关于改革车辆消费税的咨询活动，激励货车司机做出清洁选择。③在 2022 年前，确保 25% 的中央政府车辆实现超低排放，所有新购车辆均为超低排放。到 2030 年，致力于 100% 的中央政府车辆实现超低排放。④建立一个新的道路运输排放咨询小组，召集政府、行业和消费者团体，以帮助提供清晰和一致的消费者信息，针对燃料和技术选择提出建议。⑤立法允许政府强制车辆制造商召回不符合环境标准的车辆，并将篡改排放控制系统定为违法行为。⑥通过提供指导、资金培训等措施，支持二手超低排放车辆的早期市场。⑦征集由轮胎、制动器和道路磨损造成颗粒物排放的相关信息，以提升对这些排放的理解并考虑减少排放的方法。

（3）减少重型货车和公路货物运输的排放。①引入新的行业自愿承诺，到 2025 年，将重型货车的温室气体排放量在 2015 年水平的基础上降低 15%。②与英格兰高速公路局启动联合研究项目，以确定和评估适用于英国公路网重型货车交通的零排放技术。③与行业合作制定卡车的超低排放标准。④对最新的天然气重型货车进行进一步排放测试，为未来的政府决策提供证据，以支持天然气作为重型货车潜在的短期低排放燃料。

---

① Department for Transport, *The Road to Zero：Next Steps Towards Cleaner Road Transport and Delivering Our Industrial Strategy*, 2018-07-09. https：//www.gov.uk/government/news/government-launches-road-to-zero-strategy-to-lead-the-world-in-zero-emission-vehicle-technology.

（4）推动英国处于零排放车辆设计和制造的最前沿。①增加公共研发投资，到 2027 年研发总投资占 GDP 的 2.4%，研发税收抵免率提高至 12%。②通过法拉利电池挑战竞赛提供 2.46 亿英镑用于研究新一代电池技术。③与行业合作制定超低排放汽车的供应链目标，雄心程度至少需与传统汽车一致，以确保英国电池制造业的投资。④针对需要改进主要业务来匹配欧洲市场的领域，启动新的供应链竞争力和生产力提升计划。⑤与英国汽车工业协会合作开展机械师能力培训，确保其安全维修技能和为消费者提供服务。⑥与国家统计局（Office for National Statistics）合作扩大其数据收集范围，包括低排放和超低排放车辆技术所带来的就业和出口。

（5）支持电动汽车基础设施网络的发展。①启动 4 亿英镑的充电基础设施投资基金，以加快充电基础设施的部署。②通过《自动化和电动汽车法案》（*Automated and Electric Vehicles Bill*），确保高速公路服务区和大型燃料零售商可提供电动汽车充电点，方便访问和使用。③确保未来几年建造的房屋为电动汽车做好准备，新的街道照明柱包含合适位置的充电点。到 2020 年，投资 450 万英镑用于街头住宅充电点计划。④将工作场所充电方案的拨款增加到充电点购买和安装费用的 75%。⑤确保通过国家规划政策框架，将电动汽车充电设施纳入当地政策规划。⑥开展高速公路服务区域增加电力容量的试点。⑦启动电动汽车能源专题小组，规划未来电动汽车的使用，并确保能源系统能够以有效和可持续的方式满足未来的需求。⑧监测市场发展情况，以确定中期是否出现收费基础设施供应方面的巨大差距，并考虑联邦政府在市场失灵领域提供直接支持的可能情况。

（6）支持当地行动。①实施 4800 万英镑的超低排放公交计划，以加快支持基础设施的采用和部署。②为地方当局启动第二轮资金，推出专用的出租车充电基础设施。③在英国各地举办一系列路演，推动超低排放车辆的采用。

（二）应对气候变化最新进展

2018 年是英国《气候变化法》生效以来的第 10 年。英国对其 2017 年的减排和应对气候变化进行了评估。① 2017 年英国的 GHG 排放量下降了 3%。1990 年以来，英国的 GHG 排放量下降了 43%，与此同时，英国经济增长超过 70%。在 G7 国家中，英国的经济增长高于平均水平，但实现了 G7 国家中最大幅度的减排。1990 年以来的排放量下降主要是通过以市场为导向的开发项目实现的，包括能源效率的提升、电力行业从煤炭向天然气的转变，以及向能源密集程度较低型工业的大规模转变。其气候政策实施进行情况表现如下。

（1）与前 3 次碳预算相比，第 4 次碳预算将对英国的承诺进行更为严格的检验，即需要稳健、资金充足、风险较低的政策，以及足够的引导时间以便市场做出回应。在这种基础上，英国将无法满足具有法律约束力的第 4 次（2023—2027 年）和第 5 次（2028—2032 年）碳预算。

---

① Committee on Climate Change, *Reducing UK Emissions - 2018 Progress Report to Parliament*, 2018-06-28, https：//www.theccc.org.uk/publication/reducing-uk-emissions-2018-progress-report-to-parliament/.

（2）现有政策的风险仍然过高，例如，汽车燃油效率、农业和含氟气体减排。政府应该采取行动减少这些风险，并制定应急计划，以防重大基础设施项目被推迟或取消。为解决《清洁增长战略》中提出的减排问题，还需要制定新的政策来解决各部门减排不均衡的问题。

（3）减排的低成本机会被忽略，这种情况通常出现在成熟技术和成熟市场的领域，包括为陆上风电提供进入市场的途径、房屋隔热以提高建筑物的能源效率、农业减排措施以及植树造林。

三　英国气候变化风险评估

英国《气候变化法案》要求政府应每5年准备一份关于英国气候变化风险的评估报告。2012年和2016年，英国已分别发布了第一份和第二份气候变化风险评估报告，对英国面临的气候变化风险进行了全面评估。

2012年1月26日，英国政府发布第一份《英国气候变化风险评估》报告，对气候变化给英国境内具有社会、环境与经济价值的事物带来的各种风险（包括机遇）进行了评估，包括农业、生物多样性和生态服务、商业、建筑环境、工业和服务业、能源、海岸防洪、林业、健康、海运、交通及水务11个领域。

2016年7月15日，英国气候变化委员会（Committee on Climate Change，CCC）发布第二份《英国气候变化风险评估》报告[1]，进一步确定了英国气候变化造成的六大关键风险领域，包括洪水和海岸变化对社区、企业和基础设施的风险；高温对健康、福祉和生产力的风险；公共供水短缺及其对农业、能源生产和工业的风险；对自然资本（包括陆地、沿海、海洋和淡水生态系统、土壤和生物多样性）的风险；对国内外食品生产和贸易的风险；新兴害虫和疾病、外来物种入侵影响人类、植物和动物（见表6-3）。

2018年7月19日，英国环境、食品和农村事务部（Department for En-

---

① Department for Environment, Food & Rural Affairs（Defra），*UK Climate Change Risk Assessment*，2012 - 01 - 26，https://www.gov.uk/government/publications/uk - climate - change - risk - assessment-government-report.

vironment，Food & Rural Affairs）公布了英国《第二次国家适应计划2018—2023》①，阐述了英国政府第二次气候变化风险评估的回应，设定了英国政府和其他部门为应对适应气候变化的挑战而需要采取的行动，并针对英国气候变化风险的 6 个优先领域确定了英国未来 5 年需要采取的关键行动如下。

（1）洪水和沿海变化对社区、商业和基础设施造成的风险。目前在该领域的风险很高，预计未来仍将面临高风险。需要采取的目标和行动包括：①确保所有人都能够获得所需的信息，以评估洪水和海岸侵蚀对其生活、生计、健康和经济繁荣造成的任何风险；②聚集公共部门、私营部门和非营利部门的力量，与社区和个人合作减少灾害风险，特别是在脆弱地区；③确保土地利用及开发的决策能够反映当前和未来的洪水风险水平；④提升家庭、企业和基础设施对洪水风险的长期恢复力；⑤采取行动减轻洪水和海岸侵蚀造成的危害，包括更多地采用自然洪水管理解决方案；⑥将洪水风险列为基础设施适应报告的关键特征。

（2）高温对健康、福祉和生产力的风险。目前在该领域的风险很高，预计未来仍将面临高风险。需要采取的目标和行动包括：①在第三次适应报告中，与基础设施运营商合作，概述气候影响对其生产力造成的风险；②为当地提供数量更多、质量更优和维护良好的绿色基础设施；③调整卫生系统以保护人们免受气候变化的影响，如确保国民医疗服务信托基金体系下的所有临床区域都具备适当的热监测。

（3）农业、能源和工业部门公共供水短缺的风险。需要采取的目标和行动包括：①恢复河流系统的自然过程，以提高蓄水能力；②制定具有挑战性和雄心勃勃的目标，以减少水资源渗漏。

（4）自然资本（包括陆地、沿海、海洋和淡水生态系统、土壤和生物多样性）的风险。需要采取的目标和行动包括：①引入一项新的环境土地管理计划（Environmental Land Management Scheme）；②开发并开始实施自然恢复网络（Nature Recovery Network），将栖息地的恢复和创建与自然通道、防洪和水质的改善联系起来；③通过环境土地管理计划，激励有效的

---

① Department for Environment，Food & Rural Affairs，*The National Adaptation Programme and the Third Strategy for Climate Adaptation Reporting*，2018-07-19，https：//www.gov.uk/government/publications/climate-change-second-national-adaptation-programme-2018-to-2023.

土壤管理，提升土壤的环境效益；④在实施共同渔业政策（Common Fisheries Policy）并制定包含气候适应政策的海洋计划时，引入可持续渔业政策；⑤建立陆地、河流、湖泊和海上的生态恢复力；⑥保护土壤和天然碳库。

（5）国内和国际粮食生产与贸易的风险。需要采取的目标和行动包括：①确保食物供应链能够适应气候变化的影响；②审查并发布更新后的英国食品安全评估。

（6）新型和新兴病虫害以及侵入性非本地物种影响人类、植物和动物的风险。需要采取的目标和行动包括：①管理现有的植物性和动物性疾病，降低新的风险；②处理侵入性非本地物种。

表 6-3　　　　　　　　　　英国最迫切的气候变化风险

风险领域	风险程度	风险概况
洪水和海岸变化对社区、企业和基础设施的风险	当前程度：高（高可信度） 未来程度：高（高可信度）	洪水和海岸变化已经显著影响到英国，带来的损失平均每年估计为 10 亿英镑，预计还将增加
高温对健康、福祉和生产力的风险	当前程度：高（高可信度） 未来程度：高（中可信度）	在英国所有地方，高温与死亡率和健康影响有关。每年平均高温天数在增加，到 21 世纪 40 年代，类似 2003 年夏季发生的热浪将成为常态。目前没有全面的政策来适应现有住宅和其他建筑物的高温、管理城市热岛效应和保障新的住宅
公共供水短缺及其对农业、能源生产和工业的风险	当前程度：中（中可信度） 未来程度：高（高可信度）	英格兰、苏格兰和威尔士已经出现了水短缺的风险。气候变化预计将减少环境中的水量，同时增加干旱时期的灌溉需求。人口的增长在一些地区也将增加额外的资源需求
对自然资本的风险，包括陆地、沿海、海洋和淡水生态系统、土壤和生物多样性	当前程度：中（中可信度） 未来程度：高（中可信度）	气候变化已经对英国本土野生动物，以及通过自然资本提供的商品和服务（包括食物、木材和纤维、清洁水、碳储存、来自风景地貌的文化福利）造成了威胁。气候变化对自然资本的主要风险包括：高品质农业用地的退化；高位泥炭栖息地的退化；沿海栖息地的丧失；海洋渔业和野生动物的丧失
对国内外食品生产和贸易的风险	当前程度：中（高可信度） 未来程度：高（中可信度）	英国大约 60% 的食品来自国内生产，其余来自国外进口。英国人口对食品的承受能力受到国内和国际产量与价格风险的影响。英国食品体系的抵御力取决于自然资源的有效管理，以及国际市场对气候风险的理解和管理

风险领域	风险程度	风险概况
新兴害虫和疾病、外来物种入侵影响人类、植物和动物	当前程度：中（中可信度） 未来程度：高（低可信度）	由于英国国内和国外的气候变化，新兴疾病对人类、动物和植物的影响可能将增加。在更加温暖和潮湿的环境中，有害的外来物种入侵数量和范围也可能增加或扩大。虽然存在很大的不确定性，但英国已存在的流行病原体仍有增加的风险，也有来自海外新病原体的风险

四　英国脱欧对气候治理的影响

英国，作为最早的资本主义国家，经历了由粗放型大生产模式向精细化循环经济模式的转变。气候变化治理方面，在温室气体减排、发展可再生能源、建设"零能源发展系统"绿色社区、推行垃圾分类回收、整治泰晤士河以及加大绿化力度等方面取得显著效果。英国宣布脱欧之前，就在温室气体减排等方面取得重要进展，并致力于向低碳经济转型。英国宣布脱欧，势必对英国和欧盟的气候治理造成影响。

2015年3月6日，英国宣布脱欧之前，拉脱维亚和欧洲委员会代表欧盟及其成员国提交国家自主贡献预案（INDC）。欧盟及其28个成员国完全致力于 UNFCCC 谈判进程，以期根据 2°C 目标，通过适用于 2015 年 12 月巴黎会议所有缔约方的具有法律约束力的全球协议。按照《巴黎协定》，一旦英国离开欧盟，则自然需要拿出自身的国家自主贡献预案（INDC），只不过目前，新政府尚未给出不同的气候政策，宣布脱欧必然会引起英国气候变化治理领域的调整或变化。

第一，作为欧盟气候政策支柱的英国碳排放交易体系，是当今世界最大的碳排放交易体系，英国的碳排放交易体系将发生调整。英国的发电和工业排放为欧洲碳排放交易体系所覆盖，脱欧自然也使英国这些领域的发展前景充满不确定性。如果脱欧意味着离开欧盟碳排放交易体系，那么英国就不得不制定新的碳价以符合其自主意愿下的碳预算。脱欧还可能使英国面临（欧盟）最低碳价（carbon price floor）向（英国）碳税的转型问题，因此使英国的"温室气体排放者"将极大地受到碳税水平的制约。

第二，英国在科学、工程、高等教育等方面长期处于世界领先地位，尤其在低碳新技术研发方面更为突出，英国宣布脱欧可能造成欧盟对英国清洁技术研发的支持或减少。由于脱欧会使得英国失去欧盟清洁能源创新基金，可能会对英国本土绿色经济造成冲击。而且，伴随脱欧还可能使英国逐步失去如能源计划支持、结构和投资基金等，脱欧本身使低碳投资的不确定性增加，从而也有可能使英国的低碳投资大打折扣。显然，脱欧或使得英国与清洁技术研发相配套的基金投入不足，影响该领域的创新发展。

第三，英国的可再生能源发展及气候变化政策会进一步完善。2014年，欧盟提议 2030 年实现 27% 的可再生能源目标，尽管欧盟提出了相关执行机制，但对任何成员国并无强制目标。脱欧后，英国可不受制于（欧盟）任何法定可再生能源目标，而根据《气候变化法案》设定的减排目标似乎就成了英国气候政策的唯一目标，通过排放交易或碳税等形式追求合适的碳定价，可以更有效地实现这种减排目标，同时为清洁能源技术提供支持。

第四，英国宣布脱欧增加全球应对气候变化的不确定性。与欧盟的其他成员国一样，英国加入了欧洲碳排放交易体系和欧洲单一碳市场。显然，脱欧意味着英国和欧盟在能源和气候变化领域需要重新谈判，英国在欧洲能源和碳市场中的地位，需要重新评估。以英国的《气候变化法案》为例，它为 2050 年减排 80% 设定了目标（以 1990 年为基准年），脱欧则意味着英国将为《巴黎协定》的"自主贡献"给出自身的自愿承诺或减排方案，而非与欧盟的标准保持一致；另外，脱欧也可能削弱欧盟应对气候变化的实践及行动能力，失去了传统阵营当中温室气体减排的一大支持者，在国际决策方面欧盟的影响力会大幅下降。2016 年 11 月 30 日，欧盟委员会在"全欧共享清洁能源"（Clean Energy for All Europeans）的一揽子提案中设定了，到 2030 年实现欧盟范围内减排 40% 的目标（以 1990 年为基准年），英国脱欧可能使欧盟的既定目标大打折扣。

英国应对气候变化的行动，在整个欧盟成员国中可以算得上率先垂范。然而，英国脱欧进程开启以来，气候政策也相应调整，如削减碳捕获和碳固存预算，可能导致英国低碳化发展的前景更不明朗。倘若没有英国的持续努力和行动所施加的积极影响，欧洲少数对气候变化持怀疑态度的成员国（如波兰、匈牙利、捷克共和国、斯洛伐克）有可能阻滞欧盟气候变化与能源政策的进展。当然，从积极的方面来看，脱欧后的英国仍可能在气候变化治理当中发挥重要作用，甚至是全球气候政治的"领导者"。

从全球视野来审视英国脱欧情形下的气候政治变化，可以肯定的是，英国脱欧必然引发全球气候政治系统效应。对气候变化治理而言，英国脱欧也并非意味着完全"倒退"，甚至还可能是英国、欧盟以及整个国际社会进行政策调整、制度革新的契机。[①]

第二节　德国

自气候变化问题进入国际政治视野以来，德国政府一直是国际气候政策谈判的议程制定者，并且德国所有的政党和历届政府都把应对气候变化作为其政策的优先议题。[②] 它是积极推进应对气候变化的主要发达国家之一，在温室气体减排目标上比欧盟更有雄心：到 2020 年将温室气体排放量在 1990 年的基础上减少 40%，到 2030 年减少 55%，到 2050 年减少 80%—95%。1990—2017 年，德国温室气体排放量减少了 3.47 亿吨二氧化碳当量（27.7%），但在最近几年中，德国温室气体排放量几乎没有变化。[③] 因此，要实现既定的气候目标，必须加快应对气候变化的行动。本节从德国国家层面的气候变化管理框架结构、温室气体减排目标、战略的发展情况和政策工具等方面，概述德国气候治理的最新趋势。

2015 年以来，德国是实施或通过气候变化新政策和措施最多的欧盟成员国。德国成立专门委员会来帮助实现长期气候目标，并通过《2020 年气候行动计划》《2050 年气候行动计划》和能源转型三大关键气候政策支柱推动其气候治理进程。

一　德国应对气候变化管理体制

德国气候变化行政管理体系涉及的联邦部门主要有五个，分别是德国联邦环境、自然保护和核安全部（BMUB，以下简称联邦环境部），德国联邦教育与研究部（BMBF），德国联邦经济与技术部（BMWi），德国联邦交

---

① 赵斌：《英国退欧叙事情境下的气候政治》，《武汉大学学报》（哲学社会科学版）2018 年第 3 期。

② 李慧明：《气候变化、综合安全保障与欧盟的生态现代化战略》，《欧洲研究》2015 年第 5 期。

③ Clean Energy Wire, *Germany's Greenhouse Gas Emissions and Climate Goals*, 2018-07-09, https://www.cleanenergywire.org/factsheets/germanys-greenhouse-gas-emissions-and-climate-targets.

通与数字基础设施部（BMVI），德国联邦粮食和农业部（BMEL）。各部门各司其职，在德国可持续发展委员会（DKN）的统一协调下，从法规起草、项目设立，行政执行与管理，科学研究，咨询、评估和提出建议四个层面构建了德国气候变化管理机构框架体系。其中，联邦环境部是涉及气候保护和适应气候变化的主要部门，其职责是制定德国国家气候保护法律和规定，保证国际及欧盟气候保护协议在德国的实施。为了支撑法律法规的制定，该机构也支持气候变化和适应气候变化方面的一些研究。①

1990年，德国政府提出到2005年将西德的二氧化碳排放量在1987年的水平上减少25%的目标，并设立了二氧化碳减排部际工作组（IMA）。工作组由联邦环境部牵头，起草了气候行动准则，确定了减少德国温室气体排放需要采取行动的领域和建议采取的措施。为了应对德国重新统一的新挑战，德国政府在1995年提出到2005年将使二氧化碳排放量比1990年水平减少25%的修订目标。2000年，德国政府成立了排放交易工作组，其任务是审查与排放交易使用有关的问题，并提出建议。

为实现德国在《巴黎协定》中制定的2050年气候目标，2018年6月6日，德国联邦内阁决定成立经济增长、结构转型和就业委员会（Commission on Growth，Structural Change and Employment）。② 该委员会由4位主席和28名具有表决权的成员组成。这些成员包括环境协会、工会、经济和能源协会、受影响地区和科学界的代表。委员会在工作中将得到德国国家秘书委员会（State Secretaries Committee）的协助。国家秘书委员会由来自联邦经济与能源部、联邦环境部、联邦内政部（BMI）、联邦劳动和社会部（BMAS）、联邦财政部（BMF）、联邦粮食和农业部、联邦交通与数字基础设施部和联邦教育与研究部的代表组成。面对必要的转型进程，委员会要为相关行业和地区提供可以实现的前景，以此为基础商定必要的具体实施步骤并从资金上创造条件。前期工作应赶在本届议会任期中开始，以便委员会在2018年初开始工作并尽可能在2018年底提交结果。委员会

---

① 何霄嘉、许伟宁：《德国应对气候变化管理机构框架初探》，《全球科技经济瞭望》2017年第4期。

② Federal Ministry for the Environment，Nature Conservation and Nuclear Safety，*Commission on Growth*，*Structural Change and Employment Takes up Work*，2018-06-06，https：//www.bmu.de/en/report/7918/.

应为支持结构转型设计一套混合性的政策工具，将经济发展、结构转型、社会可承载性和气候保护结合在一起。其中包括在需要完成结构转型的领域和地区进行必要的投资及相关资金的筹措。

经济增长、结构转型和就业委员会将在 2018 年 12 月之前制定淘汰煤炭的路线图，以确保实现短期、中期和长期的气候目标，还将提交受影响地区的结构发展提案，以促进经济增长和就业。该委员会主要围绕以下六个方面开展工作。

（1）通过德国政府、各联邦州、市政当局和各经济利害关系方之间的合作（例如，在交通基础设施、技术工人培养、企业发展、研究机构的安置、长期结构发展等领域），委员会将提出具体措施，帮助受影响地区（褐煤开采区）创造新型、具有前瞻性的工作。

（2）综合多种措施将气候行动与经济发展、机构改革和社会的包容性、凝聚力相结合，在能源转型背景下为持久性能源地区创造未来。

（3）利用德国政府和欧盟现有的融资方式，优先对受结构转型影响的地区与经济部门进行有效且有针对性的投资。此外，为结构改革额外设立一个基金，其中包括政府提供的资金。

（4）实现能源部门 2030 年目标的措施之一就是进行综合影响评估。气候行动计划为能源部门设立的目标是：与 1990 年相比，在 2030 年前将二氧化碳排放量减少 61%—62%。关于燃煤发电的份额，该委员会将提出适当措施以实现能源部门 2030 年的目标，并将这些措施纳入 2030 年措施方案中。

（5）此外，该委员会将制订一项逐步减少并淘汰燃煤发电的计划，包括制定最后期限，以及必要的法律、经济、社会、重新规划和结构支持措施。

（6）在第 24 届联合国气候变化大会（COP24）召开之前，委员会将提出书面建议帮助能源部门制订计划，尽可能缩小现在与 2020 年 40% 减排目标之间的差距。为此，德国政府在 2018 年气候行动报告中公布当前对差距规模的评估数值。

二　德国应对气候变化政策

20 多年来，应对气候变化一直是德国政策制定的重要组成部分。德国气候保护政策核心的三个基本要素是转向低排放燃料（可再生能源）、提高能源效率以及通过欧盟排放限额与交易体系实现碳排放控制。减排政策的制定不是静态的、自上而下的过程，相反，这些政策是由来自各个层面的不同利益相关者交流产生的，他们的利益诉求不尽相同，甚至是对立的。除了政府和议会政党，来自商界、科学界和公众社会领域的广泛利益相关者均在政策制定过程中发挥积极的影响。目前，《2020 年气候行动计划》《2050 年气候行动计划》和能源转型是德国气候政策的主要支柱。

2002 年，德国联邦政府公布了现行的国家减排目标，即到 2020 年，温室气体排放总量比 1990 年水平减少 40%。2005 年，德国作为欧盟成员国之一加入欧盟碳排放交易体系（EU ETS），制订了排放贸易额的国家分配计划，建立相应的组织机制，力争实现欧盟共同减排目标，即到 2020 年，温室气体排放总量比 1990 年减少 20%。EU ETS 的减排目标主要集中在电力部门和能源密集型工业。2008 年，德国联邦环境、自然保护和核安全部（BMUB）发动了"气候倡议"（Climate Initiative），从政府治理的层面推动国家减排目标的实现。2010 年，德国联邦政府推出了能源方案长期计划，设立了 2050 年扩大可再生能源的长期目标，并承诺到 2050 年温室气体排放量比 1990 年水平减少 80%—90%。

德国在减排目标上取得了一定的成果和进展，但研究显示，要达到 2020 年排放量比 1990 年减少 40% 的国家减排目标还需投入更多的努力。因此，德国联邦政府于 2014 年 12 月制订了《2020 年气候行动计划》[①]，再次明确提出了 2020 年德国温室气体排放量比 1990 年减少 40% 的目标，并制定了气候变化减缓的政策措施：排放权交易以及欧洲和国际气候政策；发电行业气候变化减缓，包括传统发电站的可持续发展和可再生能源的扩张；国家能源效率行动计划（NAPE），重点关注建筑能源效率，具有商机的节能和产生回报的方式以及个人对能源效率的责任；气候友好型建筑和住房战略；交通运输部门气候变化减缓；减少工业、废物管理和农业部门中与能源无关的排放。

在《2020 年气候行动计划》的基础上，德国联邦政府于 2016 年 11 月

---

① Federal Ministry for the Environment, Nature Conservation and Nuclear Safety, *The German Government's Climate Action Programme 2020*, 2014－12－03, https：//www.bmu.de/fileadmin/Daten_ BMU/Pools/Broschueren/aktionsprogramm_ klimaschutz_ 2020_ broschuere_ en_ bf.pdf.

通过了《2050 年气候行动计划》①，旨在建立一系列长期战略，确保实现国家减排目标，德国联邦政府负责计划制订的协调工作。该计划是德国政府按照《巴黎协定》首批向《公约》提交的气候变化长期发展战略，其中期目标是到 2030 年温室气体排放量比 1990 年下降 55%，长期目标是到 2050 年温室气体排放量比 1990 年下降 80%— 95%。《2050 年气候行动计划》概述了德国在三个层面上向低碳经济进行必要转型的现代化战略：①包含了 2050 年各个行动领域的具体指导原则，并努力实现可持续发展；②概述了所有行动领域的转型路径，检查了关键路径的相互依赖关系；③强化了所有部门到 2030 年的温室气体减排目标、具体里程碑和战略措施，也分析了影响和成本。行动计划重点提出了能源、工业、建筑、交通、农业、土地使用和林业等领域的目标和措施。各领域温室气体排放目标如表 6-4 所示。

（1）能源。可再生能源的进一步扩大和化石燃料发电的逐步淘汰将使能源部门的排放量到 2030 年比 1990 年减少 61%—62%。该部门的战略措施包括：①发布《能源效率绿皮书》（*Green Paper on Energy Efficiency*），这是雄心勃勃的效率策略的里程碑；②增加可再生能源的使用，德国《2017 年可再生能源法案》（2017 *Renewable Energy Sources Act*）的出台，预示着能源转型进入全新阶段；③通过《电力 2030》（*Electricity* 2030）文件，这是迈向未来能源系统的里程碑；④推进部门耦合；⑤对融资体系和税收进行改革；⑥资助研究与开发；⑦任命增长、结构改革和区域发展委员会，该委员会将设立在联邦经济事务和能源部（Federal Ministry for Economic Affairs and Energy），并与政府其他部门，以及各州、地方当局、工会、受影响企业和部门代表等协同合作；⑧加强排放交易体系。

（2）建筑。建筑行业的气候目标是：到 2030 年温室气体排放量比 1990 年减少 66%—67%。该部门的战略措施包括：①制定实现近气候中和建筑物的路线图，到 2050 年实现气候中和建筑物的目标取决于针对新建筑物的节能标准、旧建筑物进行翻新的长期战略和化石燃料加热系统的逐步

---

① Federal Ministry for the Environment, Nature Conservation and Nuclear Safety, *Climate Action Plan 2050 - Principles and Goals of the German Government's Climate Policy*, 2016-11-14, https://www.bmu.de/en/topics/climate - energy/climate/national - climate - policy/greenhouse - gas - neutral - germany-2050/#c12735.

淘汰；②发展可持续建筑，这需要创造适当的激励措施，以加强可持续建筑和绝缘材料的使用，并支持模块化和系列化设计的建筑物；③加强未来城镇、城市和地区发展，包括空间规划试点项目和实验性住房和城市发展项目，一个重要的关键问题是现代信息和通信技术；④推进部门耦合和社区集中供热。

（3）交通。交通运输部门到 2030 年的温室气体排放量将比 1990 年减少 40%—42%。交通运输部门的一系列气候政策概念将提出到 2030 年减少道路运输温室气体排放的战略，这将考虑欧盟层面的相关提案，并解决来自汽车、轻型商用车辆和重型货车的排放，以及与无温室气体排放能源供应和基础设施相关的问题。战略措施包括：①资助电动交通；②财政奖励；③划分交通方式；④发展铁路交通；⑤骑自行车和步行，政府将继续更新国家骑行路径计划（National Cycle Paths Plan）；⑥扩大电力燃料在空运和海运中的使用；⑦制定交通部门的数字化战略，包括尽可能开发减少温室气体的潜力。

（4）工业。工业行业的气候目标是：到 2030 年温室气体排放量比 1990 年减少 49%—51%。该部门的战略措施包括：①延长产品的使用寿命和避免浪费；②制定旨在减少工业过程排放的研究及发展计划，并将工业循环碳经济（如使用碳捕集与利用）考虑在内；③采取一致的战略行动，以利用工业和商业余热提供的潜力；④对有关企业能源使用高效技术的知识基础进行持续优化；⑤加强企业的气候报告；⑥加强工业技术改造。

（5）农业。农业部门到 2030 年的温室气体排放量将比 1990 年减少 31%—34%。该部门的战略措施包括：①在《共同农业政策》（Common Agricultural Policy）下，使用融资工具；②进一步减少多余的氮——政府将与各州合作，确保化肥立法的全面实施和贯彻执行，特别是《化肥施用条例》（Fertiliser Application Ordinance）和关于农场良好营养管理实践的计划条例，从而确保实现德国可持续发展战略的目标［在 2028—2032 年，实现 70 千克氮/亩（kgN/ha）的目标］；③增加有机农业的土地使用比例；④增加农家肥和农业废弃物的发酵；⑤减少畜牧业的排放；⑥避免食物浪费；⑦发展农业部门创新气候行动的概念。

（6）土地使用和林业。土地利用和林业部门没有包括在评估目标完成情况的评估中，其重点是保存和提高森林的碳汇功能，如通过封存二氧化碳在植物和土壤中来减少排放。战略措施包括：①保护森林，并对其进行可持续管理，目标是增加德国的森林面积；②保护永久草地；③保护泥炭地；④减少征地——用于定居和交通基础设施的土地开发的增加量将减少到每天 30 公顷。

表 6-4   行动计划确定的各领域排放目标

行动领域	1990 年 (兆吨二氧化碳当量)	2014 年 (兆吨二氧化碳当量)	2030 年 (兆吨二氧化碳当量)	2030 年 (比 1990 年减少 百分比,%)
能源	466	358	175—183	61—62
建筑	209	119	70—72	66—67
交通	163	160	95—98	40—42
工业	283	181	140—143	49—51
农业	88	72	58—61	31—34
小计	1209	890	538—557	54—56
其他	39	12	5	87
共计	1248	902	543—562	55—56

三 德国能源转型政策

德国是欧洲能源政策中最重要的参与者，气候和能源政策是其关键的优先事项。[1] 在可再生能源发展方面，德国成效显著，被称为世界上第一个主要的可再生能源经济体，其领先地位受到国际社会的广泛关注。德国能源转型国策的政策法规包括《可再生能源法》（EEG）、《促进热电联产法》（KWK）、《建筑节能法》（EnEV）以及《生态税法案》。德国自 2000 年 4 月 1 日实施《可再生能源法》以来，可再生能源发展迅速。德国的可再生能源主要基于风能、太阳能和生物质能。2011 年，德国可再生能源产生的电力超过 1230 亿千瓦时，提供了超过 20% 的电力。2017 年可再生能源发电占德国发电总量的 35% 以上。德国能源转型计划将逐步放弃核电，可再生能源在能源消费中的占比目标为：2030 年达到 50%，2040 年达到

① Szulecki, K., S. Fischer, A. T. Gullberg, et al., "Shaping the Energy Union between National Positions and Governance Innovation in EU Energy and Climate Policy", *Climate Policy*, Vol. 16, No. 5, 2016, pp. 548-567.

65%，2050 年超过 80%。[1]

2010 年 9 月 28 日，德国联邦政府推出《能源方案》长期战略，进一步明确制定了温室气体减排和可再生能源的目标，提出了可再生能源开发、能效提升、核电和化石燃料电力处置、电网设施扩充、建筑物能源方式和效率、运输机车能源挑战、能源技术研发等方面的行动计划和措施。《能源方案》全面启动了德国的能源转型政策并成为德国官方长期的政策。自 2011 年福岛核事故以来，德国基于广泛的社会共识进行了一次能源转型。2014 年新一届联邦政府继续坚持能源转型政策，并将其作为新一届联邦政府重中之重的工作，在制订《2020 年气候行动计划》的同时，推出了《国家能源效率行动计划》，将德国的气候政策与能源转型政策紧密融合，将发展可再生能源和提高能效作为实现国家能源转型的两大支柱。

2016 年以来，德国实施并采用新政策和措施的重点是能源供应、能源消耗和提高建筑物和供暖系统的能源效率，对《可再生能源法》和《热电联产法》进行了修订。根据规划，德国 2025 年可再生能源发电占比将提高到 40%—45%，到 2035 年，提高到 55%—60%；2050 年可再生能源发电占比至少要达到 80%。德国《可再生能源法》已经成为世界可再生能源立法领域的典范。

2016 年 7 月，德国联邦议会通过了对 2014 年版《可再生能源法》的修订草案，新版《可再生能源法》于 2017 年 1 月 1 日实施。这是自 2000 年该法首次颁布以来的第五次大规模修订（见表 6-5）。由于此次修订在可再生能源上网电价政策方面做出较大调整，因此也被称为《可再生能源法》3.0 版。根据改革方案，为平抑电价、降低成本，德国自 2017 年起将不再以政府指定价格收购绿色电力，而是通过市场竞价发放补贴。谁出价最低，谁就可以按此价格获得新建可再生能源发电设施入网补贴。此次出台的《2017 年可再生能源法案》（EEG2017）预示着能源转型进入全新阶段——不再由政府决定，而是在未来由市场通过专门的竞售体系来确定可再生能源资金的相关状况。这是因为可再生能源的发展已相当成熟，足以通过市场竞争来完成。全新的竞售体系可以确保可再生能源的稳步发展，而且可以控制相应的发展节奏，还能够将成本控制在较低水平。立法也能

---

① 刘明德、杨玉华：《德国能源转型关键项目对我国能源政策的借鉴意义》，《华北电力大学学报》（社会科学版）2015 年第 6 期。

够使德国确保维持以能源转型为特征的高水平市场参与者的多样性。法律给予了"公民能源公司"第一个定义，并为这些公司参与竞售提供了简化的条件。小型的设备可以免予拍卖。[①]

表6-5　　　　　　　　德国可再生能源政策发展阶段

阶段	时间	主要内容
阶段一	EEG2000（1991—2003年）	确定以固定上网电价为主的可再生能源激励政策，德国国内可再生能源发电市场启动
阶段二	EEG2004（2003—2008年）	完善上网电价政策，可再生能源发电快速发展
阶段三	EEG2009（2009—2012年）	建立基于新增容量的固定上网电价调减机制、鼓励自发自用，首次提出市场化方面的条款
阶段四	EEG2012（2012—2014年）	完善基于新增容量的固定上网电价调减机制和自发自用激励机制，鼓励可再生能源进入市场
阶段五	EEG2014（2014—2016年）	严格控制可再生能源发电补贴，首次提出针对光伏电站的招标制度试点，分阶段、有重点推动光伏发电市场化
阶段六	EEG2017	全面引入可再生能源发电招标制度，正式结束基于固定上网电价的政府定价机制，全面推进可再生能源发电市场化

2016年，德国通过《热电联产的保护、现代化和扩展法》，对2002年热电联产法进行了修订，鼓励热电联产发电使用可再生能源、区域供热、冷热储存，并减少硬煤和褐煤的热电联产。新法案详细说明了如何对现有和新设施进行资金支持。补贴在时间上受到限制，并增加到基于市场的电价。到2020年，热电联产电厂的净发电量将增加到110太瓦/时（TW/h），到2025年将增加到120太瓦/时。补贴主要集中在为国家电网供电的工厂。同年，德国政府通过禁止和最小化水力压裂技术技术风险的法律。该法禁止使用水力压裂技术开采页岩气和页岩油。到2021年，议会将重新评估是否应继续禁止非常规水力压裂技术。

四　德国气候变化科技研发与融资

（一）应对气候变化的科技研发

德国非常重视应对气候变化的研究，在其研发资助方面，德国政府专注于加强技术、战略和过程，以加强其竞争优势，同时促进可持续发展。

---

① 侯洁林：《德国〈可再生能源法2014〉及其最新修订研究》，硕士学位论文，华北电力大学（北京），2017年。

与气候变化减缓相关的研究包括社会和经济方面、能源、全球变化、资源和可持续发展，以及地球系统。

气候变化行动的两个主要领域是转型研究和能源研究。转型研究的重点是技术和社会创新，以促进气候友好型替代技术的发展，并促进其传播。能源研究的重点是研究、开发和展示整个能源链上（从发电和转换到运输、储存和能源使用）的新技术。可再生能源和能源效率是关键领域，两者都旨在实现能源转型。德国先后发布了实施 10 万太阳能屋顶计划、可再生能源行动计划、二氧化碳减排技术、电动机车计划等一系列科技计划（见表 6-6），加强能源效率、新能源、减排技术等领域全面、持续的研发与示范，为有效应对气候变化提供技术支撑与政策支持。考虑到能源转型的复杂性，未来能源系统的各种单独解决方案至关重要。德国政府正在以跨学科的方式制订和实施第 6 次能源研究计划。从 2015 年开始，德国将加强预防气候变化研究、社会环境研究，以及城市设计和建筑领域的应用研究。[1]

表 6-6　　2001—2011 年德国气候变化和能源相关的部分重要科技计划[2]

年份	主要计划	主要内容
2001	10 万太阳能屋顶计划	1999 年 1 月起实施，2004 年结束，德国经济部提供总计约 4.6 亿欧元的财政预算，以促进德国太阳能产业的发展
2003	可再生能源出口倡议计划	德国经济部于 2003 年发起，旨在帮助德国中小企业进入国际市场，德国经济部每年提供约 500 万欧元预算资金
2004	可持续发展研究计划	联邦政府计划未来 5 年投入 6.54 亿欧元，主要包括工业和经济可持续发展、地区可持续发展、自然资源可持续利用及可持续发展社会行动战略
2005	市场激励计划	利用生态税对可再生能源应用技术研发和成果推广提供资金支持
2006	高技术战略计划	确定能源技术、环境技术、安全技术等 17 个重点领域，2006—2009 年投资近 150 亿欧元，提高德国创新能力，将德国建成"创意之国"，并使其在未来最重要的市场领域居于世界领导地位，政府通过实施该战略计划，创造 150 万个就业机会

---

① Federal Ministry for the Environment, Nature Conservation and Nuclear Safety, *The German Government's Climate Action Programme 2020*, 2014 - 12 - 03. https: //www. bmu. de/fileadmin/Daten_BMU/Pools/Broschueren/aktionsprogramm_ klimaschutz_ 2020_ broschuere_ en_ bf. pdf.

② 孟浩、陈颖健：《德国 CO_2 排放现状、应对气候变化的对策及启示》，《世界科技研究与发展》2013 年第 1 期。

续表

年份	主要计划	主要内容
2007	"气候保护研究和预防气候变化后果"研究计划	未来3年内资助3500万欧元，计划实现两个目标：一是推动交通、工业和家庭领域创新型气候保护技术的发展，如船舶风能利用；二是气候研究着眼于防治气候变化引起的洪水、干旱等自然灾害
	二氧化碳减排技术计划	主要资助一系列创新技术及组合技术的研发，重点资助产学研结合的研发项目，联邦经济部2007年投入2600万欧元，2008年投入约3000万欧元，到2010年投入超过1亿欧元，企业界配套相应数额的资金
	国家能源效率行动计划（EEAP）	由联邦经济部提出国家能源效率行动计划，被分解到私人房屋，商业、（部分）工业和服务业，工业，交通运输，交叉等6类不同能源消耗部门，目的是使德国在欧盟碳排放交易体系之外的最终能源消耗部门在未来5年能耗总量下降9%
	气候保护高技术战略计划	以节能和节约资源的技术为研发重点，重点研发大幅提高能效、提升德国气候保护市场竞争地位的技术，其中可再生能源每年研发经费预算为500万欧元
2008	"基础研究——能源2020+"研究计划	由联邦教研部出台，是政府高科技战略的重要组成部分，几乎所有研究课题都把降低二氧化碳排放量作为研究目标，研究重点是提高能源生产、转移、存储、利用和运输效率；生物质的能源利用也是该计划重点课题
	节能降耗产品研发计划	联邦教研部拟在未来3年在提高产品资源和能源利用率方面投入5000万欧元，资助领域集中在具有很大节能降耗潜力的产品领域，尤其是机器设备制造业
2009	生物质能国家行动计划	农业部和环境部联合发布，明确德国未来生物质能源发展战略和政策措施：到2020年生物质能在一次能源消费中的比例要在2007年基础上提高一倍，占12%，2009年政府在可再生能源技术的研发投入占德国全部能源科技研发投入的60%
	国家电动汽车发展计划	由联邦经济技术部、交通部、环境部和教研部共同组织启动，确定电动汽车电池技术及电动汽车的能效、安全性与可靠性两大关键技术领域，计划到2020年电动汽车总量达100万辆，到2030年达600万辆
2010	可持续发展研究计划	包括全球责任与国际合作网络化、地球系统与地质科学、气候与能源、可持续经济与资源利用以及社会发展五个关键领域，实施期为10年，2010—2015年为第一阶段，总研发经费投入为20亿欧元
	国家氢燃料电池计划	实施期限为9年，2010年进入第二阶段，该阶段获得7亿欧元的经费支持，促进电池关键技术的研发
	国家可再生能源行动计划	对其现有促进可再生能源发展的相关法规和政策进行整合，并制定了到2020年可再生能源消费量达到18%—20%的约束性指标
	二氧化碳减排技术研究计划	联邦经济技术部在该计划框架下实施10个研发项目，并开始规划建3万千瓦级的碳捕集与封存技术试点电池项目

续表

年份	主要计划	主要内容
2011	第六次能源研究计划	提出 2011—2014 年 "实行经济、能源、环境和气候保护的政策目标，抢占世界能源技术领域领先地位，保障扩大自身能源技术选择" 的总体目标，规定德国政府在创新能源技术领域资助政策的基本原则和优先事项，是德国政府能源和气候政策的补充，德国政府将计划拨款 34 亿欧元，重点研究可再生能源
	德国联邦政府电动汽车计划	是德国国家汽车发展进入第二阶段的重要标志，根据该计划，德国联邦政府和企业界在未来 3—4 年时间内，将在电动汽车领域新增投入 170 亿欧元，确保德国发展为世界电动汽车领域的技术领先者、市场领先者和产品供应商

（二）应对气候变化的国际融资

在国际气候治理援助上，为促进减缓和适应气候变化，德国政府不断加强气候融资活动，进一步加大对新兴经济体和发展中国家的财政支持力度，为全球应对气候变化提供的融资稳定增长，其目标是到 2020 年将其国际气候融资规模扩大一倍。

自 2005 年以来，德国对气候融资的贡献增加了 7 倍。2016 年，德国公共气候融资达到 85.34 亿欧元，其中德国联邦政府财政为国际气候融资提供的预算资金为 33.63 亿欧元，德国承诺通过德国复兴开发银行和德国投资开发公司（DEG）提供的资金为 51.72 亿欧元。2014 年和 2015 年，德国公共气候融资分别为 51.35 亿欧元和 74.06 亿欧元，其中德国联邦政府财政为国际气候融资提供的预算资金分别为 23.44 亿欧元和 26.84 亿欧元。在 2015 年 5 月第六轮彼得斯堡气候对话会议上，德国总理默克尔承诺到 2020 年将德国的国际气候融资预算从 2014 年的 20 亿欧元左右提高到 2020 年的 40 亿欧元。[①]

为了加强对发展中国家的气候治理援助，2008 年起德国启动 "国际气候倡议"（IKI）计划，为发展中国家和新兴工业化国家的气候治理、生态多样性保护和《巴黎协定》的落实提供资金支持。自成立以来，该计划已经启动了 500 多个气候和生物多样性项目。2011 年德班气候大会正式决定

---

① Federal Ministry for the Environment, Nature Conservation and Nuclear Safety, *Germany's Seventh National Communication on Climate Change*, 2017-12-20, https://unfccc.int/files/national_ reports/ annex_ i_ natcom_ /application/pdf/26795831_ germany-nc7-1-171220_ 7_ natcom_ to_ unfccc.pdf.

启动绿色气候基金，由发达国家出资，主要通过赠款和优惠贷款方式帮助发展中国家加强气候治理能力建设。2014 年 7 月，默克尔宣布德国联邦政府将为绿色气候基金贡献 7.5 亿欧元，德国成为全球首个承诺向这一基金出资的国家。此外，德国还是全球环境基金（GEF）的第三大出资国，并在该基金最近一轮融资中提供了 1.925 亿欧元专门用于气候相关的问题。而自全球环境基金下属的最不发达国家基金建立以来，德国共提供 2.15 亿欧元的资助，成为最大出资国。①

第三节　法国

法国致力于采取气候行动，与欧盟其他成员国相比，其减排效果最为显著，1990—2016 年，法国温室气体排放量减少了 16.6%。法国针对气候变化在立法、政策、科学研究、财政以及国际合作等方面采取了一系列积极的应对措施，寻找机会，试图主导世界气候变化的国际谈判。2015 年，在法国政府大力推动下，在巴黎举行的联合国气候大会达成了具有重大意义的《巴黎协定》。法国气候治理总体呈稳健状态和支持水平，2017 年法国新一届总统大选也并未影响到其气候治理的整体框架。

一　法国应对气候变化管理体制

（一）法国气候变化制度基础

法国政府将环境部（1971 年成立）改名为法国生态和包容性转型部（MTES），主要负责国家环境政策（包括气候、生物多样性保护、工业环境控制等），以及交通、海洋和住房政策，旨在解决 21 世纪面临的环境和气候问题。法国生态和包容性转型部又叫生态、能源、可持续发展和城乡规划部，其前身为环境、能源和海洋部，生态、可持续发展和能源部，生态、可持续发展、交通和住房部。法国国内气候变化应对政策的协调和领导属于能源和气候总局（DGEC）内气候和能源效率司（SCEE）的职权范围。温室效应部（DLCES）是该机构的一部分。关于气候变化适应政策，2001 年，法国建立的全球变暖效应国家天文台（ONERC），隶属于能源和气候总局，其主要任务为：收集和传播与全球变暖和极端天气事件有关的

① 吴志成、王亚琪：《德国的全球治理：理念和战略》，《世界经济与政治》2017 年第 4 期。

信息和研究；就预防和适应气候变化的措施提出建议；与发展中国家进行对话，促进它们的能源转型。

法国建立了三个参与国家战略和立法框架制定的利益相关机构，包括国家生态转型委员会（NCET）；经济、社会和环境委员会；能源高级咨询委员会，所有机构仅具有咨询功能。还建立了一个独立的能源转型专家委员会（ECET）。此外，法国建立了监督和修订气候政策的程序（见表6-7）。

表 6-7　　　　　　　　法国关于气候政策的主要监测报告清单①

监测报告	频率	作者	评论
应对气候变化的进展报告	每年	政府	作为年度预算法的附件
基于定量指标的《多年度能源计划》（MEP）进度审查	每年	政府	提交给 NCET
《国家低碳战略》（NLCS）的综合进展报告	2 年	政府	提交给 NCET、ECET、咨询能源委员会
MEP 的综合进展报告	2 年	政府	提交给 NCET、ECET、咨询能源委员会
有指标和政策评估的完整评估报告——NLCS	5 年	政府	作为修订 NLCS 的基础
有指标和政策评估的完整评估报告——MEP	5 年	政府	提交给议会
碳预算和当前 NLCS 的实施评估	5 年	专家委员会	——
审查政府制定的 NLCS 评估报告	5 年	专家委员会	——
审查政府制定的 MEP 评估报告	5 年	专家委员会	不清楚是否独立于政府评估或作为官方报告的意见
区域气候战略的综合报告	5 年	专家委员会	作为 MEP 评估的一部分
MEP 和 NLCS 修订草案的审查	5 年	专家委员会	在最终采用新的 MEP 和 NLCS 之前

（二）法国新一届政府的气候变化立场

2017 年，埃马纽埃尔·马克龙（Emmanuel Macron）当选为法国新一任总统。马克龙上任伊始，任命著名环保斗士于洛为生态和包容性转型部

---

① Rüdinger, A., *Best Practices and Challenges for Effective Climate Governance Frameworks: A Case Study on the French Experience*, Institut du développement durable et des Relations Internationals (ID-DRI), 2018-05-18, https://www.iddri.org/sites/default/files/PDF/Publications/Catalogue%20Iddri/Etude/201805-IddriStudy0318-ClimateGovernanceFrance-EN.pdf.

部长，彰显其推进法国社会能源生态转型的决心，与此同时，也注重在国际舞台上维护《巴黎协定》成果。马克龙在环境气候问题上的立场和设想主要体现如下内容。

第一，积极看待环境气候问题，充分重视环境气候问题应对。在选举后，马克龙在与美国总统特朗普通话时，强调要继续推进《巴黎协定》履约；在与中国国家主席习近平通话时，强调将与中国加强气候变化领域的合作，共同推进全球气候治理。

第二，实施去化石能源战略。马克龙主张关闭燃煤电站，与开发者协商站点转型改造；争取不再为碳氢化合物、石油和天然气开采颁发许可证。对位于热带、在生物多样性方面有着重要地位的法属圭亚那地区，不再直接颁发开矿许可，承诺为地方税收损失提供补偿。禁止页岩气勘探和开采，但不干预相关研究。

第三，减少核能比重。马克龙表示将继续实施奥朗德在任期间通过的《能源转型法》，到 2025 年，将核能占全国发电总量比例从 75% 降至 50%，到 2030 年，将可再生能源的比例提高至 32%。

第四，将柴油和汽油的税收并轨，以期改善空气质量。每年将逐步提高柴油税，但考虑到生活在郊区的弱势群体利益，不会禁止使用柴油。以家庭为单位补贴 1000 欧元，鼓励其置换混合动力汽车或非柴油车，购买新车或二手车。将与工业界协商，加大混合动力、电动、氢能源汽车生产及充电站、加氢站等配套设施建设。

第五，大力发展生态农业。在 5 年内斥资 50 亿欧元用于农业转型；承诺 2 亿欧元补贴农民服务于环境的举措。优先发展绿色食品，到 2022 年餐饮界生态产品的消费率提升至 50%；推行"生态标签"（écologique）。[①]

二 法国应对气候变化政策

法国在气候变化减缓政策和措施方面的承诺始于 20 世纪 90 年代早期的里约首脑会议和《公约》的签署。2000 年通过了《国家气候变化计划》，随后基于 2004 年、2006 年、2009 年、2011 年和 2013 年《国家气候变化计划》的定期发布，制定了国家减缓政策。2006 年发布了第一个国家

---

① 陈晓径、张海滨：《马克龙当选与法国未来环境气候政策走向》，《法国研究》2017 年第 3 期。

适应战略，并于 2011 年通过了《国家气候变化适应计划》（PNACC）。2015 年 8 月，《能源转型法》的通过进一步推动了法国的气候政策，并根据此法案制定了《国家低碳战略》，建立了与气候相关的治理原则。2017 年，法国政府发布了新一轮的《国家气候变化计划》，以加速能源和气候转型，以及《巴黎协定》的执行情况。总体而言，法国《能源转型法》成功地建立了一个具有法律约束力的气候治理框架，《国家低碳战略》是当前法国气候治理框架的核心。

（一）《国家低碳战略》

法国于 2016 年 12 月 28 日发布《国家低碳战略》[①]，成为继美国、墨西哥、德国和加拿大之后，第五个向《公约》提交气候变化长期发展战略的国家。该低碳战略从国家层面提出了如何减少温室气体排放，协调向低碳经济转型的实施，其目标是到 2030 年温室气体排放量比 1990 年减少 40%，到 2050 年减少 75%，覆盖 2015—2018 年、2019—2023 年以及 2024—2028 年三个阶段的碳预算期。该低碳战略提出了交通、建筑、农林业、工业、能源和废弃物等领域的发展战略目标及主要措施。

（1）交通。交通部门温室气体排放占法国温室气体排放总量的 28%，其目标为：到第三个碳预算期（2024—2028 年），温室气体排放量比 2013 年减少 29%，到 2050 年减少至少 2/3。战略措施包括：①提高车辆能源效率（在 2030 年，销售的车辆燃料经济性平均达到 2 升/100 千米）；②加速能源载体的发展（在公共车队中实施低排放车辆分配，发展充电基础设施战略）；③抑制车辆流动性需求；④发展私家车替代工具；⑤鼓励其他交通模式。

（2）建筑。建筑部门温室气体排放占法国温室气体排放总量的 20%，其目标为：到第三个碳预算期（2024—2028 年），温室气体排放量比 2013 年减少 54%，到 2050 年减少 87%；到 2030 年，能源消耗比 2010 年减少 28%。战略措施包括：①实施 2012 年热监管（2012 Thermal Regulation）；②到 2050 年以高能效标准实现建筑物翻新；③加强与行为和用电有关的能源消耗管理。

（3）农林业。农业部门温室气体排放占到法国温室气体排放总量的

---

① Minister of Ecology, Sustainable Development and Energy, *French National Low - carbon Strategy*，2016-12-28，http://unfccc.int/files/mfc2013/application/pdf/fr_ snbc_ strategy.pdf.

19%，法国不会忽略与农业用地变化相关的二氧化碳排放，林业和木材行业在捕获和替代效应允许抵消国家15%—20%的排放方面并不常见。其目标为：到第三个碳预算期（2024—2028年），通过农业生态计划，农业温室气体排放量比2013年减少12%以上，到2050年减少50%；存储和保护土壤和生物质中的碳；巩固材料和能源替代效应。战略措施包括：①加强农业生态计划的实施（发展低排放的作物生长和畜牧业实践，部署适应气候变化的生产技术）；②促进树木的显著增加，以支持生物资源产品的发展，同时监测其可持续性及对土壤、空气、水、景观和生物多样性的影响。

（4）工业。工业部门温室气体排放占法国温室气体排放总量的18%，75%的这些排放受制于欧盟排放交易计划，其目标为：到第三个碳预算期（2024—2028年），温室气体排放量比2013年减少24%以上，到2050年减少75%。战略措施包括：①控制单个产品对能源和原材料的需求，高效利用能源；②促进循环经济（重复利用、回收和能源回收），使用产生更少温室气体排放的材料（如生物来源的材料）；③减少温室气体高排放强度能源来源的份额。

（5）能源。能源部门温室气体排放占法国温室气体排放总量的12%，85%的这些排放受制于欧盟排放交易计划，其目标为：在第1个碳预算期（2015—2018年），保持排放量低于2013年水平；到2050年，能源生产相关的排放比1990年水平低96%。战略措施包括：①通过减少能源结构的碳足迹，加快提高能源效率；②发展可再生能源，避免对新建热电厂的投资；③提高系统灵活性，以增加可再生能源份额。

（6）废弃物。废弃物温室气体排放占法国温室气体排放总量的4%，其目标为：到第三个碳预算期（2024—2028年），温室气体排放量比2013年减少33%，到2050年至少减少85%。战略措施包括：①减少食物浪费，限制间接温室气体排放；②防止废弃物的产生（生态设计、延长产品使用寿命、重复使用、减少浪费等）；③通过废物回收提高资源再使用；④减少垃圾填埋场和净化厂的甲烷排放扩散；⑤停止没有能量回收的焚烧。

（二）法国气候计划

根据《国家低碳战略》要求，2017年7月6日，法国生态和包容性转型部提交了政府的气候计划，进一步阐述了法国政府应对气候变化的愿景和雄心。在总统和总理的要求下，要求所有的政府部门在5年期内加快能源和气候变化的步伐和《巴黎协定》的实施。

（1）确保《巴黎协定》不被逆转：①在环境法方面取得进展：法国于2017年9月向联合国提交全球环境契约。②鼓励社会支持：公民将能够积极参与气候方面的举措，特别是参与预算。

（2）改善所有法国公民的日常生活：①开发每个人都可以获得的清洁车辆：将引入经济补偿，以鼓励人们使用更清洁的车辆来取代不符合空气质量证书标准的车辆。②在10年内消除燃料贫困：在10年内彻底改善所有隔热不佳的建筑，政府将为支付能源费用困难的租户和业主提供帮助。③更负责任地使用能源：将向那些希望生产和使用他们自己的可再生能源（沼气、太阳能等）的居民区提供支持。④使循环经济成为能源转型的核心特征：对节约能源和资源的小企业提供援助，以实现到2025年将垃圾填埋量减半和100%的塑料回收。

（3）淘汰化石燃料并承诺采取碳中和的方法：①生产无碳电力。②将化石燃料留在地下：禁止油气勘探计划，到2040年法国不再生产任何石油、天然气或煤炭。③提高碳价格，为污染设定一个公平的价格：柴油和汽油之间的税收将保持一致，碳价格将上涨。低收入家庭将以"能源券"的形式获得帮助。④到2050年实现碳中和：政府将寻求人为排放与生态系统吸收碳的能力之间的平衡。实现温室气体排放中和是一个雄心勃勃的目标。在世界范围内，只有法国、瑞典和哥斯达黎加满足这一要求。⑤2040年不再出售汽油和柴油汽车，鼓励汽车制造商进行创新。

（4）使法国成为绿色经济的领导者：①支持科学合作计划，提高应对气候变化关键学科的吸引力。②政府将促进绿色金融认证，并在金融监管中考虑到气候风险的影响。

（5）利用生态系统和农业在应对气候变化方面的潜力：①利用农业应对气候变化：努力改变农业系统，以减少排放，并提高碳捕集和封存能力。②适应气候变化：将发布新的《国家适应气候变化计划》（PNACC），为法国公民提供更有效的抵御极端天气事件的保护措施，并在主要经济部门之间建立适应能力，从而更好地抵御气候变化。③停止进口需要砍伐森林的产品：停止进口导致世界三大热带雨林（亚马孙、东南亚和刚果盆地）被摧毁的产品。

（6）加强国际气候行动：①支持非政府气候倡导者。②协助发展中国家应对气候变化：法国承诺全力支持《巴黎协定》金融机制下的两个运营实体（全球环境基金和绿色气候基金）的活动。

三　法国能源转型政策发展

能源使用是法国温室气体排放的主要来源，2015年的排放量占法国排放总量的72%。核能在法国占有重要地位，核能提供了75%的电力供应。电力部门的排放密度远低于平均水平。核能之外，石油在能源结构中占据了重要的份额。石油的消耗主要体现在服务业中，尤其是运输行业。总的来说，法国的运输和工业部门承担的减排压力是较大的。

2007年，法国发布《可再生能源发展计划》，政府在未来两年拨款10亿欧元设立可再生热能基金，推动公共建筑、工业和第三产业供热资源的多样化，确定包括生物能源、风能、地热能、太阳能以及水力发电等领域50余项措施。通过可再生能源的开发，每年节约2000万吨燃油，促使法国在太阳能和地热能开发方面领先其他欧洲国家，到2020年，使可再生能源利用率占能源消耗总量的23%以上，创造20万—30万个就业岗位。2010年，发布《可再生能源投资计划》，法国环境与能源控制署提供4.5亿欧元补贴可再生能源，9亿欧元用于低息贷款，支持太阳能、海洋能、地热能源等可再生能源技术、碳捕集与封存项目和生物燃料的开发，2010年投资1.9亿欧元，未来4年每年均投资2.9亿欧元。为保持核电发展，2011年，法国发布《核能研发计划》，继续开展核能研发计划，加强核安全研究，成立国际核能学院，开展水下核电站工程设计等。[①]

2015年，法国通过了《能源转型法》，使不同层次、不同定位的能量转型法律统一化，并进一步促进绿色经济的增长。《能源转型法》为法国在全球气候治理中发挥引领作用提供了重要支持，它确定了去碳化路径和能源转型的中长期目标（见表6-8）；明确规定了国家主要计划（低碳战略和多能源计划）的制定、监测和修订，并规定了到2030年的碳价格轨迹；创建了能源转型专家委员会，为国家战略的制定和实施提供了独立的专业知识。实施的新政策措施涵盖所有部门：①能源供应（如多年能源规划和招标）；②废物（如制订区域废物管理计划）；③运输（如在天然气车辆上运行的重型车辆的开发）；④能源消耗（如标签的实验"正能量建筑和碳减少"）；⑤工业过程（加强有关设备密封性

---

① 孟浩：《法国 CO_2 排放现状、应对气候变化的对策及对我国的启示》，《可再生能源》2013年第1期。

的规定制冷，气候和热力学）；⑥农业（如国家生物量动员战略和区域生物量计划）；⑦LULUCF（如国家森林和木材计划以及区域森林和木材计划）。①

表 6-8　　　　法国《能源转型法》中的主要能源与气候目标

	2020 年	2030 年	2050 年
温室气体减排量（和 1990 年相比）	减少 20%	减少 40%	减少 75%
最终能源消耗量（和 2012 年相比）	—	减少 20%	减少 50%
化石燃料消耗量（和 2012 年相比）	—	减少 30%	—
改造成"低能耗标准"建筑物的比例	—	—	100%
最终消费中可再生能源占比	23%	32%	—
电力消费中可再生能源占比	27%	40%	—
热能中可再生能源占比	—	38%	—
发电总量中核能占比	—	2025 年达到 50%	—
电动车充电站	—	700 万个	—
碳价格轨迹（欧元/吨二氧化碳当量）	56	100	—

　　法国在 2016 年 4 月宣布将提高本国的可再生能源目标，并将成为第一个为有益环境的项目发放"绿色债券"的国家。法国政府上调和修改了可再生能源发展目标。修订后的法令草案包含提振陆上风能装机容量的计划，即到 2023 年从 2018 年底的 15 吉瓦提高到 25 吉瓦。对于太阳能，目标是到 2023 年底从 2018 年底的 10.2 吉瓦提高到 30 吉瓦。此外，对于几项其他清洁能源技术，如地热电力、沼气以及浮动式海上风能，100 兆瓦的适度目标也获得批准。

　　为完成《能源转型法》规定目标，法国政府于 2017 年引入了《多年度能源计划》（MEP），设置了能源政策的战略重点（包括国家能源研究战略、国家生物质能战略、清洁移动战略、就业和技能计划、国家空气污染物减少计划），旨在完成向能源系统的转型。MEP 最初分为 2016—2018 年和 2019—2023 年两个阶段，并将在 2018 年进行审查。MEP 提出了两个基

---

　　①　European Environment Agency，*National Policies and Measures on Climate Change Mitigation in Europe in 2017*，2018-07-05，https：//www.eea.europa.eu/publications/national-policies-and-measures-on-climate-change-mitigation.

本的优先事项：减少能源消耗，特别是化石燃料消耗，以及开发可再生能源。在提高能源效率和减少化石燃料消耗方面，到 2023 年，最终能源消耗减少 12.3%，以达到 2030 年减少 20% 的目标；一次化石燃料消耗量减少 22.6%，到 2030 年减少 30%。在可再生能源发展方面：与 2014 年相比，到 2023 年，将可再生能源发电装机容量提高 70% 以上，并将可再生能源的发电能力提高 35%，以达到 2030 年可再生能源占最终能源消耗的 32% 的目标。在清洁交通方面，到 2023 年，将运输部门的能源消耗减少 11.5%。在保持能源安全供应方面，到 2023 年，达到 6 吉瓦的需求方响应能力，并保持现有电力和天然气供应安全可靠性标准，同时减少对化石燃料的使用。在为未来能源系统准备方面，2025—2030 年，启动水电存储项目，达到 1—2 吉瓦的装机容量。

2017 年 9 月 6 日，法国生态和包容性转型部提交了一项法案，禁止在 2040 年后对常规碳氢化合物和非常规碳氢化合物（页岩气、油砂等）进行勘探和开采。这是气候计划的第一个具体表现。法国因此成为世界上第一个禁止在其领土上进行勘探和开采碳氢化合物的国家。该法案使得勘探和开采页岩气成为非法行为，现有的开采特许权可能不会在 2040 年之后更新，也不会获得新的碳氢化合物勘探许可证。通过该项法案，法国承担了应对气候变化的领导者角色，并鼓励其他国家在其承诺中加入该项法案，以符合《巴黎协定》目标。2017 年 12 月 31 日，法国发布了《法国采矿法规》的最终版本，修改了法规中的一些章节，并规定了到 2040 年终止碳氢化合物的所有勘探和开采。

四　法国气候变化科技研发与融资

法国通过部署各种支持机制为公共和私人实验室的研究项目提供资助。法国研究与开发的国内总支出是 479 亿欧元，占 GDP 的 2.24%。2014 年，公共部门的科研支出达到 169 亿欧元。以研究部为中心的法国公共研究主要在高等教育机构实验室（大学、国立理工学院、高等教师培训学院和大型机构）和研究组织内部进行。法国在气候变化方面的研究机构资源包括：法国国家科研署（ANR）资助与气候变化相关的各类研究项目。自 2005 年成立以来，资助了许多协作和学科项目，为以下方面的知识做出了重要贡献：与气候变化相关的基本过程，以及观测和模拟方法；气候变化对各种环境和社会脆弱性的影响；在治理模式、政策和实施手段方面的减缓战略，生态系统管理和生产形式的适应模式；资源管理、农业和粮食生产、城乡管理、废物回收和能源生产方面的替代选择。法国地质调查局（BRGM）研究气候变化对土壤侵蚀、水供应等的影响。法国替代能源和原子能委员会（CEA）研究太阳能、电池、生物燃料等可再生能源。农业发展研究中心（CIRAD）主要研究农业和气候变化。

气候变化是法国发展援助政策的重点之一。近年来，法国一直在加强气候变化方面的国际行动，帮助促进项目资金、技术转移和能力建设。在2015年9月联合国大会期间，法国宣布将其年度气候资金从2015年的30亿欧元增加到2020年的50亿欧元，其中10亿欧元将用于资助气候变化适应。2016年11月30日，国际合作与发展部际委员会（CICID）确认了这一承诺，并再次提到其目标，即到2020年，法国资助气候变化适应的资金将增加一倍，达到每年至少10亿欧元。2013—2016年，法国通过双边和多边渠道增加了对发展中国家减缓和适应气候变化的公共资金。2013年，法国提供的资金总额为22亿欧元，而2016年超过33亿欧元。法国是GCF第五大捐助国，2014年9月在纽约举行的联合国气候峰会上，已承诺未来4年向GCF提供10亿美元。

法国开发署（AFD）是发展中国家的主要气候资金提供者之一，约占支持气候部门的国际公共资金的10%。2016年，AFD批准的"气候共同效益"基金达到30.6亿欧元，而2015年为26亿欧元。该组织在2016年为减缓气候变化所提供的资金大幅增加（从2015年增加了31.5%），达到近22亿欧元；适应融资达到3.35亿欧元，占AFD气候活动的11%。自2013年以来，由AFD在发展中国家提供的双边公共资金调动了私人气候融资。总体而言，2016年调动的私人资金估计约为10.19亿欧元，2015年为6.91亿欧元。与2013年和2014年的记录数据（5.93亿欧元和6.68亿欧元）相比，这些数量显著增加。

法国于1994年设立了法国全球环境基金（FFEM），这是一个公共双边基金，旨在资助发展中国家在六个关键领域的环境保护：气候变化、生物多样性、国际水域、土地退化包括沙漠化和森林砍伐、持久性有机污染物和保护臭氧层。FFEM财务承诺的重整是每四年进行一次。2015—2018年，FFEM筹集了9000万欧元的资金，目标是分配至少35%的资金用于应对气候变化，50%的资金用于适应气候变化。2015—2016年，FFEM为28

个项目分配了 3900 万欧元，其中 1880 万欧元用于应对气候变化。[①]

第四节　澳大利亚

作为一个受气候变化影响较为严重的国家，澳大利亚近几年温室气体排放量持续增加，制定的温室气体减排目标却被外界认为较为"软弱"。复杂的国内政治环境阻碍了澳大利亚应对气候变化问题，澳大利亚近年来的频繁政党更迭更使气候变化政策成为澳大利亚最为棘手的公共政策问题之一。在气候变化问题的行动方面，无论是可再生能源目标还是有关减排方面的目标，一旦经历政党更迭，其政策措施也就相应结束。例如澳大利亚近年来的碳税政策推出和废除、可再生能源目标的变化、气候变化问题管理机构的频繁建立和撤销等。澳大利亚现在所面临的最大挑战，就是找到一条民众和两党均认可的长期政策措施，来确保气候变化行动能持久且稳定地实行。

一　澳大利亚应对气候变化管理体制

气候变化是一个长期性、全球性的问题，应对这一长期问题需要稳定而灵活的政策手段。纵观过去 30 多年澳大利亚减排政策的实施情况会发现，该国的气候行动承诺并不连贯，且缺乏方向性。[②]澳大利亚曾一度担任全球气候行动的先驱，如建立全球第一个专门负责削减温室气体排放的政府机构，在全球气候条约创立之初就签订通过，以及推出新颖而先进的陆地碳抵消计划。但近年来澳大利亚在应对气候变化方面表现消极且缺乏连续性，如反复成立并解散气候变化政府机构，在最后一刻才批准全球气候条约，以及立法废除国家排放交易机制等。澳大利亚不同时期的不同政党对气候变化持截然不同的态度，最终深刻影响着该国气候政策的制定与实施。

---

① Ministère de la transition écologique et solidaire, *The Seventh National Communication of France*, 2017 - 12, https: //unfccc. int/sites/default/files/resource/901835 _ France - NC7 - 2 - NC% 20 -% 20FRANCE%20%20 -%20EN%20 - VF15022018. pdf.

② Parliament of Australia, *Australian Climate Change Policy*: *A Chronology*, 2014 - 03 - 14, http: //www. aph. gov. au/About_ Parliament/Parliamentary_ Departments/Parliamentary_ Library/pubs/rp/rp1314/ClimateChangeTimeline.

（一）政府应对气候变化的立场摇摆不定

1.1988—1996 年：气候行动的领跑者

20 世纪 80 年代后期至 90 年代前期，澳大利亚曾是国际气候变化事务的引领者之一。1990 年澳大利亚政府批准"多伦多目标"，同意该国到 2005 年在不损害经济发展的条件下排放量比 1988 年减少 20%，这一举动使澳大利亚在应对气候变化和促成各国重视该问题上发挥了领头羊作用。1992 年澳大利亚率先签署并批准《公约》，并发布《国家温室气体应对战略》（NGRS），将其作为一种机制设计和促进国家限制温室气体排放以实现《公约》承诺的方案。

2.1996—2007 年：气候行动中的滞后者

20 世纪 90 年代中后期至 2007 年，霍华德任总理期间，澳大利亚政坛对气候变化问题充满争议，澳大利亚政府对待气候变化的态度较为消极，最终使澳大利亚在全球应对气候变化行动中沦为落后者。1998 年，澳大利亚政府以制定全球统一的减排目标会损害澳大利亚工业和减少就业机会为由拒绝批准《京都议定书》，但仍然按照《京都议定书》承诺目标推动国内实施各项温室气体减排措施，出台了一系列温室气体减排的政策与措施，成为各部门各地区拟定各项温室气体减排政策措施的法定依据。其中包括 1998 年成立澳大利亚温室气体办公室（Australia Greenhouse Office，AGO），2004 年制定能源白皮书《澳大利亚未来能源安全》（*Securing Australia's Energy Future*）重新确定气候变化战略。

3.2007 年至今：频繁的政权更迭使气候变化政策起伏动荡

2007 年之后，澳大利亚政府的气候行动变得更加两极分化不定，气候变化成为政治问题。2007 年的澳大利亚大选甚至被称为全世界第一个被气候变化决定结果的大选，近 10 年时间澳大利亚经历了 6 次总理更换，气候政策随着两大执政党（工党和自由党）的政权更迭起伏动荡。

（1）搁置碳交易提案和计划对澳洲采矿业征收"超额利润税"导致陆克文下台。2007 年 12 月工党领袖陆克文出任澳大利亚总理，上任之日立即在巴厘岛召开的联合国气候变化大会上签署了《京都议定书》，希望重回气候变化国际事务引领者行列。2008 年陆克文政府公布《碳污染减排方案：澳大利亚的低污染未来》白皮书，提出在 2020 年之前减排至低于 2000 年水平 5%—15%，并制订实现这些目标的主要途径——澳大利亚温室气体排放交易机制计划，但该方案未获得议会通过。① 2009 年 8 月澳大利亚议会通过应对《气候变化法案》，设定"可再生能源目标"（Renewable Energy Target，RET），确定到 2020 年可再生能源将占电力需求的 20%。最终由于搁置碳交易提案和计划对澳洲采矿业征收"超额利润税"问题导致陆克文声望下跌，最终于 2010 年辞职。

（2）吉拉德因碳排放交易体系问题下台。吉拉德担任总理期间，2011 年 11 月澳大利亚议会通过了《清洁能源法案》②，这标志着吉拉德领导的工党政府倡导的清洁能源政策正式成为法律，法案的通过被认为是澳大利亚应对气候变化的一个重要里程碑。法案确立了澳大利亚将通过实施碳税来减少碳排放污染、迈向清洁能源未来的发展方向，内容包括碳价格机制，以及在降低污染同时保护就业与竞争力和促进经济增长的各项支持机制，同时政府将通过税制改革和增加收入对家庭进行资助。③ 2012 年 7 月 1 日备受争议的碳税在澳大利亚正式开始实施。

（3）气候变化怀疑论者阿博特实施倒退政策。2013 年陆克文重新上台后澳大利亚提前取消碳税，将碳排放交易计划提前一年即 2014 年 7 月 1 日开始实施。2013 年 9 月，自由党—国家党联盟领袖阿博特上台，作为一名气候变化怀疑论者，其在气候变化和清洁能源领域开展了一系列的改革，废除了该国气候政策的大部分核心工具，导致澳大利亚气候变化政策的环境形势急剧恶化，澳大利亚在气候行动方面远远落后于其他国家。首先，新政府于 2014 年 7 月通过投票废除碳排放税法案，取消原定于 2015 年开始逐步建立碳排放交易机制的计划，推出"直接行动计划"（Direct Action Plan）来实现减排目标，这一计划的核心是减排基金（Emission Reduction Fund，ERF）。其次，解散气候委员会（Climate Commission），该委员会的工作将由环境部（Environment Department）进行。在公众的强烈呼吁下，解散的气候委员会在群众募资支持下以气候理事会（Climate Council）的形式恢复运行。上述气候政策的重大转变导致目前澳大利亚气候政策前景

---

① Department of Climate Change and Energy Efficiency, *Carbon Pollution Reduction Scheme*: *Australia's Low Pollution Future White Paper*, 2008-12-15, http://apo.org.au/node/3477.

② Australian Government, *Clean Energy Bill 2011*, 2011, http://www.climatechange.gov.au/government/submissions/closed-consultations/clean-energy-legislative-package/clean-energy-bill-2011.aspx.2011.

③ 刘慧、唐健：《碳交易体系对接与后京都气候治理》，《国际研究参考》2014 年第 5 期。

不明，外界认为，该国正在偏离实现国家减排目标的轨迹。

（4）特恩布尔因为减排目标立法问题遭到党内反对。2015 年 9 月特恩布尔宣誓就任澳大利亚总理，此前他以支持气候变化应对政策而广为人知。特恩布尔上台后，很多人对澳大利亚气候和能源政策走向保有谨慎乐观态度，但是特恩布尔任期内并没有在气候变化问题上大动干戈，并且似乎放弃了他之前关于气候变化的一贯立场。2016 年 11 月 10 日，澳大利亚政府正式批准《巴黎协定》，之后在应对气候变化方面缺乏行动。2017 年 6 月 1 日美国总统特朗普宣布美国退出《巴黎协定》后，包括澳大利亚在内的全球气候科学否认者受到了极大激励。2018 年 8 月 20 日，澳大利亚保守派人士以美国退出《巴黎协定》为由，阻止政府在拟议的《国家能源保障》（*National Energy Guarantee*，NEG）计划中纳入减排目标，该计划旨在降低天然气和电力价格，并制定电力部门的减排目标。特恩布尔最终屈服于保守党政界人士的压力，取消了《国家能源保障》计划中纳入减排目标，外界纷纷评价这一行为代表澳大利亚政府在气候变化行动中退缩。特恩布尔这一举动造成自由党内部对减排、能源政策方面的不满，特恩布尔的出尔反尔更损害了其个人公信力，2018 年 8 月 24 日，澳大利亚召开党团会议，特恩布尔失利，并宣布辞职，气候变化再次作为主要诱因之一导致澳大利亚政权发生更迭。

（5）澳大利亚未来的气候治理形势仍然不容乐观。特恩布尔对气候变化的关注造成了他最终下台，新就职的总理莫里森是一位气候变化怀疑论者，其新任命的环境部部长 Melissa Price 支持新建洁净煤电厂，新任命的能源部部长 Angus Taylor 反对可再生能源并怀疑气候变化。与此同时，工党领袖 Bill Shorten 表示支持气候行动，工党称如果 2019 年大选中能接管政府，将引入国家排放交易计划。受到澳大利亚混乱的政党纷争的影响，应对气候变化问题在短期内很难出现积极的进展。

（二）气候治理机构变化频繁

1. 联邦政府管理机构

澳大利亚一直积极推动各项全国性温室气体减排的政策与措施，这一系列政策构成了澳大利亚应对温室气体减排的政策基础，成为各部门、各地区拟定各项温室气体减排政策措施的法定依据。[①] 纵观过去 20 多年里澳

---

① 李伟、何建坤：《澳大利亚气候变化政策的解读与评价》，《当代亚太》2008 年第 1 期。

大利亚减排政策的实施情况会发现，该国的气候行动承诺并不连贯，且缺乏方向性。由于不同执政党对气候变化所持的态度变化不定，导致近年来澳大利亚气候变化政策执行体系的机构变迁比较频繁。变迁历史主要表现如图6-1所示。

图6-1　1998—2016年澳大利亚气候变化管理机构的变迁史

（1）1998年澳大利亚成立温室气体办公室（AGO），作为全球第一个专门负责削减温室气体排放的独立政府机构，AGO为政府提供解决温室气体问题的全套方案，包括鼓励可再生能源使用和提高能源效率，为开展温室气体研究投入大量资源，监测澳大利亚实现《京都议定书》目标的进展，通过国家碳核算体系研究澳大利亚的排放，调研国家排放交易体系的可行性以及鼓励行业、企业和社区使用温室气体排放量较小的交通工具。

（2）2004年，AGO被并入环境和遗产部（Department of the Environment and Heritage），后者负责管理澳大利亚应对气候变化并向公众提供政府批准的信息。

（3）2007年，新成立的气候变化部（Department of Climate Change, DCC）负责气候变化的相关事宜。DCC的主要职责包括：协调气候变化政策；监测和报告国家温室气体排放；在《公约》和《京都议定书》下报告澳大利亚的减排承诺；衡量减排措施对国家目标的作用（Australian National Audit Office, 2010）。

（4）2010年，DCC更名为气候变化与能源效率部（Department of Climate Change and Energy Efficiency, DCCEE），其中能源相关职责来自环境、水资源、遗产和艺术部（Department of the Environment, Water, Heritage and the Arts）。

（5）2013年3月26日，DCCEE被撤销，与产业、创新、科学、研究与高等教育部（Department of Industry, Innovation, Science, Research and

Tertiary Education，DIISRTE）合并成立新的产业、创新、气候变化、科学、研究与高等教育部（Department of Industry，Innovation，Climate Change，Science，Research and Tertiary Education，DIICCSRTE），后者负责 DCCEE 与气候相关的业务职能；与能源有关的业务职能被转移到资源、能源和旅游部（Department of Resources，Energy and Tourism，DRET）。

（6）2013 年 9 月，DIICCSRTE 又被撤销，其职能主要被工业部（Department of Industry）取代，环境职能转移到环境部（Department of the Environment）。在 2013 年 9 月大选后，保守党政府还裁撤了独立的气候委员会，废除了气候变化管理局。

（7）2016 年 7 月 19 日，环境部更名为环境与能源部（Department of the Environment and Energy），负责国内气候变化政策制定和协调、气候变化科学活动的协调以及社区和家庭气候活动。

澳大利亚政府理事会（Council of Australian Governments，COAG）是顶级的政府权威论坛，它是由总理、州总理、国土部长以及澳大利亚地方政府协会主席组成的。COAG 下属 8 个理事会，其中成立于 2013 年的能源理事会（COAG Energy Council）负责制定和执行能源政策，包括碳政策。[①] 2016 年，澳大利亚政府将能源和气候变化政策职责纳入一个机构，即环境和能源部，以更好地整合能源和气候政策。环境和能源部与澳大利亚外交贸易部（Department of Foreign Affairs and Trade）密切合作，后者负责《公约》下进行的国际谈判。

澳大利亚虽然成立专门机构负责国家气候变化具体事务，但是重要事项须向联邦政务会议汇报，并且受到国会、内阁总理以及国家审计署等部门和地方政府的制约，在科学依据等问题上还要与专门委员会、环境部、农业与资源经济研究局（Australian Bureau of Agricultural and Resource Economics，ABARE）、联邦科学与工业研究组织等机构合作和共享信息。按照 1998 年、2004 年《国家温室气体排放战略》的要求，各级政府都要承担相应责任，设计政策，推动实施，进行监测和报告。通过广泛动员各种社会力量，实施政府主导的、政府和私营部门联合推动的以及个人自发的

---

① UNFCCC，*Australia's 7th National Communication on Climate Change*，2017-12-28，https：//unfccc.int/files/national_ reports/national_ communications_ and_ biennial_ reports/application/pdf/024851_ australia-nc7-br3-1-aus_ natcom_ 7_ br_ 3_ final.pdf.

项目来实现气候政策的目标。

2. 地方政府管理机构

在州层次，独立的州政府被授予制定和颁布法律和政策的权力，这其中也包括与气候变化适应有关的政策法规。每个州政府可以制定自己的适应气候变化政策措施。近些年来许多州政府都已采取积极行动成立多种形式的气候变化部门，它们彼此之间在运行机制上也存在巨大差异。一些部门是为了应对不同的气候变化现象而设立的，如海平面上升问题，土地使用计划。

在州层级以下是地方政府，它们主要代表州政府直接行使功能。也就是说，地方政府通过州政府立法形成，而州政府时常改变地方政府在管辖权和责任上的权利。由于这个原因，州与州之间的地方政府扮演的角色和责任大有不同，同样州内以及各州之间的地方政府在地域范围和人口规模上也不尽相同。在气候变化日益受到关注的背景下，强大的社会压力促使一定数目的环境管理实际行动的实施，这也将成为地方政府未来几年中制定气候变化适应机制的主要工作内容。①

二　澳大利亚应对气候变化预算

近年来，澳大利亚联邦预算对气候变化的资助逐年缩减。2017 年 5 月 10 日，澳大利亚政府正式公布 2017—2018 年的联邦预算案。当天澳大利亚气候理事会（Climate Council）在网站撰文指出，这一预算增加了对化石燃料的支持，而严重忽视了气候变化。②

（1）预算案对化石燃料给予了更多关注。预算对天然气资源给予了大量关注，主要表现为在天然气扩张、市场改革和天然气管道研究方面投入 8630 万澳元。

（2）"大雪山水电项目计划 2.0"（Snowy Hydro 2.0）。联邦政府重申支持扩大"大雪山水电项目计划"，以提供更多的抽水蓄能，预算宣布将收购新南威尔士州和维多利亚州政府在"大雪山水电项目计划"所持有的股份。然而，预算中并没有专门配置收购相关的资金。

---

① 冯相昭、周景博：《中澳适应气候变化比较研究》，《环境与可持续发展》2012 年第 2 期。

② Climate Council, *Budget 2017：What Does It Mean for Climate Change?* 2017 - 05 - 10, https：//www.climatecouncil.org.au/budget2017.

（3）奥古斯塔港（Port Augusta）太阳能热电项目。政府在预算中重申支持在南澳大利亚的奥古斯塔港建造太阳能热电厂，一旦有相应需求，会为其应急储备金提供 1 亿澳元。政府此前曾表示，将要求清洁能源金融公司（Clean Energy Finance Corporation）和澳大利亚可再生能源机构（Australian Renewable Energy Agency）征集奥古斯塔港太阳能热电厂的提案，并表示如果有需要，将提供最高额度的贷款。

（4）气候研究和资助。预算将对澳大利亚气候变化局（Climate Change Authority）的资助削减了将近 2/3，并重申了政府将废除这一机构的计划。此外，预算提供 60 万澳元，用于支持国家适应气候变化研究机构（NCCARF）和联邦科学与工业研究组织（CSIRO）合作维护其特定研究的在线数据库，但是从 2018 年起没有进一步的资金支持。2008 年联邦政府为 NCCARF 分配的预算金额为 5000 万澳元，2014 年降低至 900 万澳元。

2018 年 5 月 8 日，澳大利亚财长公布了政府 2018—2019 财年预算案，主要围绕恢复经济强劲增长、到 2019—2020 财年恢复财政盈余以及减免个人所得税。2018 年 5 月 9 日，澳大利亚气候理事会（Climate Council）发布《2018 年预算没有为气候行动提供资金》①简报指出，澳大利亚联邦政府 2018—2019 财年预算忽略了气候变化，预算演讲中甚至没有提到"气候变化"及相关的词语。

尽管澳大利亚的温室气体排放水平自 2014 年以来持续上升，但预计 2018—2019 财年预算使气候支出从 2018 年的 30 亿澳元（占预算总额的 0.6%）下降到 2019 年的 16 亿澳元。政府表示，到 2021—2022 财年，气候支出将进一步缩减至 12.5 亿澳元，仅占年度预算总额的 0.2%。气候支出的主要内容包括：①减排基金（Emissions Reduction Fund，ERF），激励整个经济体的减排活动；②清洁能源金融公司（Clean Energy Finance Corporation，CEFC），主要投资于可再生能源能源、能源效率和低排放技术；③澳大利亚可再生能源署（Australian Renewable Energy Agency，ARENA），资助支持可再生能源和相关技术的研究与开发。

此外，澳大利亚的可再生能源也被忽视：①联邦政府宣布将从 2020 年开始逐步淘汰可再生能源目标；②化石燃料行业每年将继续获得数十亿澳

---

① Climate Council, *Budget 2018：No Money for Climate Action*，2018-05-20，https：//www.climatecouncil.org.au/budget2018.

元的政府资助；③联邦政府证实不会采用反对党提出的50%的可再生能源目标，数百万澳元将投入《国家能源保障》（*National Energy Guarantee*）政策，该政策本身在应对气候变化方面力度不足，并可能使澳大利亚的可再生能源发展停滞。

2018—2019财年预算中最大的环境支出项目为5.339亿澳元，以确保被列入世界遗产名录的大堡礁的未来以及其支持的就业机会。其中，4.438亿美元用于和"大堡礁基金会"（Great Barrier Reef Foundation）签订"伙伴关系基金"，旨在提高珊瑚礁的生态恢复力。但是，应对气候变化的影响并没有被列为基金的目标。

三　澳大利亚气候变化治理措施

澳大利亚应对气候变化的国家战略由削减温室气体、适应气候变化和协助气候变化全球解决方案的形成三大支柱组成，这三大支柱为确保澳大利亚实现其富有雄心的长期减排目标提供了法律政策框架，并支持着一系列补充措施以形成全面的气候变化战略——减缓、适应和在减缓气候变化全球努力中发挥建设性作用。

（一）国家温室气体排放核算体系

澳大利亚2007年9月通过了《全国温室气体与能源报告法》，规定自2008年7月1日起，澳大利亚所有温室气体排放及能源生产和消耗大户，都必须按规定监控、测量及报告其温室气体排放量及能源生产和消耗量。①《国家清单报告》（*National Inventory Report*）是温室气体核算的基石，为评估澳大利亚遵守减排承诺提供依据。澳大利亚国家温室气体核算（National Greenhouse Accounts）体系还包括如下内容。

（1）澳大利亚国家温室气体清单的季度更新，每季度及时提供有关排放趋势的信息。

（2）每年出版的州和地区温室气体清单概述。

（3）每年估算不同经济部门的国家排放清单。

（4）澳大利亚温室气体排放信息系统（Australian Greenhouse Emissions Information System，AGEIS）。AGEIS是一个在线数据库，为核算提供详细

---

① 侯士彬、康艳兵、熊小平等：《温室气体排放管理制度国际经验及对我国的启示》，《中国能源》2013第3期。

的温室气体排放数据。

（5）全碳核算模型（Full Carbon Accounting Model，FullCAM）。与AGEIS 一样，FullCAM 有一个公共网（Web）界面，是核算准备中的关键信息技术资产，专注于土地部门的报告。

（二）减排基金及保障机制

2014 年废除碳税法案以后，减排基金（Emission Reduction Fund，ERF）一直是澳大利亚气候变化政策的核心，通过购买抵消项目的减排量来促进减排项目的发展。通过基金支持的活动为农民、企业、土地所有者、澳大利亚土著民和其他人提供了重要的环境、经济、社会和文化利益。该基金的基础是：以最低成本减少排放，购买实际的减排以及精简管理，使企业更容易参与。ERF 在前三年将投入 25.5 亿澳元购入抵消信用。

为了能够在最低的成本下实现减排，澳大利亚环境部在遵循减排成本最低、确保真实减排、简化管理程序三个基本原则的前提下提出了 ERF 的初步设计，ERF 主要包括减排量购买、减排量核证和减排量保障三方面内容。①

（1）ERF 将通过逆向拍卖的方式来收购减排量，每次拍卖会公布收购一定数量的减排量，项目开发者在拍卖中进行匿名竞价，竞价环节结束后对所有竞价进行排序，ERF 将买入其中出价最低的项目减排量。为方便项目开发者的参与，在初始阶段，开发者可以随时进行匿名出价，清洁能源管理局将选取合适的项目进行减排量收购。然后逐渐过渡到正式的拍卖程序。

（2）减排量核证是指使用新方法对项目的减排量进行核算。减排量核证包括两方面内容：①核算具体活动的减排量（例如，垃圾填埋的减排量、农业减排量等）；②核算大型设施（主要指工业设施）的减排量。大型设施的减排量主要基于现有的国家温室气体排放和能源报告计划中的数据。

（3）ERF 将引导企业进行减排，并适时调整基准线以确保由 ERF 产生的减排量是真实的。此外，ERF 还将通过设定新规则迫使企业减低排

---

① Department of the Environment，*Emissions Reduction Fund – Green Paper*，2013 – 12 – 20，http：//www. environment. gov. au/topics/cleaner – environment/clean – air/emissions – reduction – fund/green-paper.

放量。

企业参与 ERF 的具体流程为：①估计项目减排量并向主管部门注册项目；②提交投标；③签订合同；④报告项目信息并接收政府购买信用的资金。具体的项目类型仍在商讨中，包括国家温室气体与能源报告机制下的设施中的一般减排行动、煤矿逃逸气体捕捉或消除、交通部门的减排措施、商业与工业的能效提高等。

2016 年 7 月 1 日开始运行的保障机制（Safeguard Mechanism）是对减排基金的补充，在于确保减排基金购买的排放权不会被其他行业增长的排放所抵消，该机制可为澳大利亚最大的排放源提供框架，用来衡量、报告和管理其排放。该机制将要求澳大利亚最大的排放源将排放量保持在基准水平之内，该保障措施适用于每年直接排放超过 10 万吨二氧化碳当量的约 140 家大型企业，这些企业的温室气体排放量约占澳大利亚总排放量的一半。

（三）可再生能源发展策略

1. 可再生能源目标

2009 年 8 月澳大利亚政府实施的可再生能源目标（Renewable Energy Target，RET）是一项联邦政府政策，旨在确保在 2020 年前，澳大利亚将有至少 20% 的电力来自可再生能源。RET 包括两项主要计划：大型可再生能源目标（LRET）将通过财政上的激励，增加可再生能源电站的数量与规模；小型可再生能源计划（SRES），鼓励家庭与企业安装小型可再生能源系统，如屋顶太阳能、太阳能热水、热泵和小型风能与水电系统。联邦政府已于 2015 年完成了 RET 的审查，并将大规模 RET 的目标设定为：2020 年前达到 33000 GWh（1GWh = 10 亿瓦时）。

2. 国家能源保障计划

2017 年 10 月 17 日，澳大利亚政府出台国家电力市场发展计划《国家能源保障》（National Energy Guarantee，NEG），其中要求电力零售商确保足够的可调度低碳发电容量，保证国家用电安全、实现国家能源目标。尽管这一政策仍处于早期阶段，这个能源保障的概念却相当创新、简洁，最重要的是该计划还获得了政府保守派成员的认可，这是前所未有的。它将降低电价，使系统更可靠，鼓励正确投资，减少排放。重要的是，它是技术中立的，为市场需要的任何技术——太阳能、风能、水能、煤炭、天然气、电池或抽水蓄能——提供投资的未来。

2018 年 4 月 20 日，澳大利亚国土事务部召开会议审议由澳大利亚联邦政府负责设计实施的《国家能源保障》计划的顶层设计方案草稿。作为澳大利亚近期最重要的能源改革之一，保障计划相关法案由联邦政府新成立的能源安全委员会（Energy Security Board，ESB）负责具体起草工作。为实现能源行业的平稳过渡，保障计划在设计之初就致力于：①保持电力系统的可靠性（即电力系统可以不间断地提供充分的电力）；②使电力行业的碳排放减排目标达到澳大利亚做出的国际承诺；③以最低的整体成本实现上述目标。根据保障计划草案提议的方案，电力零售商为该可靠性保证和减排保证的主要执行人。具体而言，如电力市场管理者预计将出现电力短缺的情况，电力零售商将依据相关可靠性保证要求采购特定比例的可调度电力（如基于蓄电池、抽水蓄能、煤炭、天然气和其他液体燃料等能源所发的电力），同时还需维持特定的碳排放量标准（即每发一度电所产生的平均碳排放量不得超过某个设定的临界值）。因此，电力零售商也将需要采购由可再生能源生产的电力。对于违反上述保证的电力零售商，能源安全委员会表示，澳大利亚能源监管局（Australian Energy Regulator，AER）将有权使用一些现有的合规手段来予以惩罚，如提高审慎性要求、限制其接受新客户，令其做出具体可行的行政承诺，以及撤销零售商授权等。

澳大利亚总理特恩布尔原计划在 NEG 中确定国家减排目标立法，但迫于现实压力，2018 年 8 月 19 日，特恩布尔宣布将减排目标从立法中删除，改为由部长令确定。为期一周的内部纷争使得联盟党面临支持率暴跌的危险，而特恩布尔的个人支持率也直线下降。

3. 可再生能源局和清洁能源金融公司

2012 年 7 月 1 日澳大利亚政府成立澳大利亚可再生能源局（Astralian Renewable Energy Agency，ARENA）。ARENA 持有澳大利亚政府 32 亿澳元的资金，用于支持：①可再生能源及相关技术的研究、开发、展示、部署与商业化；②可再生能源技术知识与信息的存储与共享；③约 10 亿澳元将被用于太阳能光伏（PV）、太阳能热、生物能、地热、海洋能，以及为存储与混合装置等技术提供支持的多种项目中。ARENA 还将负责整合一系列之前由不同机构监管的计划。这些机构包括澳大利亚可再生能源中心（ACRE）、澳大利亚太阳能协会（ASI）及资源、能源和旅游部。

2012 年澳大利亚政府创办清洁能源金融公司（Clean Energy Finance Corporation，CEFC），代表政府将 100 亿澳元资本投资澳大利亚可再生能源、低排放技术和能源效率等领域。CEFC 采用商业策略进行投资，以克服市场壁垒，对可再生能源、能效和低排放技术进行投资。在截至 2018 年 6 月底的财政年度中，CEFC 投资了 10 个大型太阳能项目和 4 个风电场，总装机容量为 1100 兆瓦。在其五年的投资中，CEFC 已经资助了 20 多个大型太阳能项目和 10 多个风电场，在澳大利亚总共超过 2400 兆瓦。它支持了四个具有存储组件的大型可再生能源项目，另有 24 个小规模存储项目通过其共同融资伙伴关系提供资金。总体来看，CEFC 投资于昆士兰、新南威尔士、维多利亚和西澳大利亚的项目。

（四）国家气候恢复力和适应战略

2015 年 12 月 2 日，澳大利亚政府发布《国家气候恢复力和适应战略》，列举出澳大利亚管理气候风险的举措，识别出一系列用来指导有效的适应实践和有恢复力的建筑的原则，并概述了政府的未来愿景。报告确定，澳大利亚未来适应优先领域包括：沿海地区，城市和建筑环境，农业、林业和渔业，水资源，自然生态系统，健康和幸福，灾害风险管理，弹性、安全的地区。指导商业和社区参与的重点事项包括理解和交流、计划和行动、检查和再评估、合作和学习。

（五）国际气候援助

澳大利亚为发展中国家建立气候适应能力和减少排放提供了支持，并努力动员私营部门支持全球经济转型。澳大利亚的气候援助计划包括：通过气候风险分析将气候行动纳入援助项目投资的主流；气候应对的新投资、制度、政策和规划能力建设；有针对性的气候变化减缓和适应投资。2015 年巴黎气候变化大会上，澳大利亚总理承诺在 5 年内拿出 10 亿澳元，以帮助弱势国家应对气候变化。这包括向绿色气候基金（2014—2018 年）承诺 2 亿澳元，以及 4 年内向太平洋岛国应对气候变化承诺 3 亿澳元——包括 1.5 亿澳元的双边援助投资、7500 万澳元的灾后恢复投资和 7500 万澳元的区域投资。近年来澳大利亚在亚太地区的双边援助如表 6-9 所示。

表 6-9　　　　　　　　澳大利亚在亚太地区的双边气候援助

国家	援助计划及主要活动	时间（年）	金额（万澳元）
印度尼西亚	环境治理和气候变化应对计划：防止林业和土地利用部门的烟霾及排放	2015—2019	1000

国家	援助计划及主要活动	时间（年）	金额（万澳元）
瓦努阿图	道路发展：改善受气候影响较严重的关键道路	2012—2018	2850
图瓦卢	环境与气候变化倡议：支持实施图瓦卢国家适应行动计划项目	2011—2017	250
菲律宾	灾害和气候风险管理倡议：加强菲律宾政府的备灾能力	—	3140
越南	综合海岸带管理项目：支持越南政府加强规划、技术和财政能力，以促进湄公河三角洲的气候适应发展	2011—	800
马来西亚和菲律宾	海洋生物多样性保护和管理谅解备忘录：支持马来西亚和菲律宾管理其海洋生态系统，并建立海洋生态系统科学知识	—	

第五节　日本

日本是世界第三大经济体和第七大温室气体排放国。由于国土面积狭小及资源环境约束问题，日本更容易受到气候变化的影响，自 20 世纪 60 年代以来，日本确立了"环境立国""低碳发展"的国家理念，特别注重气候变化政策与产业、循环经济、环境政策的协调。① 日本在基于本国利益的基础上，对待气候问题经历了从不积极到积极再到不积极的态度转变，而作为美国的忠实追随者，日本在后京都时代的气候谈判立场逐渐与美国趋于一致，持有消极的谈判态度。2011 年福岛核事故的发生，使日本能源战略和气候政策出现重大转变，日本政府明确提出将减少对核能的依赖，强调由核能、可再生能源和化石燃料组成的能源组合是日本能源需求最可靠和稳定的来源。

一　日本应对气候变化的背景

（一）日本的气候变化事实及影响

日本气象厅（Japan Meteorological Agency，JMA）自 2007 年开始发布年度气候系统报告，为国家气象局、研究机构、大学和其他团体提供全球气候系统和近期趋势的信息。2017 年 6 月 1 日，日本气象厅发布《2016 年气候系统年度报告》，总结了 2016 年度全球及日本的气候特征和气候系统

① 田成川、柴麒敏：《日本建设低碳社会的经验及借鉴》，《宏观经济管理》2016 年第 1 期。

状况。在该报告中，气候标准被选定为 1981—2010 年的气候平均值。日本的气候变化现状包括：①2016 年日本平均地表温度超过 1981—2010 年平均水平 0.88℃，是自 1898 年以来的最高水平。全国年平均温度显著高于正常水平，从 1898 年开始以每 100 年 1.19℃ 的速率上升。②日本西侧、冲绳/奄美以及日本北部太平洋一侧的年降水量显著高于正常水平，这一结果主要是受到了 2015—2016 年冬季和 2016 年秋季日本西部低压系统和锋面的显著影响。2016 年 8 月，4 个台风在日本北部登陆，带来了创纪录的暴雨。③日本西部全年日照时数偏低，日本北部和日本东部的日本海一侧偏高。①

　　日本是一个岛国，对气候变化的敏感程度相对其他内陆国家会更高一些。日本气候变化风险主要表现在以下三个方面：①气候变化会影响日本领土安全。随着气候变暖，海平面上升，日本约 2/3 的陆地面积将被海水吞噬或淹没，导致土地更少。②气候变化对日本经济结构，包括工业、农业及渔业的发展也产生重大影响。③气候变暖使得国民患某些疾病的风险升高。此外，随着全球变暖，日本还会经历更多的热浪、更多的暴雨和更强的台风，这些都会给公共卫生、水资源、农业和野生动物带来严重影响。其他影响还包括珊瑚礁白化、积雪减少等。

　　日本环境省（Ministry of the Environment）于 2015 年 1 月 20 日发布报告，分析了气候变暖对日本的农业、水产业、日常生活等 56 个项目造成的影响。这份报告首次汇总了需要解决的重点问题，并要求日本政府加紧采取应对措施。研究结论包括：①气候变暖对水稻、果树、洪水、高潮、大浪、中暑等九个方面的影响最为显著，且紧急性和预测的可靠程度也非常高，因此政府应迅速着手采取应对措施。②由于气候变化，日本现在已经出现了水道质量下降等问题，从 21 世纪中叶到 21 世纪末，问题将会更严重。由于改良品种需要时间，政府应迅速着手制订方案并开发相关技术。③21 世纪末之前，水灾风险将会随着气候变化而加大。④紧急性很高的课题还包括果树病虫害增加，主要港口所在地捕鱼量受影响，泥石流、滑坡以及大浪的危险性提高，65 岁以上老年人中暑概率大幅增加等。

---

① Japan Meteorological Agency, *Annual Report on the Climate System 2016*, 2017 - 06 - 01, http：//ds. data. jma. go. jp/tcc/tcc/products/clisys/arcs. html.

（二）温室气体排放现状及减排目标

日本的能源结构重度依赖进口。1973 年，日本的能源结构中化石能源占 94%，2016 年略降低至 89%，不过，结构已经有了很大变化。1973 年，石油占 75.5%，2016 年，石油只有 39%，煤有 25%，气的比重达到 24.7%。

日本约 90% 的温室气体排放来自能源相关的活动。2011 年福岛核事故后直到 2013 年，日本国内温室气体排放量随着火力发电的增加而上升，之后连续三年降低。2017 年 12 月 11 日，日本环境部发布《2016 财年日本国家温室气体排放》报告，分析了日本 2016 年的温室气体排放初步数据。数据显示，继 2013 年国内温室气体排放量（1409 兆吨二氧化碳当量）达到历史第二高后，日本温室气体排放连续 3 年减少。2016 年日本温室气体排放量为 1322 兆吨二氧化碳当量，分别比 2015 年和 2013 年减少 0.2% 和 6.2%，这主要是因为广泛采用可再生能源和恢复核电生产，造成能源相关的碳排放量减少。2016 年的温室气体排放量比 2005 年减少了 4.6%（63 兆吨二氧化碳当量），主要是由于工业和运输部门与能源相关的碳排放量减少。

2009 年，日本宣布了发达国家中最雄心勃勃的温室气体减排承诺之一，承诺到 2020 年排放量在 1990 年的水平上减少 25%，减排主要来源于核电的扩张。然而，在福岛核灾难之后，2013 年日本政府用华沙目标（Warsaw Target）取代了这一初始目标，该目标要求到 2020 年比 2005 年减少 3.8%（比 1990 年水平增加 3.1%）。华沙目标假定没有核能发电，并使用雄心勃勃的 GDP 增长预测。2015 年 7 月 17 日，日本正式确定了要在 2030 年时将温室气体排放量较 2013 年削减 26.0% 的减排目标方案（官方称此为承诺草案），2050 年之前减少 80%，并提交《公约》秘书处。[①] 减排 26.0% 的目标的具体内容是：占温室气体排放量九成、能源起源的二氧化碳的排放量较 2013 年减少 25%；关于其他温室气体（非能源起源类的 CO_2、CH_4、N_2O、PFCs、HFCs、SF_6 和 NF_3 等）也分别制定了减排目标。此外，该减排目标不仅包括减少温室气体排放量的具体对策，还涵盖了森林等对温室气体的吸入量等，这一点得到了各国认可。日本政府拟定的草

---

① Ministry of the Environment，日本の約束草案，2015 - 07 - 17，http：//www.env.go.jp/press/files/jp/27581.pdf.

案规定，通过吸收源活动的减排量预计将占 2013 年全年二氧化碳排放总量的 2.6%。其中，森林对温室气体吸入约 2%、农耕地土壤碳素吸收源及城市绿化物等吸入约 0.6%。

方案提出要相较于欧盟设为基准年的 1990 年减排 18%，相较于美国等国设为基准年的 2005 年减排 25.4%。日本用作比较标准的 2013 年，由于发生了东日本大地震，核电站停止运转，所以这一年国内的温室气体排放量几乎达到了历史最高水平。核电站的关闭短期内增加了天然气、石油和煤炭等化石能源消费，加之受经济周期波动影响，一定程度上影响了日本减排目标的实施。

二　日本应对气候变化管理体制

1971 年，日本中央政府正式设立环境厅，2001 年升格为环境省各都道府，县政府中也相应设立环境局，专门负责环保和公害防治事务。1997 年日本成立全球变暖预防总部（Global Warming Prevention Headquarters），管理气候变化问题，该总部由内阁所有成员组成，由历届首相领导。1998 年，日本政府成立了以内阁首相为主席的全球变暖减缓对策促进中心，旨在为防止全球变暖采取专门的有效的措施。该中心由内阁负责总览各方建议和意见并加以整合，根据《京都议定书》规定的义务，负责气候变化政策的协调与执行；经济产业省和环境省分别从低碳技术和低碳消费这两个角度设计制定各自的低碳发展规划。这种"一体（内阁）两翼"（经济产业省和环境省）的操作模式，为各项政策计划的提出和施行提供了保证和效率。另外，日本还建立了多层次的监督管理体系，第一层为以首相领导的国家节能领导小组，负责宏观节能政策的制定；第二层为以经济产业省及地方经济产业局为主干的节能领导机关，主要负责节能和新能源开发等工作，并起草和制定涉及节能的详细法规；第三层为节能专业机构，如日本节能中心和新能源产业技术开发机构（NEDO）等，负责组织、管理和推广实施。[①]

在国际层面，2001 年，日本的环境厅升格为环境省，开始在国家环境外交决策和国际环境问题谈判中扮演重要角色。日本为推进对外技术援助

---

① 吴洁、曲如晓：《低碳经济下中日贸易促进和气候合作战略研究》，《贵州财经学院学报》2010 年第 3 期。

的顺利实施，设立了专门机构——由专门机构外务省管辖下的日本国际协力机构（Japan International Cooperation Agency，JICA），该机构为科技援外策划、实施和跟踪管理提供了人力和物力保障，有效保证了援外项目的策划和管理工作。此外，援外机构多向受援国派驻管理人员和专家，了解发展中国家实际需求，监督项目执行，进一步提高了援助执行成效，JICA 和成立于 1999 年的日本国际协力银行（Japan Bank for International Cooperation，JBIC）融合了技术合作、ODA 贷款和赠款三大职能，实现了技术援助与其他援助机制的协同。经过不断完善，日本现已形成以外务省、环境省、通产省为核心，以 JICA 和 JBIC 为主要支持机构，其他省厅协同推进的气候外交体系。

　　日本的气候援助有严密的组织和管理体系，涉及的部门和机构主要包括日本外务省（Ministry of Foreign Affairs of Japan，MOFA）和新成立的 JICA。前者主要负责气候援助的统筹协调和决策制定，后者则是日本 ODA 的主要执行机构。为了提高援助的质量、效率以及协同性，2008 年 10 月日本政府将原有的负责技术援助的旧 JICA，负责开发优惠贷款的 JBIC 和 MOFA 负责无偿赠款援助的机构（但仍有 30% 的赠款援助由 MOFA 管理）进行整合，组建了新 JICA。这样一来，新 JICA 就从原来集中执行技术合作的机构转变成为融合赠款援助、技术援助和开发优惠贷款三大援助机制的全新对外援助组织。[①]

　　近年来，尽管日本政局持续动荡，首相更迭频繁，但历任首相都对气候变化外交的目标保持了一致，极力通过在气候变化领域内的作为塑造日本的大国形象。2009 年的哥本哈根气候大会上，日本政府承诺到 2012 年提供 150 亿美元的"快速启动资金"（Fast-start Finance，FSF）援助，占到所有发达国家 FSF 承诺捐款总额的一半。

三　日本应对气候变化国家行动和政策措施

　　日本于 1989 年召开有关全球环境保护阁僚会议，1990 年制订《地球温暖化防止行动计划》。1997 年《京都议定书》通过后，日本政府设置地球温暖化对策推进本部，并开始重视此议题。从 20 世纪 60 年代至今，经

---

　　① 秦海波、王毅、谭显春、黄宝荣：《美国、德国、日本气候援助比较研究及其对中国南南气候合作的借鉴》，《中国软科学》2015 年第 2 期。

过日本政府多年的积极探索与实践，日本已经形成了比较完善的应对气候变化的法律体系。日本在能源和气候方面通过了一系列的法律法规和政策，如《全球变暖对策税》《地球温暖化对策计划》《国家适应气候变化影响计划》《能源基本计划》等。法律法规的颁布和政策的实施为低碳经济的有效推动提供了有力的依据和保证。同时，调整产业结构和节能减碳规划的有效制定，也为禁止或限制高能耗产业的扩张提供了标准。随着这一体系的不断健全，其对日本排进节能减排目标所提供的法律性规范和制度性保障的作用也不断凸显。

（一）碳定价机制

1. 全球变暖对策税

日本全球变暖对策税（碳税）征收方案最早于 2004 年提出。2007 年 1 月 1 日日本开征环境税，试图通过设立专门针对二氧化碳排放的独立税种，强化对二氧化碳减排的调控力度，确保国际减排目标的成功实现。然而，4 年多的实践证明，新设独立税种加重了企业和居民的负担，并且增加了碳税的征收成本。为此，2011 年 10 月 1 日日本对碳税进行了重大改革，碳税不再作为一个独立税种，而是作为石油煤炭税的附加税征收，即在原有石油煤炭税的基础上，根据化石燃料二氧化碳的排放量附加征收全球气候变暖对策税。日本碳税征收后收到了实质性成效，减少了温室气体排放量，遏制了能源的过度消费。

2. 碳排放交易体系

日本在 2005 年开始碳交易系统建设，可分为国家级市场和区域性地方市场两类。国家级市场由中央政府或相关专业部门设计管理，覆盖整个国家。地方市场由地方政府主导，只覆盖其管辖区域。国家级市场自愿参与，个别地方市场是强制参加。从主管机构上划分，可以分为三个系统：环境省系统、经济产业省系统和各地方政府系统。每个系统都包含碳排放权交易机制和碳减排信用机制。环境省主导自愿排放交易计划（Japan Voluntary Emissions Trading Scheme，JVETS）与核证减排计划（Japan Verified Emission Reduction Scheme，JVER）；经济产业省主导日本试验碳交易系统（Japan Experimental Emission Trading System，JEETS）与国内信用系统（Domestic Credit System，DCS）；东京都和琦玉县有各自的城市碳交易系统，京都府设立京都碳信用系统。多部门主导的各系统相互游离，系统设计大相径庭，减排力度较弱。日本东京都交易系统由市政府主导，规则严格，强制企业参与，形成有效减排压力，成为世界城市碳交易先例（见文本框6-3）；[①] 代表企业利益的经济产业省设计的 JEETS 是失败典型；缺乏控制力的环境省主导的 JVETS，履约压力小，市场交易停滞。

文本框 6-3　日本东京都碳排放交易体系

建立背景：东京都是日本人口最多、商业最密集的城市，同时也是日本排放量最大的地区。其排放量的95%都来自能源相关的二氧化碳排放；从具体的排放源来说，东京的排放主要来自商业建筑，而建筑的能源消耗又主要来自电力，这就使得商业建筑的排放量易于报告和审计。2010年，世界上第一个城市级的强制排放交易体系在日本东京构建（东京都排出量取引制度，Tokyo Cap-and-Trade Program，TCTP）。随后，琦玉县在2011年建立排放权交易体系，作为《全球变暖战略促进条例》的一部分。琦玉县的排放权交易体系主要是对东京都 ETS 的复制。TCTP 被视为日本城市排放交易体系的先行者和试验区。事实上，日本国内很早就开始探寻强制排放交易机制的可能性，最终第一个强制总量控制交易体系首先在东京开始。

主要特征：东京都施行的排放交易机制是总量体系交易的模式，即设定排放的总限额，依据这一限额确定排放权的分配总量，再以一定的方式分配给受管控企业，企业获得配额后可以按需进行交易。完善的总量控制排放交易机制包括减排目标、覆盖范围、配额分配、履约机制和灵活性机制。①减排目标是到2020年比2000年减排25%，考虑到2005年日本各地的排放仍处于上升期，因此东京的减排目标不断趋于严格。此外，随着履约阶段的不断深入，总体限额也逐渐趋紧。②在覆盖范围上，TCTP 涉及1325个设施，且多以商业建筑为主。③配额分配基于历史排放的"祖父法"，也即免费分配为主。在交易初期允许排放配额储蓄，但禁止借入配额。这样的规定在初期有利于交易机制的稳定。同时，还规定了多种减排额度抵消类型，并预设价格管理条款。④在履约方面，严格的监控、报告、认证机制是排放配额分配、交易和履约的基本保障，也是交易机制的重要环节。对于未按期履约的实体，高额的罚金将形成强大的威慑，保证履约的顺利执行。以 TCTP 为模板进行推广将大大减少政策成本，为未来日本其他城市碳排放交易体系的建设提供有力的支持和借鉴。

TCTP 的运行效果如下。

（1）顺利实现减排目标。TCTP 自2010年开始运行到目前为止，已经经历了一个完整的履约期间，即2010—2014年第一个履约阶段。从东京都环境局的最新数据来看，TCTP 运行良好，减排成绩喜人。与基准年排放相比，TCTP 施行后的第一年，就实现了13%的 CO_2 减排量。到2011财年再上台阶，实现22%的减排量。然而，2011年3月"东日本大地震"的发生给日本带来能源危机，这曾被认为是2011年碳排放大幅下降的重要原因。但2012年经济活动和能源消费回归正常后，碳减排量仍稳定在22%，这说明危机前节能减排措施已经生效。东京政府在此后针对减排实体进行的问卷调查也表明，减排措施确已改变了参与者的能源消耗模式。到了2014财年，TCTP 已经实现了25%的减排量。

（2）参与实体的履约率高。所有参与实体的履约率不断提高，交易体系第一年实现64%的履约率，从2011年开始履约率大幅提升至93%。TCTP 第一阶段（2010—2014）要求商业类设施减排8%以上，工业类设施减排6%以上。经过第一阶段的过渡，第二阶段（2015—2019）的减排要求分别提升至商业设施17%、工业设施15%。在第一个履约阶段，满足排放义务的比率已经稳定在90%以上，而且2011—2013年已经有平均70%左右的参与实体达到第二阶段的减排义务，也就是实现减排比率17%或15%。以上数据表明，TCTP 下的参与实体已基本消化强制减排带来的压力，并从中看到节能减排的长远收益。此外，与2012财年相比，2013财年的履约率下降2%。这是由于有超过100家参与实体在采取节能减排措施后，排放已降低到1500千升（kL）原油等量年度能耗这一标准之下，不在碳排放交易体系约束的范围之内。

---

①　张益纲、朴英：《日本碳排放交易体系建设与启示》，《经济问题》2016年第7期。

日本多个碳交易系统的定位都不是为真正减排。JVETS 以试验为目的，JEETS 是大企业财团应付局势的形象工程。JVER 和 DCS 等抵消机制缺乏有效市场时也难发挥作用。日本的碳市场始终未获法律认可，缺乏保障，执行力度和效果必然不佳。

（二）《地球温暖化对策计划》

日本虽是世界上第一个通过气候变化立法的国家，但作为替代《全球气候变暖对策推进法》的《地球温暖化对策基本法》，不仅在市场机制减排法案内容上模糊，而且迟迟未能通过。2016 年 5 月内阁会议中核定《地球温暖化对策计划》，揭示全国和各部门的温室气体减量目标与政府、企业及国民应采取的对策，推动其 2015—2030 年每年进行进度审查，并至少每三年进行计划修正检讨。内容包括全国和各产业部门的温室气体减量目标《低碳社会实行计划》、企业和国民应采取的基本措施（COOL CHOICE）、国家和地方政府应采取的政策措施《政府实行计划》。该计划将温室气体的减少目标分为短期、中期和长期。短期目标是 2020 年度使温室气体排放量较 2005 年度减少 3.8%，中期目标是 2030 年度较 2013 年度减少 26.0%（比 2005 年度减少 25.4%），长期目标是 2050 年之前减少 80%。

计划关于可再生能源推进政策如下：在继续合理利用固定价格收购制度（FIT）的同时，要对制度加以调整，以均衡扩大可再生能源电源间的利用，并减轻国民负担，建立系统及系统运行规则，提高发电设备的效率并降低成本，为系统运行的高级化等进行技术开发，并将相关规定合理化等。

（三）《国家适应气候变化影响计划》

21 世纪之前，日本在制定气候目标时，更多地考虑了减缓气候变化的因素，对于气候变化的影响及适应措施关注很少。近 10 年以来，日本开始重视气候变化适应研究，并在政府部门层面制定了相关政策。2015 年 11 月 25 日，日本内阁通过了首个旨在减少气候变化对社会和经济不良影响的《国家适应气候变化影响计划》。① 该计划分为三部分，首先概述了气候变化的总体设想和一般战略，其次列举了每个行业或领域的相关措施，最后

---

① Ministry of the Environment, *National Plan for Adaptation to the Impacts of Climate Change*, 2015-11-27, https：//www. env. go. jp/en/headline/2258. html.

总结国际适应战略。该适应计划提出的社会愿景为：通过适应气候变化影响的措施，构建一个妥善、安全和可持续的能降低并避免气候变化对公民生命、财产、经济和自然环境造成损害的社会。该适应计划争取每5年修改一次，不过目前该计划只提出大体方针，相关省厅今后还将具体制定详细内容。由于气候变化对各地的影响不同，因此这份草案还敦促各地方政府，制订适合本地特点的具体计划。

该计划针对农林渔业、水环境或水资源、自然生态系统、自然灾害、人类健康、工业或经济活动、公民生活和城市生活七个领域，结合气候变化影响的重要性、紧急性和预测的可靠性等方面，就所采取的必要措施提出系列建议（见表6-10）。

表6-10　日本《国家适应气候变化影响计划》提出的针对行业的适应措施

行业	气候变化主要影响	适应措施
农林渔业	高温导致一等水稻的比重下降；苹果和其他水果着色不良	研发和扩种耐高温的水稻品种；改用着色能力较强的水果品种
水环境或水资源	水温和水质发生改变；无雨天数增加和降雪总量减少导致干旱增加	采取措施减少流入湖泊和沼泽的水流量；加大努力制定干旱应对的时间表
自然生态系统	温度升高和雪融化日期提前，导致植被覆盖发生变化和野生动物分布范围扩大	利用监测确定生态系统和物种的变化；保护和恢复能抵御气候变化的健康的生态系统
自然灾害	暴雨和台风增加导致水灾害、泥沙相关灾害和风暴潮灾害的频率和强度增加	稳定地推进设施的改善和维护；考虑灾害风险的前提下促进城市发展；制定灾害风险地图和疏散计划
人类健康	热相关的疾病增加；传染病媒介宜居的栖息地扩张	提高对预防和治疗的认知
工业或经济活动	对企业生产和休闲造成影响；增加保险损失	促进公私企业之间的合作；开发适应技术
公民生活和城市生活	损害基础设施和关键服务	提高配送和物流业、港口、铁路、机场、公路、供水设施、废物处理设施和交通安全设施的灾害预防功能

在关于防范的重要课题中，该计划列举了应对水灾、中暑、水稻和果树病虫害等措施。该计划还提出，要普及预防中暑的方法，同时在农业领域积极利用机器人技术，尽量减少农民在酷暑中劳作的时间。

（四）《可再生能源策略》

1. 《能源基本计划》

日本的能源政策由经济产业省（Ministry of Economy, Trade and

Industry，METI）管理，2002 年 METI 制订了《能源基本计划》（*Basic Energy Plans*，BEP），并且每三年修订一次。2018 年 7 月 3 日，METI 批准了第五期《能源基本计划》，设定了日本 2030 年的能源结构目标，并提出了 2050 年的能源设想。该计划旨在到 2030 年使日本的二氧化碳排放量比 2013 年减少 26%，到 2050 年减少 80%，同时将日本的能源自给自足率提高到 24% 左右。

根据新的《基本能源计划》，核能仍将是日本的关键能源，到 2030 年，核能将占日本全国总发电量的 20%—22%。核电在日本仍然存在争议，大多数人反对重启核反应堆。此外，《基本能源计划》提出，日本全国的能源组成将有 22%—24% 来自可再生能源，而煤炭占比将降至 26%，液化天然气占 27%，石油占 3%。

2. 可再生能源上网电价补贴政策

2012 年以来，日本可再生能源的发展得到了上网电价补贴（Feed-in Tariff，FIT）政策的支持，该政策涵盖了太阳能、风能、水能、地热和生物质能，要求公用事业以高保证价格购买可再生电力，并由用户支付费用。近年来日本可再生能源迅速扩张，2017 年太阳能、风能和其他非水电可再生能源发电量占电力总量的 10%，可再生能源发电量是 2012 年的 3 倍多。数十年来，水电产量占日本电力的 6%—8%。到 2030 年，日本预计其 7% 的电力来自太阳能，9% 来自水电，4% 来自生物质，2% 来自风能。

（五）国际气候援助

日本一直在气候变化领域支持发展中国家。2014 年 11 月举行的 20 国集团（G20）峰会上，日本首相承诺向绿色气候基金（GCF）提供 15 亿美元。曾承诺向该基金捐款 30 亿美元的美国在 2017 年表示，它计划不再继续投入 20 亿美元，这意味着日本现在实际上是 GCF 最大的捐助国。从表 6-11 可以看出，日本对发展中国家的气候援助范围包括太平洋地区、亚洲、拉丁美洲和加勒比地区、中东地区及非洲的数十个国家，援助领域主要包括天气分析与预测、减轻灾害风险、改良农业生产力、水资源供应开发、能源节约与可再生能源、能力建设等方面。据日本外务省公布的数据，2009—2012 年，日本向发展中国家应对气候变化提供的公共和私营融资达到 176 亿美元，日本承诺 2013—2015 年继续向发展中国家提供 160 亿美元公私融资。

表 6-11　　　　　　　　　　日本对发展中国家的气候援助案例

地区	国家	援助内容
太平洋地区	萨摩亚	太平洋气候变化中心建设项目
	基里巴斯等 14 个国家	加强太平洋岛屿国家多灾种风险评估和预警系统项目
	斐济	加强斐济气象局（Fiji Meteorological Service, FMS）气象培训功能的项目
	帕劳	珊瑚礁和岛屿生态系统可持续管理项目：应对气候变化的威胁
	巴布亚新几内亚	负责应对气候变化的巴布亚新几内亚森林资源信息管理系统运作能力发展项目
亚洲	泰国	东南亚地区减缓/适应气候变化能力发展项目
	越南	应对气候变化的支持计划（Ⅵ）
	泰国	2013—2023 年曼谷气候变化总体规划
	菲律宾	提高天气观测，预报和预警能力的项目
	孟加拉国	改善达卡和朗布尔气象雷达系统的项目（详细设计）
	巴基斯坦	巴基斯坦工业部门的能效管理计划（EEMP）
拉丁美洲和加勒比	圭亚那等 8 个国家	日本—加勒比气候变化伙伴关系（J-CCCP）（与开发计划署）
	哥斯达黎加	Las Pailas Ⅱ 地热项目
	安提瓜和巴布达	改善安提瓜和巴布达渔业设备和机械的项目
	海地	支持灾害恢复力的项目（与开发署合作）
中东地区	伊朗	实施将 ESCO 引入政府大楼的试点项目
	约旦	约旦/可再生能源课程的知识共同创造计划（青年领袖）
	阿富汗	通过灌溉系统改善和加强机构能力促进农业生产的项目（与粮农组织合作）
	阿富汗	能源和水资源部水文气象信息管理能力提升项目
	土耳其	工业能源效率和管理培训计划
非洲	毛里求斯	改进气象雷达系统项目（第二阶段）
	塞内加尔	非洲国家青年领袖培训计划（法文）/可再生能源课程
	莫桑比克	提高气象观测、天气预报和预警能力的项目
	博茨瓦纳	加强国家森林监测系统，促进可持续自然资源管理的项目
	塞舌尔	制定偏远群岛微电网发展总体规划的项目
	肯尼亚	Olkaria Ⅴ 地热项目

第七章　主要发展中国家气候治理格局与趋势

发展中国家对气候变化问题的重视及就此开展的合作对全球气候治理格局具有重要影响。近年来,以基础四国(中国、印度、南非、巴西)为代表的新兴发展中国家是当今世界经济的重要引擎,各自在全球气候治理体制下扮演更重要的角色。这些主要的发展中国家都是温室气体排放大国,同时也是极易受气候变化影响的国家。南非、印度严重依赖煤炭资源,巴西经济严重依赖自然资源的开发。此外,沙特阿拉伯作为世界上最大的产油国,其经济发展严重依赖石油资源,因此在应对气候变化方面的立场和治理措施受到广泛关注。本章主要介绍了印度、巴西、南非、墨西哥和沙特阿拉伯等主要发展中国家的气候治理格局与趋势。

第一节　印度

印度同时作为"金砖五国"和"基础四国"之一,在未来 20 年或者更长一段时间,无论经济发展、能源结构以及能源消费状况,都会有巨大的变化,在世界能源供需市场的地位也将不断加强。同时,印度也是受气候变化影响非常大的一个国家,应对气候变化也是其今后重要的方向性政策之一。印度的能源政策以及气候政策,将对未来全球温室气体排放格局有很大影响,也将对巴黎气候大会后全球气候合作成败有重要作用。①

---

① 王润、蔡爱玲、孙冰洁、姜彤、刘润:《"来印度制造"下的印度能源与气候政策述评》,《气候变化研究进展》2017 年第 4 期。

一　印度应对气候变化的背景

（一）应对气候变化的能力极其脆弱

联合国政府间气候变化专门委员会（IPCC）报告指出，气候变化可能对全球造成巨大危害，而处于热带和亚热带地区的印度则首当其冲，这是因为热带和亚热带地区应对气候变化的能力更为脆弱。印度巨大的人口压力导致了自然资源紧张，对印度人民的生活产生严重的负面影响。印度沿海人口密集，易受极端气候的影响。对印度过去 40 多年的观测显示，印度沿海海平面每年平均上升 1.06—1.75 毫米，平均每年受影响人口达 3000 万，印度次大陆北部地区水源来自喜马拉雅地区的冰川融水，一旦全球气候变暖、冰川消融、季风模式改变、供水减少，将对该地区产生巨大的影响。因此，印度特别担心气候变化所引起的冰川融化问题，尤其是海平面较低的地区，有被淹没的危险。在印度，有 2/3 的人口从事农业，农业是印度赖以生存的经济产业。气候变化造成的水源短缺、农作物减产和健康恶化等问题，将会使印度农村贫困问题严重化，加速社会的贫富分化。

（二）能源结构不合理：以煤为主，油气缺口巨大

印度是典型的"贫油少气富煤"国家，碳储量相当丰富。国际能源署发布的 2011 年全球能源统计系列报告中的数据显示，印度是全球主要的产煤国家，位居世界第三，2011 年的产煤量为 5.86 亿吨，约占全球产煤量的 7.68%。从 20 世纪 90 年代以来，印度对煤炭的需求逐渐扩大，形成以煤为主的能源结构。即使 2009—2011 年金融危机期间，印度经济的年平均增长率仍然达到了 8% 左右。如果未来 20 年印度能够保持这一增速，那么在能效略微提高的假设前提下，印度需要将其发电能力增加 3 倍，将油气资源供应增加 6 倍。这也意味着印度 90% 的石油消费需依靠进口。

能源供给、能源需求以及国内生产格局等使得印度能源形势较为严峻。2000—2013 年，印度一次能源消费从 6.30 亿吨标煤增加到 11.07 亿吨标煤。2013 年煤炭、石油和天然气在一次能源消费中的比重分别为 44%、23% 和 6%。核能的比重为 1%。在占到总消费 26% 的可再生能源中，92.3% 来自生物质能，7.7% 来自水能，其余的能源品种占比微乎其微。从占全球能源需求比重上，2000—2013 年，全国占全球能源需求比重从 4.4% 上升到 5.7%，与其占全球人口 18% 的比重相比，未来能源需求上升趋势还要持续。2013 年印度人均消费 0.88 吨标煤，与中国的 2.76 吨标煤

相比，差距非常大。

国内能源生产方面，2000 年和 2013 年国内能源生产量为 5.0 亿吨标煤和 7.5 亿吨标煤，与消费量相比，20% 和 32% 的能源需求来自进口。2013 年，煤炭、石油和天然气消费的 30%、76% 和 36% 来自进口。

印度能源供需中有以下几个特点：①煤炭举足轻重。煤炭探明储量为 870 亿吨，按照目前消费水平，够用 140 年。在能源消费体系中，煤炭消费量一直持续增加，并且在可预见的未来，无论消费量还是所占一次能源消费比重都将持续增加。印度煤炭生产量每年保持大约 4.2% 的增长，2015—2016 年原煤生产约 6.3 亿吨，其中 92% 的煤炭生产是露天开采。预计 2016—2017 年原煤需求量为 9.8 亿吨。煤炭消费量基本保持 7% 的年增长，而过去 6 年中煤炭进口量保持 20% 的年增长。②原油进口，炼油出口。印度是世界上排名第四的炼油大国，炼油能力仅次于美国、中国和俄罗斯。印度具有石油进口的便利条件。依靠原油进口量的增加，炼油工业持续发展，炼油能力由 1999 年的 219×10^4 桶/天提高到 2008 年的 299×10^4 桶/天，继而快速提高到 2013 年的 432×10^4 桶/天，一直是成品油净输出国。2015—2016 年原油生产量 3700 万吨，比上一年度减少 1.3%。进口原油增加 1000 万吨，达到 1.99 亿吨。③可再生能源消费方面，印度目前依然大量使用传统的生物质能用作生活燃料。2015 年在总装机容量中非水电的可再生能源占总装机容量的 13.2%。2015 年风能发电装机 26769 兆瓦，超过西班牙成为世界上第四大风能使用国。太阳能装机容量从 2010 年的 40 兆瓦增加到 2016 年 4 月 30 日的 6998 兆瓦，在其总发电装机容量 298 吉瓦中占比较低。印度水能资源丰富，目前由能源部负责 25 兆瓦以上大型水电的开发，25 兆瓦以下的小水电由新能源和可再生能源部负责。2015 年水电占总装机容量的 14.1%，占开发潜能的 25%。④印度核能利用较早，受到燃料铀获得的限制，目前在 7 处地方有 21 座机组，总装机容量为 6 吉瓦，另外目前在建 4 吉瓦。核能在一次能源使用中所占比重为 1%。目前约 3.3% 的发电量来自核能。⑤能源管理部门分割严重。印度政府设有电力部、煤炭部、新能源和可再生能源部、石油和天然气部以及原子能局。另外电力系统中，过去长期存在输电配电行业内资金状况差、效率低下、终端用户用电价格低、电网输配损失大、电费收取困难等状况，也极大影响了发电行业的健康发展，造成电力行业整体管理差、服务能力不足、能源发展投资缺口大的局面。⑥由于区位和区域发展分异，29 个邦、6 个中央直辖区及德里国家首都区政治体制及经济发展情况差异明显，在能源获得、能源使用以及能源基础设施建设上差异很大。

（三）碳排放量位列全球第四

根据据英国丁铎尔气候变化研究中心的"全球碳计划"2012年度研究成果，2011年，印度是全球第四大碳排放国家，位列中国、美国和欧盟之后，约占全球碳排放量的7%，人均碳排放量为1.8吨。随着经济和人口的快速增长，人均碳排放量和总碳排放量会不断增长。印度政府承诺，印度人均碳排放量在2030年前不会超过发达国家，并在2009年的哥本哈根气候大会上提出，到2020年将本国的碳排放强度较2005年削减20%—25%。近年来，国际上要求印度等发展中国家加大碳减排力度的呼声日益强烈。

二 印度应对气候变化管理体制、国家行动和政策措施

（一）管理机制

印度应对气候变化的管理机构在不同阶段有所变化。2007年之前，印度将气候变化作为一个外交问题，而不是发展问题。因此，有关气候变化的管理制度有限，气候政策主要由外交部（MEA）与环境和林业部（MoEF）协同处理。2003年，MoEF内部成立了国家清洁发展机制管理局，负责评估和批准清洁发展机制项目。2007—2009年，印度气候管理制度变迁集中在高层次决策机构和协调机构，即总理气候变化委员会（PMCCC）和总理气候变化特使的设立上。2007年6月，印度政府成立由国家总理任主席的总理气候变化委员会，并于2014年进行了重组，旨在：①协调国家行动计划，以评估、适应和减缓气候变化；②建议印度政府采取积极措施，以应对气候变化的挑战；③促进相关领域的部际协调和指导政策。[①]该委员会由26名成员组成，包括各部的部长、著名的非政府部门和退休的政府专家，负责制定应对气候变化的国家战略，监督行动计划的制订，监督关键政策决定。2008年，总理办公室（PMO）设立了总理气候变化特使，对制订《国家气候变化行动计划》（NAPCC）发挥了重要的作用，并

---

① Ministry of Environment & Forests, Government of India, *India Second National Communication to the United Nations Framework Convention on Climate Change*, 2012-05-31, https：//unfccc.int/sites/default/files/resource/indnc2.pdf.

起到了重要的协调作用。NAPCC 首次建立起印度应对气候变化的具体框架，其涵盖的内容广泛，重点强调实施八大计划，即国家太阳能计划、提高国家能源效率计划、可持续生活环境国家计划、水资源保持计划、维持喜马拉雅山脉生态系统国家计划、"绿色印度"国家计划、可持续农业国家计划和气候变化战略知识平台国家计划。此外，在包括电力生产、可再生能源和能源效率方面也提出了一些方案。2009 年，MoEF 建立了印度气候变化评估网络（INCCA）。2010—2014 年，印度的气候治理机构有所扩大，包含了政府各管理机构，其中 MoEF 是气候变化管理的主要负责机构。此外，还成立了包容性增长低碳战略专家小组（LCEG）、气候变化融资机构（CCFU）和气候变化执行委员会等。

（二）国家行动

1. 政府重视

在印度，先后有多个政府机构参与到应对气候变化和促进低碳发展相关事务中去，并在推动低碳发展方面制定和实施了一系列有效的政策措施。[①]

2006 年 8 月，印度计划委员会组织专家起草了《能源综合政策报告》，将其作为印度"第十一个五年计划"中能源发展政策制定的指南。该报告明确了新能源的技术路线，以提高能源生产和利用效率。报告指出，要鼓励接近商业化和有明确时间进度的新能源技术开发，包括太阳能技术、生物燃料技术、核能综合利用技术、混合燃料汽车技术及高能电池技术等。

2007 年 6 月，印度政府成立由总理任主席的"总理气候变化委员会"，旨在在国家层面统筹协调与气候变化评估、适应和减缓等相关的国家行动。

2008 年 6 月，印度总理气候变化委员会推出了《国家应对气候变化计划》，概述了印度现有和未来应对气候问题的政策和计划，提出了 8 个将执行至 2017 年之后的核心"国家计划"，以减缓和适应气候变化。这 8 个国家计划涉及的领域包括太阳能、能源效率、可持续居住环境、水资源管理与利用、喜马拉雅生态环境、植树造林、可持续农业和应对气

---

① 高翔、朱泰汉：《印度应对气候变化政策特征及中印合作》，《南亚研究季刊》2016 年第 1 期。

候变化。

2008 年 12 月 26 日，印度政府通过新的能源安全政策，其中之一就是主张通过市场手段合理开发利用能源资源，倡导使用清洁和可再生能源。

2010 年 6 月 30 日，印度环境与森林部发布《印度实施气候变化后哥本哈根国家行动》，对印度实施的各种行动或计划的进程进行解释。包括：设立包容性发展低碳战略专家组，对煤炭征收碳税为清洁能源提供资金支持，提高能源效率国家任务的执行、实现与贸易，出台可持续性居住国家任务、绿色印度任务，出台关于减少森林砍伐和退化造成的温室气体排放（Reducing Emissions from Deforestation and Forest Degradation，REDD）、地区和国际合作、次国家一级行动、气候变化科学、清洁发展机制项目活动规划及喜马拉雅生态系统等多项行动计划。

2011 年 6 月，印度政府批准设立国家清洁能源基金及相关项目审批规则，为印度清洁能源项目和研究提供资金支持。按照规定，该基金将为清洁技术研发和创新工程提供资金（其资金支持将不超过项目总费用的40%），有关项目和研究，既可由政府部门主导，也可由个人和企业组织推动。

2. 印度气候变化国家行动计划及进展

自 2008 年 "行动计划" 发布以来，印度在实施计划的同时，也根据国内需求和联合国气候谈判的进展，制定和更新了应对气候变化的目标、政策与行动，逐步形成了应对气候变化的政策体系。"行动计划" 设定了 8 项国家行动，概括起来主要包括能源开发、资源利用、生态保护和能力建设四个方面。[①]

能源开发类项目包括尼赫鲁国家太阳能计划、国家提高能源效率计划；资源利用类项目包括国家可持续人居计划、国家水资源计划、国家可持续农业发展计划；生态保护类项目包括喜马拉雅生态保护计划、绿色印度计划；能力建设类为气候变化战略研究计划。根据 "行动计划" 和印度政府发布的《印度应对气候变化进展报告》（*India's Progress in Combating Climate Change*），截至 2014 年底，8 项行动进展情况如表 7-1 所示。

---

① 万媛：《印度的低碳经济发展现状与趋势》，《全球科技经济瞭望》2014 年第 3 期。

表 7-1　　　　　　　　　印度气候变化国家行动计划及进展对照

计划项目	计划情况	截至 2014 年底主要任务完成情况
太阳能计划	建设 20000 兆瓦的太阳能网	3113.5 兆瓦，完成任务量的 15.6%
	建设离网线路 2000 兆瓦	364 兆瓦，完成任务量的 18.2%
	建成 2000 万平方米的太阳能热能发电面积	842 万平方米，完成任务量的 42.1%
提高能源效率计划	节能证明的转让机制	478 座工厂（占印度全国总能耗量 1/3）被纳入机制
	鼓励低能耗技术投入生产	LED 灯泡成本从 8 美元降低到 3 美元，在市场上出售超节能吊顶风扇
	为需求侧管理提供金融平台	未报告进展
	制定财政政策提高能源效率	未报告进展
	其他	发放 258 万个 LED 灯泡
可持续人居计划	建筑节能规范	节能标准 2007（Energy Conservation Code 2007）强制适用于新老建筑
	优化城市规划和公共交通	准备发布长期城市交通规划
	固体废物回收利用	批准 760 个供水设施
水资源计划	建立综合水资源数据库，评估气候变化对水资源的影响	修订国家水政策（National Water Policy）
	增强公民和各地方邦节水意识与行动	新建 1082 口水井
	注重脆弱地区与过度开采地区的保护	能力建设项目已经启动
	提高用水效率 20%	未报告进展
	加强流域管理	未报告进展
喜马拉雅生态保护计划	成立 2 亿美元的基金用于能力建设，实施 25 项能力建设项目	能力建设项目已经启动，投资量和项目数量不明
	成立喜马拉雅国家艺术中心	未报告进展
	将所有有关喜马拉雅生态的研究联网	未报告进展
	在已有研究机构中建立 10 个中心	建立了 6 个中心
	年度报告	报告见于《喜马拉雅适应气候变化项目》
	规范自然资源数据收集系统	未报告进展
	认证并培训 100 名专家负责 25 座冰山的研究	未报告进展
	建立观测联络站，监测并预警喜马拉雅山变化	已建立观测网络，监测喜马拉雅地区生态系统健康状况

续表

计划项目	计划情况	截至 2014 年底主要任务完成情况
绿色印度计划	新增 500 万公顷森林，提高 500 万公顷绿地的质量	预备行动在 27 个地方邦展开
	通过管理 1000 万公顷森林，改善生态服务功能	11 个州上交了计划，涵盖 33 种地形和 8.5 万公顷土地，占印度全国森林面积的 0.12%
	增加 300 万家庭的林业收入	最终确定了实施路线
	截至 2020 年，增强 5000 万—6000 万吨年碳汇能力	未报告进展
可持续农业发展计划	发展雨养区（rain-fed area）农业	修复退化土地 11000 公顷
	提高用水效率	100 万公顷土地采用微灌技术，占全国耕地面积的 0.625%
	提高土壤管理	未报告进展
	监测气候变化对农业的影响	未报告进展
	其他	建设 540 万吨粮食储备能力
气候变化战略研究计划	建立数据库	建立了 12 个专题知识网
	加强研究能力	建立了 3 个气候变化区域研究模型，培养了 75 位气候变化专业研究人士
	观测气候变化对经济的影响	未报告进展

在"行动计划"公布后，印度政府逐步调整和完善其气候政策，设立了"国家清洁能源基金"、制定了"汽车燃油目标与政策 2025"。在推动太阳能利用方面，印度政府做出了多项调整。2014 年 10 月莫迪政府公布了新计划，决定 5 年内投入 1 万亿卢比（约合 153 亿美元）使太阳能发电装机总量达到 10 万兆瓦。在巴黎气候大会上，印度又提出建立"国际太阳能联盟"的倡议。国际层面，印度 2012 年向《公约》大会提交了《第二次国家信息通报》，明确到 2020 年碳排放强度在 2005 年基础上削减 20%—25%，并进一步在向《公约》秘书处提交的"国家自主贡献"（Intended Nationally Determined Contribution）中提出，到 2030 年使国家碳排放强度在同样基础上削减 33%—35%。可以说，印度已经制定了完善的气候政策体系。

从进展报告来看，印度"行动计划"实施进展较为缓慢。"行动计划"中预计实施所有项目需要 413 亿美元的投资，并计划于 2017 年全部到位。而根据进展报告所列出的已到位资金，投资总数至多为 63 亿美元。其中，太阳能计划资金到位情况较好，已投入 14 亿美元，但从莫迪（Narendra Modi）政府公布的新计划来看，距离其 1 万亿卢比的目标还相去甚远。其他计划中，可持续农业发展计划投资 21 亿美元，是全部投资中占比最高的一项，但距其预期投入的 174 亿美元还有相当距离；绿色印度计划投资 21 亿美元，仅完成了其预计投资的 30%。水资源计划需要 144 亿美元的投资，目前仅投入 3100 万美元；喜马拉雅生态保护计划预计投资 2.7 亿美元，现仅投资 8100 万美元，进展十分缓慢。

3. 安全纽带：印度应对气候变化行动的政策取向

自 2008 年以来，印度在应对气候变化国际合作与谈判中表现突出，在国内也制定和开展了多样化的行动，概括起来主要呈现以下特征。

（1）国际姿态积极有为。自 2007 年联合国气候谈判达成"巴厘路线图"以来，气候变化谈判再度成为国际社会关注的热点。西方媒体指责中国、印度等发展中碳排放大国态度消极。2009 年的哥本哈根气候大会前，《卫报》曾在文中称"印度一度以不回应发达国家对它提出的减排要求为荣"。然而，同样在这篇文章中，作者称赞印度 2008 年"行动计划"发布以来，发展太阳能、承诺 2020 年目标等行动表现出其应对气候变化态度的积极转变。印度森林与环境部部长贾拉姆·拉梅什（Jayram Ramesh）在国际舞台上积极斡旋，与中国等发展中国家一起，在富有争议的 MRV 问题上提出了"国际磋商和分析"（International Consultation and Analysis）机制，为 2010 年"坎昆协议"成功通过提供了重要基础。总的看来，英美媒体对印度在气候变化国际舞台的表现持肯定态度，对其现阶段的发展压力表示理解，称印度是"协议促进者"。

（2）国内行动差强人意。印度提出的 8 项国家行动计划大部分未得到良好落实。如绿色印度计划，在 2014 年进展报告发布时还处于方案制定阶段，上交的计划也仅涵盖全国 0.12% 的森林面积。温室气体排放数据的变化趋势也表明，印度在控制温室气体排放方面的进展并不显著。根据国际能源署（IEA）数据，印度碳排放强度 2001 年为 1.57 千克/美元，2012 年下降至 1.41 千克/美元，下降了 10.2%。与此同时，中国十余年来降低碳排放强度效果更为显著，从 2001 年的 2.21 千克/美元，下降到 2012 年的 1.81 千克/美元，下降了 18.1%。相比之下，尽管印度碳排放强度仍低于中国，2012 年仅为中国的 77.9%，但从降低碳排放强度的进展看，印度与中国仍有较大差距。2001 年以来，印度年均碳排放强度降低率为 0.97%，与非 OECD 国家平均水平的 0.98% 相近，仅为中国同期 1.80% 的 53.9%。

（3）温室气体减排不是印度应对气候变化的首要目标。分析"行动计划"以来印度各项应对气候变化政策和行动，可以发现，其在气候变化领域始终坚持的解决能源危机、资源危机和粮食危机的目标没有改变，相对于确保能源、水资源和粮食安全的目标，温室气体减排并不是印度应对气候变化政策的首要目标。这使得印度在气候变化谈判上立场更为灵活。贾拉姆·拉梅什在 2009 年哥本哈根会议上解释印度一贯坚持的"公平原则"时，调整了其过去强调的按照历史排放和人均排放数据作为公平分担减排责任依据的立场，称公平即"每个人都享有同等的可持续发展的权利"。

（4）发展可再生能源处于核心地位。相比于中国、美国、欧盟、日本等在一揽子减排政策中同时重视节能和发展非石化能源，重视发电和机动车的技术效率提高、碳捕集与封存技术的实践与应用等，印度的温室气体减排主要依赖发展可再生能源。辛格（Manmohan Singh）政府时期，印度制定了"尼赫鲁太阳能计划"，莫迪承接了辛格政府对于发展可再生能源的战略，并在与美国等发达国家的合作中将可再生能源问题放在首位。在政府的积极推动下，印度可再生能源占全国能源消费的比重从 2008 年的 1.07%，上升到 2014 年的 2.08%，年均增速达到 19.4%，高于同期世界平均年均 17% 的增速。

（5）印度制定和实施应对气候变化政策的根本考虑是稳定"安全纽带"（Security Nexus），即平衡水资源、能源、粮食三者之间彼此影响、彼此制约且极具敏感性和脆弱性的关系。"安全纽带"最早起源于 2002 年南非约翰内斯堡可持续发展首脑会议。安全纽带理论强调气候变化背景下，水—粮食—能源三者之间的纽带性。气候变化通过传导性联系，影响到水资源、粮食和能源等问题。安全纽带理论为解释全球问题提供了新的政策工具。

印度将"安全纽带"作为其气候政策取向，首先是基于其国情的选择。印度人口众多，快速发展的经济活动和消费给脆弱的生态环境带来了巨大压力。"安全纽带"的核心是水资源。印度人均可再生内陆淡水资源仅为 1140 立方米，是世界平均水平的 1/6，仅为中国的一半，并且水资源受气候变化影响和不确定性都很大。恒河、布拉马普特拉河等主要大江大河水源来自青藏高原地区，使得印度与中国、巴基斯坦、孟加拉国等重要邻国产生了水资源争端。印度粮食安全问题始终存在，尽管"绿色革命"

使印度自 20 世纪 80 年代起粮食基本自足并略有出口，然而印度粮食损失较大，农民销售环节的损失率达 3.4%。近年来，粮食年平均 1.7% 的增长率已低于 1.9% 的人口增长率。受西南季风影响，粮食产量每隔几年便会出现波动，1999—2005 年，粮食产量最低值为 1.74 亿吨，最高为 2.13 亿吨，相差 0.39 亿吨。由此可见，受持续的气候变化影响，印度的粮食安全压力有增大可能。能源方面，印度在 2013 年下半年对进口能源的依赖度达 82%，当前以煤炭为主要能源的印度，在未来还会提高石油和天然气的使用，这将进一步提高印度的能源对外依存度。气候变化在水资源、粮食和能源三个方面，都极大威胁了印度的"安全纽带"。

其次，印度在气候变化谈判中压力不大，有空间、有条件选择优先稳定"安全纽带"。从碳排放量看，根据国际能源署数据，印度 2013 年排放 18.7 亿吨二氧化碳，位居全球第三，但与中国（90.2 亿吨）、美国（51.2 亿吨）还有较大差距。从人均排放看，印度和中国人均排放都在上升，但印度不仅上升速度比中国缓慢，而且人均排放量也远低于中国和发达国家。印度人均历史累积排放也较发达国家低很多。因此，从减排角度看，印度在气候变化谈判上压力不大，落实应对气候变化战略的国际压力较轻。

再次，"安全纽带"可以凝聚全国各阶层的力量。长期以来，"印度式民主"阻碍国家政策推行。印度政治自 1947 年建国以来始终存在三个问题：一是政权更替频繁，长期性、战略性的经济发展和政策难以落实，应对气候变化政策正是属于这种类型的政策；二是地方政权不容忽视，中央政策有时难以在地方推行；三是政策与社会现实脱节。印度政府在长期执政过程中与占印度人口绝大多数的农村人口相脱离，印度社会分化严重，各阶级间交流不畅，气候政策难以在社会各阶层间取得有效回应。印度在《第二次国家信息通报》中提出："十五"（2003—2007 年）期间的主要不足是，没有让各个群体享受同等的发展成果。"安全纽带"事关印度各个群体，广泛受到各利益阶层的共同关注，以安全纽带为导向，将有效获得民众支持，有利于温和推行气候政策。

最后，"安全纽带"旨在解决印度发展问题，可以有效遏制气候致贫、返贫。印度是世界人口数量第二的国家，贫困人口数量达到 2.8 亿，占全国人口的 31.9%。这些贫困人口，以及占印度人口绝大多数的农民，受气候变化导致的高温、台风、干旱、洪涝等灾害的损害极大。防止气候变化致贫、返贫是印度气候政策的关注重点，因此选择"安全纽带"作为政策出发点和基础，保证发展机遇是印度气候政策的必然选择。

（三）各领域改革

印度一直重视各个产业部门能源利用效率的改进和提高，政府加强了对可再生能源开发利用的中央财政资助和补贴。

1. 征收煤炭税

由于印度没有覆盖全国的电网，目前的电网只能覆盖全国 1/3 的人口，即平均 3 个印度人中只有一个人能用上电。印度迫切希望用煤炭税收入来支持清洁能源项目。印度于 2010 年 7 月 1 日开征煤炭税，由煤炭生产企业缴纳，其税率为 50 卢比/吨，进口化石燃料也适用相同税率。到 2011 年 2 月，印度政府已征收 250 亿卢比（约 5.55 亿美元）的煤炭税，并将其投资于新能源传输线的建设，以配送清洁能源项目生产的电力。

2. 大力推广"可再生能源证书"

目前，印度中央电力监管委员会（CERC）推出了一套针对国内可再生能源交易的全新政策，大力推广"可再生能源证书"，为证书的购买双方开辟一个国家级的交易市场。这一政策的实施能够切实提升印度利用水电、风能、太阳能等清洁能源发电的比例。

3. 大力发展太阳能

近年来，印度开始利用自身太阳能资源丰富的地理优势，大规模开发利用风能、太阳能等可再生能源。目前，印度正在实施一项计划，旨在为那些把太阳能发电厂与电网相连的电厂提供优惠政策，降低设备成本和发电成本。印度各邦政府也在积极制定太阳能光伏政策，例如，中央邦（Madhya Pradesh）通过了新的太阳能政策。该太阳能政策规定，将以公司合营的方式建造 4 座 200 兆瓦太阳能电厂；未来 10 年内，免去电费与田税，邦政府为输电电价提供 4% 的补贴，为所发电力展开融资并根据增值税和入境税规则进行适当减免等。同时，印度政府决定，将印度 54 个城市打造成太阳能城市。

4. 鼓励研制新型的混合动力汽车

为鼓励研制新型的混合动力汽车，印度政府不仅将给予汽车制造商税收方面的优惠政策，而且将会为消费者提供税收减免和其他激励政策。印度政府对汽车工业提供的财政优惠，不仅包括对汽车工业特殊的税收减免等，还包括为混合动力汽车的研发和生产提供激励计划，如调低混合动力汽车消费税，取消混合动力、电动汽车电池和部分关键零部件的基础进口关税及反补贴税等。印度政府公布的 2011 财年预算案中，印度混合动力汽车消费税从之前的 10% 调低到 5%。除此之外，2012 年 8 月，印度政府批准了节能汽车推广法案，拟在 2020 年前投资 2300 亿卢比（约 41.3 亿美元）生产和推广 600 万辆纯电动和油电混合动力汽车。

5. 削减电力公司贷款利率

印度可再生能源项目的高利率和相对短期的贷款，使在印度开发可再生能源项目的成本增加了 24%—32%，这导致在印度开发可再生能源比在美国或欧洲更昂贵。为此，2013 年 2 月印度电力财务公司（Power Finance Corporation）将其 2012 年的可再生能源项目利率下调 50 个基准点，相当于削减 0.50%。

6. 将铁路燃料改为液化天然气

据印度《经济时报》2011 年 8 月 14 日报道，印度铁路将全面改用液化天然气作燃料，以达到告别柴油燃料、减少温室气体排放和节省成本的目的。目前，印度每年花在柴油燃料上的费用达到 1000 亿卢比（约 15.7 亿欧元）。

（四）能源政策和气候政策

能源政策与气候政策，尤其对于发达国家和新兴国家来说，是紧密相关、互相影响的，其背后都服务于国家和地方的发展利益。对于印度来说，今后在"来印度制造"下的新的社会经济发展道路必将考虑能源安全，而气候政策在很大程度上又受到能源安全、非传统能源供应与竞争以及能源利用下环境污染治理的影响。

1. 能源政策

2016 年 10 月 2 日，印度政府正式批准《巴黎协定》，代表全球 4.5% 温室气体排放的印度使批准国温室气体总排放达到全球的 52%。《巴黎协定》将在协定国温室气体排放达到全球 55% 的 30 天以后正式生效。印度是"基础四国"当中唯一没有设定峰值年限的国家。国家自主贡献预案（INDC）目标为：到 2030 年把单位 GDP 排放强度在 2005 年的基础上降低 33%—35%；通过加强造林，增加 25 亿—30 亿吨的碳汇；在国际社会支持下，到 2030 年将非化石燃料在其能源结构中所占比重从目前的 30% 增加到 40% 左右，并在 2022 年增加 175 吉瓦的可再生能源生产能力。在未来经济发展规划还未正式出台前，对经济发展以及能源需求等有不同的预测和研究。国际能源署 2015 年出版的《印度能源展望》（*India Energy Outlook*），设立"新政策情景"（New Policies Scenario），并在此情景下，预测到 2040 年印度能源供应和需求的变化，值得参考。这里就新政策情景下，并参考其他研究文献相关研究内容，对印度未来主要能源发展和能源政策做一介绍。

新政策情景下，到 2040 年印度年均经济增长保持在 6.5%，高于全球任何一个经济体。其中，到 2020 年的前半段，发展速度为 7.5%，而之后逐步降低并维持在 6.3% 左右。到 2040 年，大约有 3.15 亿新增城市人口，城市服务功能的提高以及居住面积的扩大等，都将对能源需求提出更高要求。高速增加的能源需求，以及国内对经济和环境发展的日益关注，都要求政府提出有效和周密的能源治理政策。

能源政策方面，新政策情景旨在立足提高能源供应能力，减少能源对外依存度，提高能源利用效率，进一步扩大可再生能源比例，并提高电力供应接入度和可靠性。新政策情景下，电力装机容量将在 2025 年和 2040 年分别比 2013 年水平增加 122% 和 309%，即翻一番和翻两番，这样其化石能源消费也将占到全球消费的 8% 和 12%，目前水平是 5%。电力供应全国覆盖程度将在 2040 年实现 100% 全覆盖，而 2013 年状况是 81%。也就是说，加上新增人口，将面临解决 3.9 亿人可以用到电的问题。为此，印度也将对不同人口密度地区实行比如电网供电和分布式供电系统等不同方式，以节约供电系统建设费用。

能源进口方面，煤炭进口将先增后降，以期实现其对外依存度从 2025 年的 37% 降低到 2040 年的 31%，2013 年煤炭对外依存度为 29%。未来将占据全球煤炭消费增长的 60%，即使这样，到 2040 年煤炭消费总量也不到中国的一半。基于印度石油资源情况，未来石油进口将不断增加，对外依存度将在 2040 年达到 91% 的高位。天然气将在未来保持在 50% 的对外依存度上，目前处在一个不断提升比例的过程，而且液化天然气的进口与价格高度相关。印度已经成为亚洲第一个进口美国页岩气的国家，并且在期货和短期基础上超过韩国成为世界第二大液化天然气进口国。

对于可再生能源，能源政策将不断支持和推动包括以太阳能和风能为主要品种的发电场建设。水电比例将小幅度稳步增长。以发电能力为例，在 2040 年火电和核电等占 57%，其余依次为太阳能（18%）、风能（13%）、水能（10%）和生物质能（2%）。国家太阳能研究所估测，印度太阳能发电可装机潜力为 750 吉瓦，这相当于目前总装机的 3 倍。国家目标上，将在 2022 年实现太阳能发电装机 100 吉瓦。新政策情景下，2040年太阳能发电装机为 188 吉瓦，这将使印度成为仅次于中国的世界第二大太阳能装机国。由于存在风能资源获得性问题以及与太阳能的竞争，风能在新政策情景下，将在 2040 年实现 142 吉瓦的装机容量。

稳步发展核能是未来印度采取的能源政策的一部分。由于铀资源不足，而且限制进口，核电建设受到一定程度的影响。国家长期目标方面，规划至 2050 年国家 1/4 电力供应由核能承担。其中重要前提是以钍为替代核燃料的反应堆成功运行，这项技术将希望在 2022 年试验成功，并在2030 年前后投入商业运行。新政策情景下，核能将在 2014—2040 年从 5.8吉瓦提高到 39 吉瓦，占总发电比例也将从 3% 提高到 7%。这也会使印度未来成为继中国之后的核电装机增加最快的国家。

印度在能源政策里非常重视能效提高。这不仅体现在对能源供应侧的技术和门槛限制，包括不同人口密度地区使用不同的电力供给方式（电网或者分布式等），而且还体现在对能源消费侧的管理措施，包括鼓励使用LED 灯、企业能效管理措施等。对于高能耗企业，印度推出建立"行动、实现、输出"（Perform, Achieve and Trade, PAT）的能效交易市场，树立了到 2040 年国内企业能效水平接近或达到全球最佳实践水平的目标。

2. 气候政策

在迄今为止的气候谈判中，印度作为 77 国集团和基础四国成员，以全球人均低排放国家和全球温室气体第四大排放国的身份和角色参与合作与博弈。过去 20 年中，印度一直坚持共同但有区别的责任原则、支持发达国家对温室气体排放负历史责任以及提供必需的资金和技术援助的要求，对于《公约》的建立和维护都发挥了重要作用。印度大部分人口处于洪水、风暴、干旱以及海平面上升的威胁中，同时对气候变化敏感的农业、渔业和林业也是赖以生存的重要行业，气候变化对水分平衡空间和时间上的影响将对印度农业和能源供给产生重大影响。因此，印度是世界上受气候变化影响非常显著的国家。

在哥本哈根大会以前的国际气候谈判上，印度一直坚持共同但有区别的责任原则，奉行以人均排放和历史排放作为减排责任标准，并在政策导向上坚持减排不能影响发展的理念。这些政策理念的形成，受到印度国内资料缺少、对国际谈判缺乏信任、强调公平发展、对数量巨大的那些小而穷的"污染者"在技术和政策上有效管理的困难以及维护国家主权的强烈意志等方面的影响和刻画。

对于传统的气候政策的内容及其塑造，有大量文献都做了描述和分析。哥本哈根大会以后，国家层面上印度联邦院（Rajya Sabha）基本有两派声音。一派主张通过各议员将气候变化与地方环境问题相联系，以此影响选民；另一派坚持历史责任谈判立场，从国家利益出发，保护发展空间，后者总体占多数。联邦院辩论形成的决议是围绕保护发展，而不是气候变化本身。国家自主贡献预案的内容意味着到2030年，对煤炭的高度依赖将导致其温室气体排放量的不断上升。同时也应该看到，即使到2040年，按照预测，其人均排放量仍然低于世界平均水平。

对于气候变化政策新的方向和变化，本节参考了印度能源和资源研究所（TERI）、国家计划委员会的包容性发展低碳战略专家组（Expert Group on Low Carbon Strategies for Inclusive Growth）以及印度政策研究中心（CPR）等机构的研究成果，整理如下：总体上，履行《巴黎协定》是对甘地提倡的可持续生活方式精神遗产的遵循，是符合印度文化和精神理念的。过去在气候变化国际谈判中强调历史责任，认为几乎为零责任的印度承担的任何减排行为都是分外的。这一立场会误导人们无须努力工作，降低能动性和积极性。未来把历史责任作为手段，气候政策上一方面避免承受过多国际压力，另一方面将保证发达国家承担国际减排的更多任务。协同效应理念（Co-benefits Approach）是在发展构想和有效气候保护行动之间使用的有效手段。在制定未来国家气候战略和政策方面，政府把协同效应作为理念和方法，推出了一系列规划和政策。现有的国家自主贡献预案是在环境政策上，吸收采纳已经实施的包括国家气候行动计划、能源保护法案、种植业国家政策、国家电力政策以及综合能源政策等法规法令。2014年4月包容性发展低碳战略专家组发布的低碳发展政策建议中提出，只有将各个发展目标综合成为一个框架并进行系统整合后纳入发展战略，印度才有可能实现较快的、可持续的和更加包容的发展。该报告以2030年实现温室气体减排和包容性发展为目标，以能源价格、碳税、总量管制与交易制度、补贴、法规等为政策手段，规划了可再生能源、能源效率提高、标签和标识以及碳清单和相关数据管理系统等12个方面的低碳发展目标。

在这样的发展背景下，印度对国际和国内气候政策的主要调整表现在：第一，在环境保护、能源安全和气候变化方面重视协同效应，不再单纯认为承担减排任务就是限制经济发展。第二，在国内出台《国家应对气候变化行动方案》等战略规划的同时，在国际谈判中认识到气候变化作为全球共识是全球治理的重要内容，需要国际合作。在国际谈判中的形象也更为积极。第三，气候政策中，温室气体排放量的减少不是其关心的首要问题。这体现在对煤炭利用的持续增加上。同时印度更加积极发展可再生能源，以及进一步扩大核能利用。国内政策上强调以清洁燃料、能效管理以及节能技术等降低空气中主要污染物的排放和浓度。

三　印度气候政策的未来

近期，Rogelj 等在《自然》杂志上发表的研究论文，在对提交给巴黎会议的关于在 2020 年之后采取行动、到 2030 年减少全球温室气体排放的各国国家自主贡献进行评估后表明，完全实施 INDC 可使 2030 年全球碳排放水平达 550 亿吨二氧化碳当量，比不采取气候政策每年减少 90 亿吨二氧化碳当量，比当前气候政策的情景每年额外减少 40 亿吨二氧化碳当量。但即使完全实施 INDC，21 世纪末全球温度仍会上升 2.6℃—3.1℃，到 2030 年 2℃目标下的碳预算将耗尽。全球需要更多其他国家、地方或组织的更加雄心勃勃的减排计划，才有可能实现增温幅度限制在 2℃以内的目标。

印度的气候政策中一直坚持提高人民福祉、消除贫困的目标和理念。IPCC 前主席、印度人拉金德拉·帕乔里（Rajendra Pachauri），曾是 1995 年 IPCC 第二次评估报告的主要撰写人，曾长期担任能源和资源研究所所长。帕乔里认为，环境保护及政策制定应该立足于发展中国家的环境状况和经济发展状态。在印度有 2 亿以上的人严重营养不良。所以要保护生态环境，确保水资源受到恰当保护，保护生物多样性，保护森林资源，尤其是为穷人做一些实在的事情，同时确保更大范围的食品安全。就眼下而言，坚持发展经济、消灭贫穷比应对气候变化更为重要和迫切。

印度作为全球第三大碳排放国、第八大经济体，在气候变化国际政治舞台上有着重要的角色。关于气候政策的未来，印度的 INDC 被普遍认为是积极的，虽然到 2040 年碳排放量将成倍高于 2013 年水平，成为世界上最大的碳排放增加贡献国。关于 INDC 本身，国内目前比较一致的观点或者对实现承诺的前提是获得应该有的资金和技术支持。从对历史责任不同的看法出发，进而基于对实现 INDC 需要资金的不同认识，如对协同效应的估算等，印度一方面在国际上积极努力使发达国家或者历史责任大的国家未来承担更多的减排任务并提供更多的资金和技术支持，另一方面在莫迪政府设计下的包括"来印度制造"的发展规划中努力为自己开拓一条低碳发展之路。这条路的经济发展和减轻贫穷，实际上比减轻温室气体排放困难更大，风险也更大，同样也是相辅相成的。

第二节　巴西

作为全球第 9 大经济体和第 7 大温室气体排放国，巴西温室气体排放主因与其他国家有很大不同，并非来源于化石燃料的使用，而是扩大耕地面积和城镇建设而导致的毁林活动。据估算，巴西每年排放到大气中的二氧化碳，有 75% 的源于毁林。[①] 因此，巴西在应对气候变化方面也具有鲜明的特色。巴西政府在联合国气候谈判中的立场及其气候政策的变化总体上经历了一个从消极参与逐步向积极推动转变的过程。近年来，巴西在气候立法及相关政策规划等方面动作频繁，在全球气候谈判中，巴西在发达国家与发展中国家间的协调作用也日趋明显。巴西气候治理最显著的特点是发展清洁能源（尤其是发展生物能源）和保护亚马孙森林。

一　巴西应对气候变化管理体制

1992 年在里约热内卢举行的联合国环境与发展会议上，巴西环境部（MMA）负责巴西与《生物多样性公约》有关的谈判，巴西科学技术部（MCT，2011 年更名为巴西科学技术和创新部）则专注于建立《公约》。20 世纪 90 年代，MCT 继续作为对 UNFCCC 负责履行承诺的中央机构，主要准备《国家信息通报》（NC），而 MMA 对防止森林砍伐起到间接的作用。其他主要政府机构包括：巴西外交部（MRE），负责气候变化有关的国际谈判；巴西矿业和能源部（MME），负责巴西可再生能源和能源效率相关的能源政策和实施措施；巴西国家经济和社会发展银行（BNDES），负责管理亚马孙基金和国家气候变化基金（FNMC）。

2000 年，巴西建立了巴西气候变化论坛（FBMC），由共和国总统担任主席，政府、商界、非政府组织（NGO）和学界对气候变化问题展开讨

---

① 王磊：《巴西发展清洁能源的政策与实践》，《全球科技经济瞭望》2017 年第 10 期。

论。FBMC 在制订国家气候变化计划、国家气候变化政策、部门气候变化减缓和适应计划以及国家适应政策方面做出了重要贡献，协调了公众听证会及民间社会、企业、大学和地方政府代表的部门会议。国家气候变化论坛是提高社会意识的重要手段，并动员州层面讨论全球气候变化问题。目前，巴西有 17 个州成立了州气候变化论坛。

2007 年，巴西联邦政府成立气候变化部际委员会（CIM），其任务是指导国家气候变化计划的制订、实施、监测和评估，提出在短期内实施的优先行动；支持开展联合活动、经验交流、技术转让和能力建设所需的国际协调；确定研究和开发所需的行动，并为交流计划的实施和设计提出指导方针。巴西科学技术和创新部（MCTI）建立了巴西全球气候变化研究网络（Rede CLIMA）。Rede CLIMA 由另外 4 个部（环境部；对外关系部；农业、畜牧和食品供应部；健康部）组成的董事会，以及巴西科学院（ABC）、巴西科学进步协会（SBPC）、巴西气候变化论坛、国家科学技术与创新国务秘书委员会、国家研究支持基金会和商业部门的代表监督。重点涵盖气候变化的所有相关科学问题，特别是：气候变化的科学基础；关于系统和相关部门的影响、适应和脆弱性研究；开发减缓气候变化的知识和技术。2009 年，巴西科学技术和创新部（MCTI）和巴西环境部（MMA）创建了巴西气候变化专门委员会（PBMC），这是一个全国性的科学机构，旨在向决策者和社会提供有关全球气候变化的技术和科学信息。2015 年 1 月，PBMC 发布了第一次国家气候变化评估报告。

二　巴西应对气候变化政策

由于其广袤的森林，巴西在全球气候变化应对中扮演着重要角色。麦肯锡估计，巴西是减排潜力最大的 5 个国家之一，这主要归功于林业部门的减排潜力。[①] 同时，巴西也是低碳农业和可再生能源的世界领导者，包括水电和生物燃料。《国家气候变化政策法》（NPCC）是巴西应对候变化的里程碑。2015 年之后，巴西发布国家自主贡献，重点围绕亚马孙森林保护和可再生能源发展提出了 2020 年的目标。

---

① Mckinsey, *Pathways to a Low - Carbon Economy: Version 2 of the Global Greenhouse Gas Abatement Cost Curve*, 2009 - 01 - 01. http://www.iipnetwork.org/pathways - low - carbon - economy - version-2-global-greenhouse-gas-abatement-cost-curve.

（一）温室气体减缓目标

巴西 2009 年通过的《国家气候变化政策法》明确规定了国家气候变化政策的原则、目标和政策工具，并将此前在哥本哈根气候变化大会上承诺的自愿减排目标载入立法，即到 2020 年将巴西的温室气体排放量在 2009 年水平上减少 36.1%—38.9%。基于巴西第二份温室气体人为源排放和清除清单，2010 年 12 月巴西颁布第 7390 号法令对国家气候变化政策做出进一步规定，明确了 2020 年的预期排放量及相关领域的行动计划。《国家气候变化政策法》涵盖绿色经济的多个领域，是巴西绿色低碳经济发展的一个里程碑，代表了巴西政府在环境议程中的一个高峰，使巴西成为当时唯一一针对气候变化进行立法的非经济合作与发展组织（OECD）成员国。

作为巴黎气候变化大会之前的重要准备工作之一，2015 年 9 月 28 日，巴西向《公约》提交了国家自主贡献预案（INDC），明确提出了 2020 年后的减排目标：到 2025 年温室气体排放量比 2005 年减少 37%，到 2030 年减少 43%。[①]巴西承诺将与其他发展中国家加强合作，尤其是在森林监测系统、生物燃料能力建设和技术转让、低碳和适应型农业、恢复和再造林活动、保护区管理、通过社会包容和保护方案增强适应能力等领域。巴西计划通过制订国家适应计划，承诺加强国家的适应能力，评估气候风险，并管理其脆弱性。

如果按照国家自主贡献，分析家预测该国可能成为气候政策领导者，特别是发展中国家的领导者。2016 年 9 月 21 日，巴西批准加入《巴黎协定》。气候行动追踪报告分析认为，根据现行政策，巴西已非常接近实现这些目标，巴西的 INDC 处于"不足"水平。尽管环境主义者和专家纷纷肯定巴西的减排目标对巴黎气候变化大会的正面影响，认为相比其他国家提交的自主贡献报告，巴西的减排目标振奋人心，但也有不少声音指出，与巴西已经取得的成绩相比，其减排目标仍显不足，可以更进一步。

（二）亚马孙森林保护政策

巴西拥有的热带雨林面积占到全球总面积的 1/3。亚马孙森林流失率从 2012 年开始已经增加了近 36%。2015 年，超过 6200 平方千米的土地并

---

① Brazil, *Brazil's Intended Nationally Determined Contribution*（INDC），2015-09-28，http://www4. unfccc. int/submissions/indc/Submission%20Pages/submissions. aspx.

林地被清除用于农业，尽管来自能源板块的温室气体排量有所下降，但砍伐森林使巴西的整体温室气体排放增加了3.5%。2016年，在世界上最大的雨林亚马孙地区，森林砍伐量上升了29%，总共损失了798900公顷（197万英亩）。巴西针对森林的环境治理可分为三个主要时期：①2005年以前，治理非常差，森林砍伐率很高；②2005—2011年，改善环境治理、有效减少森林砍伐；③2012—2017年，在《森林法典》的修订中，对过去的非法砍伐森林者给予了大量特赦，治理逐渐受到侵蚀，导致2012年后亚马孙森林砍伐减少的趋势发生逆转，随后2015—2017年森林砍伐增加。

巴西从20世纪90年代开始真正主动应对气候变化，政府积极支持保护亚马孙森林，并于1992年在里约热内卢主办了联合国环境与发展大会，签署《公约》，积极参与《京都议定书》谈判。2003年，巴西政府针对亚马孙地区成立了由14个部门组成的常设部际工作组，并于2004年提交"预防和控制亚马孙行动计划"（PPCDAM），降低林区毁林率，为实现低碳减排目标奠定基础。2008年发布的《国家气候变化计划》[1]强调，巴西温室气体排放主要来自砍伐和烧荒，列举的减排政策和措施包括逐步减少非法毁林直至杜绝非法砍伐，提高可替代能源在能源结构中的比重，推广生物燃料的使用，提高经济部门的效率，加强对气候变化及其环境影响的科学研究。该计划提出到2020年将亚马孙地区年毁林率减少80%的目标，这是巴西首次在减少毁林方面做出自愿承诺。2011年，巴西亚马孙研究所提出了"REED"（即减少砍伐森林和森林退化导致的温室气体排放）机制，体现了巴西政府保护亚马孙热带雨林的决心，并且在哥本哈根全球气候变化会议上引起了各国政府的重视。

为进一步保护亚马孙森林，巴西国家自主贡献提出：至2030年，杜绝亚马孙雨林的非法砍伐；恢复1200万公顷的热带雨林；恢复1500万公顷被破坏的牧草地；整合500万公顷的农牧森林；可再生能源在能源结构中占比达到45%。

（三）清洁能源发展政策

巴西能源结构的特点是可再生能源的比例很高，最主要的能源是水力发电，风电、太阳能发电也有很大的发展潜力。2010年，能源安全一直是

---

① Government of Brazil Interministerial Committee on Climate Change, *National Plan on Climate Change*, 2008-12.http：//www.mma.gov.br/estruturas/208/_ arquivos/national_ plan_ 208.pdf

巴西水电和生物燃料行业的主要推动力。在 1973 年第一次全球能源危机之后，巴西要求将汽车汽油与乙醇（由甘蔗生产）混合，先后启动了国家乙醇计划和国家柴油计划，开始大规模生产生物能源。从此，巴西成为世界上最先进的生物燃料市场之一。

2002 年 4 月，巴西联邦政府制定了发电来源能源替代项目，为可再生能源产生的电能并入国家电力网络提供了支持。该项目鼓励电力生产商使用可再生能源为国家电网提供电力，特别是使用风能、生物质能和小型水电站。巴西于 2005 年开始实施国家生物柴油计划，发展新能源产业，替代不可再生能源，减少传统燃料碳排放量。2007 年巴西发布《巴西致力于阻止气候变化》白皮书，重点关注完善能源结构和禁伐森林。《国家气候变化政策法》鼓励发展可再生能源；鼓励在全国电网系统中增加风电、小水电和生物质发电供给；鼓励替代石化柴油生产生物柴油；鼓励使用太阳能、风能、生物质能和热电联产；鼓励使用独立的小水电系统等。[①]

到 2030 年，除水电外的其他可再生能源（风能、太阳能和生物能源）的发电量占比升至 23%；将电力效能提高约 10%；可持续生物能源在能源结构中占比升至 18%。2016 年底，巴西牵头联合 20 个国家成立了"生物未来平台"，意在利用生物乙醇解决全球交通领域的能源替代问题，实现《巴黎协定》的预定目标。2017 年 12 月，巴西制定了新的国家生物燃料政策，以进一步提高所有生物燃料，包括乙醇和生物柴油在巴西的使用量，以及提高能源安全和减少温室气体排放。

（四）气候变化适应政策

2016 年 5 月，巴西发布《国家气候变化适应计划》，提出了国家气候变化适应计划的总体原则和目标，并提出了农业、生物多样性和生态系统、城市、灾害、工业和采矿业、基础设施（电力、运输和城市交通）、脆弱人群、水资源、健康、食品和营养安全和沿海地区等领域的适应战略。

1. 总体目标、愿景和原则

总体目标：通过充分利用新兴机遇，避免损失和损害，建立适应气候变化的工具，促进巴西气候风险的管理，并考虑气候变化的影响。

---

① 何露杨：《巴西气候变化政策及其谈判立场的解读与评价》，《拉丁美洲研究》2016 年第 2 期。

愿景：所有政府部门考虑受到的气候变化影响，必须制定气候风险管理战略。

原则：①政府间协调；②政府内部协调；③部门、专题和地域方法；④社会、文化、经济和区域范围；⑤适应和减缓之间的协同效益；⑥将适应气候变化纳入政府规划；⑦基于科学、技术和传统知识的适应行动；⑧在公共政策中促进基于生态系统的适应（EbA）；⑨促进区域合作。

具体目标：①指导科学、技术和传统知识的扩展和传播，支持有关气候风险信息的产生、管理和传播，并为政府机构和社会制定能力建设措施；②通过公众参与的方式，促进公共机构在气候风险管理方面的协调与合作，以持续改善气候风险管理行动；③确定并提出促进气候风险适应和减少的措施。

2. 部门和主题战略

（1）农业。农业适应战略的目标是评估农业对气候变化的脆弱性；对农业部门的实施行动提供支持，以促进农业生态系统的适应；发展技术转让；支持低碳农业计划（尤其是其适应计划）的修订，并在 2020 年前采取行动。

（2）生物多样性和生态系统。评估气候变化对生物多样性的影响，并确定减少脆弱性的潜在适应措施；通过提供生态系统服务评估生物多样性和生态系统对减少社会经济脆弱性的作用。

（3）城市与城市发展。将气候变化纳入城市规划和发展的公共政策；确定无悔行动，有助于直接减少气候变化脆弱性和发展适应型城市。

（4）灾害风险管理。促进减少风险的行动，促进气候变化相关灾害的准备和应对。

（5）工业和采矿业。提出基本概念和指导方针，以补充工业计划和低碳开采计划中有关气候变化适应的方法，并强调需要采取的交叉性行动和持续的差距。

（6）基础设施。评估气候变化对运输、城市交通和电力部门的影响，并提出应对的指导方针。

（7）脆弱人群。评估和确定最容易受到气候变化影响的人群，采取措施促进他们的适应。

（8）水资源。评估气候变化对水资源的影响，在面临更大气候变化脆弱性的情况下，确定能提高适应能力和治理的适应措施。

（9）健康。评估气候变化对人类健康的脆弱性、影响和风险，并提出统一卫生系统（SUS）的指导方针和战略。

（10）食品和营养安全。评估气候变化对巴西食品和营养安全的脆弱性、影响和风险，提出有助于减少脆弱性的指导方针和实践。

（11）海岸带。评估当前巴西沿海地区暴露于气候变化的水平，包括主要相关的影响和脆弱性，并提出发展气候适应力的必要行动。

三　巴西应对气候变化预算

在为减缓和适应行动提供资金方面，巴西建立了气候基金（FNMC）和亚马孙基金。气候基金的目的是确保支持项目或研究的资源，并资助以减缓气候变化为目标的项目。亚马孙基金旨在为预防、监测和防治森林砍伐行动提供资助，并促进森林的保护和可持续利用，特别是亚马孙生物群落。亚马孙基金已经获得了 17 亿雷亚尔的资源。

巴西气候专项资金大部分依靠外援，是获得全球环境基金奖金最多的国家，政府也成立专项资金用于应对气候变化。巴西获得了对 REDD+ 的大量国际支持。2009 年，世界银行向巴西贷款 13 亿美元，以资助巴西的环境和气候项目，重点是用于亚马孙雨林的保护及被毁林区的复原、可饮用水的水质保护工作，以及帮助巴西缓解不断增长的能源需求给水力发电等洁净能源系统带来的巨大压力。挪威在 2011 年向亚马孙基金提供了 1.7 亿美元，并承诺在 2015 年之前达到 10 亿美元。巴西开发银行（BNDES）是世界上最大的开发银行之一，在 2015 年巴西实施气候相关项目的 110 亿美元资金中，有 85% 资金由巴西开发银行提供。

第三节　南非

作为非洲大国，南非是一个极易受气候变化影响的国家。与巴西不同，南非虽然拥有得天独厚的自然环境，但其对化石能源依赖的程度高，煤炭占其国内能源的比重在 75% 以上，甚至 90% 的电力生产都依靠煤炭进行，南非是非洲最大的温室气体排放国。与其他发展中国家相比，无论是人均排放还是 GDP 排放强度，南非都居于首位。南非在国际气候谈判中一直扮演非洲代言人的形象。2015 年来，南非相继发布了国家适应战略、国家气候变化法案、综合能源计划等有关气候变化的重要政策，旨在构建气候适应型国家和发展清洁能源。

总体而言，南非清洁能源在整体能源结构中占比微不足道，煤炭仍然是南非发电的最主要来源。

一　南非应对气候变化管理体制

在国家层面，南非制定应对气候变化政策的主导部门是南非环境事务部（DEA）。环境事务部的职责是保护环境和自然资源，平衡可持续发展与自然资源利益的公平分配，并负责规划、协调和监督国家有关环境政策、计划和法律法规的实施。环境事务部下设生物多样性保护、气候变化与空气质量、企业管理服务、化学品和废物管理、环境咨询服务、环境计划、海洋与海岸等 9 个分支部门。其中，气候变化与空气质量分部是直接负责气候变化问题的部门。[1] 该部门的目的是改善空气质量，领导和支持高效且有效的国际、国家和地区的气候变化应对。[2][3]

虽然 DEA 是领导气候变化政策实施的负责部门，但国家其他部门在气候变化方面也具有一定的责任，包括合作治理部门（Department of Cooperative Governance）、人居部（Department of Human Settlements）、农村发展与土地改革部（Department of Rural Development and Land Reform）、水和卫生部（Department of Water and Sanitation）、农林渔业部（Department of Agriculture, Forestry and Fisheries）、卫生部（Department of Health）、矿产资源部（Department of Mineral Resources）、能源部（Department of Energy）、交通部（Department of Transportation）和公共工程部（Department of Public Works）。除国家职能部门外，南非有几个半国有企业（公共部门企业）发挥着重要的作用，包括南非国家生物多样性研究所（SANBI）、南非国家电力公司（Eskom）、南非国家运输公司（Transnet）、南非国家林业公司（SAFCOL）和南非国家矿业公司（Alexkor）。南非还有若干部门间论坛和体制结构（见表 7-2），旨在协调和更好地整合气候变化活动。

---

[1] Department of Environmental Affairs, Republic of South Africa, *Climate Change and Air Quality*, 2018-07-20, https：//www.environment.gov.za/branches/climatechange_ airquality.

[2] 张琳：《南非应对气候变化问题的政策研究》，硕士学位论文，华中师范大学，2013 年。

[3] Environmental Affairs, Republic of South Africa, *South Africa National Adaptation Strategy*: *Draft for Comments*, 2016-11-14, https：//www.environment.gov.za/sites/default/files/docs/nas2016.pdf.

表 7-2　　　　　　　　　　　南非应对气候变化所需的治理结构

结构	功能
环境事务议会委员会（Parliament Portfolio Committee on Environmental Affairs）	监督《国家气候变化应对政策》（NCCRP）的实施，并审查支持 NCCRP 的立法
气候变化部际委员会（Inter-Ministerial Committee on Climate Change）	气候变化部际委员会是一个行政（内阁）级别的委员会，协调并使气候变化应对行动与国家政策和立法一致。委员会监督国家气候变化应对措施的执行情况
南非总干事论坛（Forum of South African Directors-General Clusters）	南非总干事论坛通过促进参与新出现的政策和立法，指导国家气候变化应对行动
南非政府间气候变化委员会（Intergovernmental Committee on Climate Change）	南非政府间气候变化委员会成立于 2008 年，旨在促进政府部门在气候变化应对方面的信息交流、磋商、协议和支持。作为一个高层次的平台，它汇集了国家财政部、环境事务部门、农林渔业部、能源部、卫生部、人居部、国际关系与合作部、贸易和工业部、交通部、农村发展和土地改革部、科技部、社会发展部和水务部的代表，以及省级环境部门和地方政府协会的代表
国家灾害管理委员会（National Disaster Management Council）	负责确保国家灾害风险管理框架为管理气候变化相关风险的政府部门提供明确的指导。委员会确保制定有效的传播战略，以便及早向脆弱社区发出警告
执行理事会和部长级技术委员会的部长和成员（Ministers and Members of Executive Council and Ministerial Technical Committee）	促进三个政府部门之间的政策和战略一致性，并指导三个政府部门之间的气候变化工作
国家气候变化委员会（National Committee on Climate Change）	国家气候变化委员会就国家实施 NCCRP 和气候变化方面的责任，向 DEA 提供咨询意见，特别是《公约》和《京都议定书》的实施。它还就与气候变化有关的活动的实施提出建议。委员会有义务通过向《公约》提交国家通报（NC），每四年报告一次气候变化活动。它还与影响气候变化或受气候变化影响的关键部门的利益相关者进行磋商
国家经济发展和劳工委员会（National Economic Development and Labour Council）	政府与国家层面有组织的企业、劳工和社区团体合作的论坛。委员会确保气候变化政策的执行是平衡的，并满足所有经济部门的需要

二　南非应对气候变化政策

作为气候变化国际谈判的"基础四国"之一，南非在应对气候变化的问题上态度较为积极。近年来，南非国家层面气候变化政策框架见文本框 7-1。

2004 年，南非制定了《国家气候变化应对战略》，首次提出应采取行动应对气候变化。① 2006 年，南非政府内阁委托专家进行"南非减缓气候变化长期情景"（LTMS）的研究，旨在通过科学分析为制定长期的国家气候变化政策提供基础。2008 年，南非政府批准了该项目报告，并在此基础上提出了《气候政策的远期愿景、战略方向和框架》。该框架为应对气候变化制定了总体指导方针，其中包括在 2025 年之前遏制温室气体排放的增长；引入碳税、可再生能源上网电价以及碳捕集与封存系统；确定可再生能源、能源效率和交通运输的强制性目标。

　　南非重要的气候政策是 2011 年由内阁批准的《国家气候变化应对政策》（NCCRP）白皮书。这是南非就气候变化问题第一次出台的一份全国性的行动方案，为南非应对气候变化的挑战提供了行动纲领。NCCRP 提出了政府有效应对气候变化，并向气候适应、低碳经济和社会转型的愿景，确定了短期和长期的适应策略和干预措施，每 5 年需要进行一次评估，尤其是需要关注：水；农业和林业；健康；生物多样性和生态系统；人类居住区——城市、农村和沿海住区；灾害风险减少和管理。

文本框 7-1　南非气候变化政策框架

　　2005—2008 年，南非提出"减缓气候变化长期情景"（LTMS），探索 4 个战略情景（即从现在开始、扩大规模、利用市场和达到目标）下的一系列详细减缓行动和建议。

　　2011 年，南非通过《国家气候变化应对政策》（NCCRP）白皮书，提出南非政府有效应对气候变化、长期气候变化适应及低碳经济和社会的愿景。

　　2011 年，南非发布《建筑能源效率规定》，要求新建筑必须使用太阳能热水器、热泵或类似的技术，同时天花板、墙壁和窗户都必须满足绝缘的最低要求，以尽量减少冬季的取暖和夏季的制冷。建筑物也必须安装使用节能供暖、空调和机械通风系统。

　　2013 年，南非提出"气候变化适应长期情景"（LTAS），发展气候变化趋势和预测的共识，在水、农林业、人类健康、海洋渔业和生物多样性等主要部门总结关键影响和确定潜在的响应措施。

　　2014 年，南非提出"减缓潜在分析"（MPA），为能源、工业、交通、废物管理、农林业和其他土地利用（AFOLU）等重要经济部门减少温室气体排放提供可行的措施选择。

　　2015 年，南非提出"国家陆地碳汇评估"（NTCSA），旨在评估国家碳汇相关的植树造林、森林恢复、湿地、农业实践和城市绿化，以及确定 AFOLU 部门的主要减缓方案。此外，评估所有重要的土地利用变化，并量化不同气候变化和土地利用情景下的未来碳储量。

---

　　① Department of Environmental Affairs and Tourism, *A National Climate Change Response Strategy for South African*, 2004-09, https：//unfccc. int/files/meetings/seminar/application/pdf/sem_ sup3_ south_ africa. pdf.

> 2015—2016 年，南非提交国家自主贡献（NDC），确定了气候变化减缓和适应两方面的承诺。到 2025—2030 年，南非的二氧化碳排放量将在 398 兆—614 兆吨二氧化碳。
>
> 2016 年，南非发布《国家气候变化年度报告》，通报了南非向气候适应型社会和低碳经济转型的进展和经验教训。
>
> 2016 年，南非近期气候变化旗舰项目包括：气候变化应对公共工程；水资源保护；可再生能源；能源效率和管理；交通运输；废物管理；碳捕集与封存；长期气候变化适应情景。
>
> 2016 年，南非发布《国家能源效率战略》（2015 年后），通过合并财政激励措施、健全的法律和监管框架和支持措施，进一步提高能源效率。
>
> 2016 年，南非发布《综合能源计划草案》（IEP），提供了南非未来能源发展的路线图。
>
> 2016 年，南非发布《综合资源计划草案》（IRP），指导了电力供应的扩大，确定在电力部门的投资，让国家以最低的成本满足预期需求。
>
> 2017 年，南非"后 2020 减缓体系"文件包含了南非 2020 年后减排体系的结构建议，提出碳预算与计划碳税之间的接口。
>
> 2017 年，南非发布《国家适应战略》，为向气候适应型南非转型提供指导。
>
> 2017 年，南非发布《气候变化法律框架》，提供协调和综合应对气候变化的框架，通过增强适应能力提供有效的气候变化管理。
>
> 2017 年，南非《绿色交通》旨在减少交通运输对环境的不利影响，同时基于可持续发展原则解决当前和未来的交通需求。
>
> 2017 年，南非发布《温室气体报告和污染防治计划》，要求进行温室气体排放报告，提交涵盖温室气体减排的污染防治计划（PPP）。
>
> 2018 年，南非《温室气体排放路径研究》旨在进行国家到 2050 年的温室气体排放路径预测分析。
>
> 2018 年，南非发布《碳税法草案》，计划每吨二氧化碳征收 120 南非兰特的碳税，碳税包括部分免税、津贴和补偿。
>
> 2018 年，南非《低碳技术盘点》评估当前低碳技术的使用情况。

2015 年 9 月 25 日，南非向《公约》提交了国家自主贡献预案（IN-DC）。[①] INDC 的内容包含了气候变化减缓、气候变化适应以及资金和投资需求（见表 7-3）。尽管南非是少数几个在其 INDC 中提出绝对减排目标的国家之一，但 CAT 仍然认为这一目标"高度不足"。

表 7-3　　　　　　　　　　　南非国家自主贡献预案

领域	主要内容
减缓	按照"先高峰、再平顶、后下降"的排放控制轨迹，到 2025—2030 年，温室气体排放量限制在 398 兆—614 兆吨二氧化碳当量
适应	目标 1：制订和实施国家适应计划（National Adaptation Plan） 目标 2：在国家发展、地方和部门政策框架中考虑气候因素 目标 3：为气候变化应对规划和实施建立必要的机构能力 目标 4：开发关键气候脆弱部门和地理区域的早期预警、脆弱性和适应监测系统 目标 5：到 2020 年，制定脆弱性评估和适应需求框架 目标 6：交流过去在适应教育和意识以及国际认可方面的投资

---

① South Africa, *South Africa's Intended Nationally Determined Contribution* (INDC), 2015 - 09 - 25, http://www4. unfccc. int/submissions/indc/Submission%20Pages/submissions. aspx.

续表

领域	主要内容
资金和投资需求	适应和减缓都需要指示性的资金和投资规模； 关键计划需要进一步扩大，包括：水工作（WfW）和消防工作估计每年需要12亿美元；湿地工作估计每年需要12亿美元；水资源保护和需求管理估计每年需要53亿美元；土地恢复估计每年需要0.7亿美元。

2016 年 11 月 14 日，南非发布《南非国家适应战略草案》。2017 年 10 月，南非发布《国家气候变化适应战略》草案的第二次公众咨询。① 南非气候变化适应战略的愿景为促进南非向气候变化型的低碳经济社会过渡。其战略目标包括：①实现有效的适应规划制度，充分应对气候变化威胁；②定义适应实践，将生物物理和社会经济方面的脆弱性和抵御能力结合起来；③建立有效的治理和立法程序，将气候变化纳入发展规划；④国家和部门实施适应行动；⑤从各种来源获得充分和可预测的适应行动和需求的资金来源；⑥开发监测和评估（M&E）体系，跟踪适应行动的实施及其有效性。

为实现气候适应型南非的愿景，国家适应战略（NAS）确定了南非适应气候变化努力的主要支柱。这些优先事项共同代表了该国适应气候变化的战略意图，具体如下。

（1）将气候变化政策和立法以国家气候变化法案的形式正式化，该法案建立在《国家气候变化应对政策》（NCCRP）白皮书的基础上，并为实施、规划、参与研究和 M&E 建立适当的制度安排。这种政策和立法必须能够设计和利用适当的机构，促进跨部门实施的一致性，并将适应和减缓努力纳入其中。

（2）通过提高适应能力、改善生计，以及减少与气候相关灾害的风险和不利影响的关键方法，将气候变化适应纳入现有发展规划和实施过程中。其中包括基于生态系统的适应（EbA）、健全的集水区管理、基于社区的适应、保护性农业和气候智能型农业（包括林业和渔业）、抵御气候的基础设施开发和居住地规划等。

（3）启动一个涉及所有部门的联合规划和实施过程，整合和实施政府间必要的系统性变化，同时考虑到适应和减缓结果，并支持整个经济的可

① Department of Environmental Affairs, Republic of South Africa, *National Climate Change Adaptation Strategy*, *Republic of South Africa*, 2017-10, https：//www.environment.gov.za/sites/default/files/reports/nationalclimate_ changeadaptation_ strategyforcomment_ nccas.pdf.

持续发展。

（4）评估综合系统变化的成本，并建立一个案例，以确保国际资源支持实施。

（5）开展确定范围的过程，以考虑部门（如能源、采矿和运输）的气候变化脆弱性，在先前的气候脆弱性评估中，这些部门的气候脆弱性一直未得到充分的证实。

（6）确保传统上以减缓为重点的部门（如能源、采矿和运输）的未来规划和发展明确考虑到未来气候变化对该部门的影响以及必要的适应措施，同时考虑这些部门如何通过其发展有助于相关社区的气候适应。

（7）加强"扩大公共工程项目"（EPWP），支持生态系统和人类的气候适应能力（如土地使用者激励计划），以确保长期可持续的土地管理。

（8）要求在明确考虑到当前和预测的未来气候变化影响后，对所有公共基础设施进行规划、设计、运营和管理，以确保在气候变化下，基础设施的最佳性能和价值维护。

（9）通过投资研发（尤其是综合影响评估、影响建模和适应评估）来增加气候变化影响和解决方案的知识基础，填补现有知识的空白，并减少长期的不确定性。

（10）通过有针对性的培训计划和继续教育，建立政府和所有部门实施有效适应计划的能力。

（11）实施有效气候变化适应的监测评估体系，确保其与气候变化框架的所有相关方面充分结合。

（12）制订并实施有效的宣传和推广计划，向所有部门和社会各阶层介绍气候变化带来的风险和机遇。

该适应战略进一步确定了部门的优先适应战略计划，包括：灾害风险减少和管理；人类居住地；水；农业、林业和渔业；生物多样性和生态系统；人类健康；采矿；能源；交通和公共基础设施。各部门适应的重点如表7-4所示。

表 7-4　　　　　　　　各部门确定的实施重点

部门	实施重点
水	通过与环境事务部（DEA）、农村发展和土地改革部（DRDLR）以及农业、林业和渔业部（DAFF）在2019年《中期战略框架》（MTSF）的合作，定义和确定 EbA 方法的优先领域。通过国际资助扩大水务工作范围。为实施第 1 个 NAS 的水量和水质确定旗舰项目。与 NDMF 的合作，开发一个可变时间框架的早期预警系统

续表

部门	实施重点
农业	在第 1 个 NAS 上，该领域的重点是确定旗舰项目，以解决 2019 年 MTSF 中包含的关键漏洞。在 2020 年为农业部门制定减少灾害风险的战略和工具。为基于季节预测的国家作物评估开发一个平台
渔业	该领域的优先事项是确定旗舰项目，以解决关键的脆弱性，特别是水产养殖作为 Operation Phakisa 的一部分的。在 2020 年为渔业部门制定减少灾害风险的战略和工具。为渔业部门开发一个早期预警系统，包括藻类的大量繁殖
林业	通过扩大对森林的工作和开展火灾工作，确定重点项目，以解决关键的脆弱性。在 2020 年制定减少灾害风险的战略和工具。为林业部门开发一个早期预警系统，包括火灾发生率。采用 EbA 的方式进行景观管理
生物多样性和生态系统	该部门的主要活动是在第 1 个 NAS 期间，与 LG、DAFF、DRDLR 等相关部门一起开发和进一步操作 EbA 项目
人类居住地	优先事项包括到 2020 年通过更新国家 DMF、SDF 和建筑规范，制定气候变化适应能力指南。实施减少灾害风险和管理规定，在适当的地方扩大规模。在气候变化的情况下，制定有关提供基本服务的目标，并实施服务交付项目
人类健康	与 DAFF 共同设计和实施食品安全和健康旗舰项目。设计项目来实施管理病媒传播疾病的计划。与地方政府合作实施有关空气污染和供水服务、卫生设施、垃圾清除等项目。发布卫生保健基础设施规划、设计和运作的适应标准
灾害管理	关键的行动包括灾害管理框架的资源和运作化。探索在农业、卫生等政府部门的救灾资金的整合。扩大早期预警网络，包括农业灾害、卫生灾难等
采矿和采掘	该部门应制定一个由公私部门共同资助的旗舰项目，以提高采矿业的抗灾能力。开发早期预警系统，应对采矿部门的气候相关灾害。为生物多样性和生态系统的旗舰和多功能景观做出贡献
能源	适应方面的考虑应将气候变化战略的产出与下一轮的 IRP 联系起来。支持 ESKOM 和 IPPs 的抗灾措施的实施
交通和公共基础设施	制定和实施一项覆盖港口、铁路和公路部门的运输部门旗舰项目；与绿色建筑委员会一起开发一个建筑基础设施旗舰。支持实施该部门的救灾工作

2018 年 6 月 8 日，南非发布《国家气候变化法案》草案。该法案旨在建立一个长期有效的气候变化应对方案，以确保南非顺利向低碳经济转型并向气候适应型社会过渡。[①] 法案建议按照国家排放目标，每个排放部门制定部门排放目标，但没有具体说明每个部门的目标。此项法案的出台，兑现了南非议会在 2017 年宣布的对气候变化《巴黎协定》的承诺，即在 2018 年实现气候变化立法。

---

① Department of Environmental Affairs, Republic of South Africa, *Climate Change Bill*, 2018, for public comment, https://www.environment.gov.za/legislation/bills.

三　南非清洁能源政策进展

根据英国石油公司（BP）2016 年清洁能源统计报告，南非的煤炭资源比较丰富，2010—2014 年煤炭发电所占比例高达 92.79%，而太阳能、核能、风能、水能等低碳能源总和仅为 7.21%。随着近几年新能源技术和基础设施的不断推进，清洁能源比例正在慢慢增长，但在南非的整体能源结构中显得微不足道，煤炭仍然是南非发电的最主要来源。[①]

2008 年，南非发布《国家能源法案》，旨在确保为经济提供多样化的能源资源，同时支持经济增长和扶贫。该法案将提供能源规划、增加可再生能源的发电和消耗、能源供应应急、能源原料和运输，以及能源基础设施。法案将进一步建立南非国家能源发展研究所，负责促进能源的生产和消费，以及能源研究。能源部负责实施《综合能源计划》，处理与能源相关的所有问题，包括能源部门内部与温室气体减排相关的计划。南非国家能源发展所负责促进能源研究和开发，其职能还包括指导、监测、实施除核能以外的能源研究和技术开发。该法案于 2012 年进行修订。

2011 年，南非政府内阁批准《综合资源计划（电力）2010》，为未来 20 年电力发展勾勒蓝图。计划到 2030 年南非电力供应组合为：煤炭发电占 45.9%（2010 年约为 90%），核电占 12.7%（2010 年约为 6%），可再生能源占 21.0%，开式循环燃气轮机占 8.2%，抽水蓄能发电占 3.3%，中等指标的燃气发电占 2.6%，进口水力发电占 5.3%，其他发电占 1%。未来 20 年南非要新增核能 9600 兆瓦，风力发电 9200 兆瓦，太阳能光伏 8400 兆瓦，聚光太阳能发电 1200 兆瓦。

2013 年，南非发布《太阳能技术路线图》，指导未来 5—10 年太阳能技术的发展，涉及集中式太阳能的开发和推广；光伏技术；太阳能加热和冷却技术；节能减排研发，分布式发电、扩展式独立发电和对国家电网供电以及对碳燃烧减轻依赖等方面。

2016 年 11 月 25 日，南非能源部发布《综合能源计划》草案，确定其主要目标为：确保供应安全；将能源成本降到最低；促进创造就业机会和

---

① 张维冲、孟浩、李维波：《南非清洁能源发展最新进展及启示》，《全球科技经济瞭望》2016 年第 11 期。

本地化；尽量减少能源部门对环境的负面影响；促进水的保护；使供应来源和主要能源来源多样化；促进经济中的能源效率；增加获得现代能源的机会。南非希望到 2050 年大幅提升自主发电能力，实现风能发电 37400 兆瓦，太阳能发电 17600 兆瓦，燃气发电 35292 兆瓦，燃煤发电 15000 兆瓦。南非还计划于 2037 年新建核电站正式运行，到 2050 年实现发电 20385 兆瓦。

第四节　墨西哥

墨西哥是具有重要影响力的发展中国家，它极易受到气候变化的影响，同时也是温室气体排放大国之一。2013 年，墨西哥温室气体排放量为 6.65 亿吨二氧化碳当量，在全球温室气体排放大国中排名第 12 位。墨西哥是全球气候治理的积极参与者，在全球应对气候变化的行动中发挥着独特作用。[①] 近年来，墨西哥在政策规划和制度建设方面取得的进展令人瞩目。墨西哥率先在发展中国家出台了一部综合性的气候变化法，建立了相对完备的管理体系。2015 年，墨西哥也率先提交了国家自主贡献，并制定了气候变化长期发展战略。

一　墨西哥应对气候变化管理体制

墨西哥于 2012 年 4 月通过的《气候变化基本法》（LGCC）[②] 是墨西哥气候政策的基础，为应对气候变化规定了一系列的原则、规则和相应的实施机制。该法于同年 10 月生效，使得墨西哥成为就气候变化问题制定综合性立法的首个发展中国家。LGCC 的主要目标是：推进国家低碳转型和经济可持续发展，保持墨西哥的国际竞争力；提高国家适应气候变化的能力；促进政府部门之间在应对气候变化工作中的合作。该法为墨西哥提出了全方位的应对气候目标：将温室气体到 2020 年减排 30%，到 2050 年减排 50%；到 2026 年达到排放峰值；在 2024 年之前清洁能源占能源消费比

---

① 冯峰：《全球气候治理中的墨西哥：角色转型与政策选择》，《拉丁美洲研究》2016 年第 2 期。

② Environmental Law Institute, *General Law on Climate Change Mexico*, 2012-04, http://www.lse.ac.uk/GranthamInstitute/law/general-law-on-climate-change/.

例达到 35%，到 2030 年达到 40% 以上；减少 51% 的黑碳排放；减少因毁林而增加的碳排放；提高国家适应气候变化的能力。[①]

为实现上述目标，LGCC 设立了包括气候变化部际协调委员会（CICC）、国家生态与气候变化研究所（INECC）、州政府、国家市政官员协会、联邦国会以及气候变化委员会的国家应对气候变化体系（见表7-5）。LGCC 制定了 3 项主要的气候规划工具，包括《国家气候变化战略》《应对气候变化特别计划》和《应对气候变化州计划》。除了指导和规划工具，LGCC 还明确了有关融资、市场工具、政策评估等政策性工具（见图 7-1）。《国家气候变化战略》是墨西哥应对气候变化的主导性国家政策，为国家提供 10 年、20 年和 40 年的长期愿景。

总体而言，墨西哥 LGCC 设置了系统性的实施机制，从机构设置注重多方主体的参与到政策评估、监督注重定期审查的规定，从减缓与适应性立法策略的全方位到基金运行、参与国际合作的透明度，这些都反映了墨西哥政府在应对气候变化问题上的积极主动，采取了对公众负责任的态度，推动了墨西哥向低碳经济发展的转变。[②]

表 7-5　　　　　　　　　　墨西哥国家应对气候变化体系

机构	职能
气候变化部际协调委员会（CICC）	CICC 由 13 个联邦部委组成，包括：环境和自然资源部；外交部；能源部；财政部和公共信贷部；社会发展部；内政部；海军部；经济部；农业、畜牧业、农村发展、渔业及食品部；通信与交通部；公共教育部；卫生部和旅游部 CICC 的任务包括：①通过在部门层面的计划和行动中主流化气候行动，制定和实施国家气候变化减缓和适应政策；②制定跨领域的公共气候变化政策标准；③批准国家气候变化战略；④参与制订和实施《应对气候变化特别计划》（SCCP）
国家生态与气候变化研究所（INECC）	INECC 是 LGCC 创建的研究机构，在国内外公共或私立学术研究机构的协助下，协调气候变化科学与技术相关的研究和项目。在制定气候变化相关的战略计划和方案中，该机构负责进行前瞻性部门分析和合作，其工作包括评估与气候问题相关的未来成本和效益。重要的是，INECC 可授权制定有助于国家建立气候变化减缓和适应能力的政策。INECC 的另一个重要作用是协调气候政策的评估

①　于文轩、田丹宇：《美国和墨西哥应对气候变化立法及其借鉴意义》，《江苏大学学报》（社会科学版）2016 年第 2 期。

②　王萍：《墨西哥气候变化法——及其对中国气候安全立法的启示》，《南京工业大学学报》（社会科学版）2014 年第 1 期。

续表

机构	职能
气候变化委员会 （Climate Change Council，CCC）	气候变化委员会是 CICC 促成建立的、以促进利益相关者参与和合作的咨询机构，由来自社会、学术和私营部门的成员组成，在气候方面具有显著的优点和经验，其职责包括：①提供开展应对气候变化的研究、政策、行动和目标建议；②通过公众咨询程序促进社会参与
联邦国会（Federal Congress）	联邦国会由参议院和众议院组成，参议院和众议院对提出、讨论和批准减缓气候变化的法律（或现有立法修正案）以及适应气候变化的战略有不同的职责。在参议院，这项工作由气候变化特别委员会和环境与自然资源委员会共同完成。在众议院，气候变化委员会完成这项工作
州政府（States）	各州的职能包括：①制定、实施和评估州层面的气候变化政策；②制订并实施各自的气候变化计划；③促进气候变化减缓和适应技术、设备和过程的科技研发、转移和部署；④制定综合的温室气体减排战略、计划和项目，以促进有效和可持续的公共和私人交通；⑤处理和整合州层面的排放源数据，以便纳入国家排放清单和州风险图集
国家市政官员协会 （National Association of Municipal Officials）	国家市政官员协会由墨西哥国家城市联盟、墨西哥地方当局协会，以及市长协会组成，其职能包括：①制定、实施和评估市级气候变化政策；②促进气候变化减缓和适应技术、设备和过程的科技研发、转移和部署；③制定综合的气候变化减缓战略、计划和项目，促进公共和私人交通部门制订并实施各自的气候变化计划；④参与激励措施的设计和实施；⑤处理和整合市级排放源数据，以便纳入国家排放清单

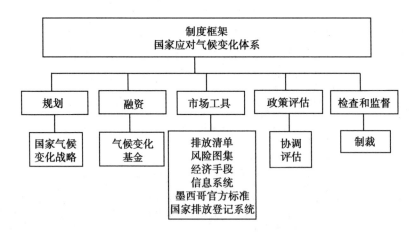

图 7-1　墨西哥应对气候变化制度安排和政策工具

二　墨西哥应对气候变化最新趋势

（一）提交国家自主贡献

2015 年 3 月 30 日，墨西哥率先向《公约》提交了国家自主贡献预案

（INDC），成为第一个主动承诺减排责任的发展中国家。墨西哥提交的INDC 包含气候变化减缓和适应两部分，并包含了所有温室气体和短寿命气候污染物的减排（见表 7-6）。减缓部分包括两种类型的措施：无条件措施和有条件措施。无条件措施是墨西哥将利用自己的资源实施的措施，而有条件措施是墨西哥在采用新的多边气候制度以及通过国际合作获得额外资源和技术转让时可以发展的措施。这是墨西哥首次承担无条件的国际承诺，即采取某些减缓行动，这是史无前例的。

表 7-6   墨西哥国家自主贡献预案

项目	内容
无条件减缓	墨西哥承诺到 2030 年无条件减少 25% 的温室气体和短寿命气候污染物排放（常规情景下）。这一承诺意味着减少 22% 的温室气体排放和减少 51% 的黑碳排放。这一承诺意味着从 2026 年开始净排放达到峰值，将温室气体排放与经济增长脱钩；2013—2030 年，单位 GDP 的排放强度将减少约 40%
有条件减缓	根据一项涉及重要议题的全球协议（包括国际碳价格、碳边界调整、技术合作、获得低成本的融资资源和技术转让），上述 25% 的承诺可以有条件的方式增加到 40%。在相同条件下，到 2030 年，温室气体减排量可能会增加到 36%，而黑碳减排量可能会达到 70%
类型	相对于常规情景（BAU）基准的减排量
覆盖范围	整个国家范围
种类	CO_2、CH_4、N_2O、HFCs、PFCs、SF_6、黑碳
基准	从 2013 年（墨西哥《气候变化基本法》实施的第一年）开始，在没有气候变化政策的情况下，以经济增长为基础的常规情景排放预测
适应	适应的优先事项包括：保护社区免受气候变化的不利影响，例如与全球温度变化有关的极端水文气象事件；增加战略基础设施的适应能力和承载国家生物多样性的生态系统的适应能力。为了实现这些优先事项，墨西哥将加强至少 50% "最脆弱" 城市数量的适应能力，在各级政府建立预警系统和风险管理，到 2030 年，森林砍伐率为 0

（二）气候变化长期发展战略

墨西哥于 2016 年 9 月 21 日批准了《巴黎协定》，并于 11 月 16 日向《公约》提交了《墨西哥 21 世纪中期气候变化战略》（*Mexican Climate Change Mid-Century Strategy*），承诺到 2030 年温室气体排放量比 2000 年减少 22%，到 2050 年减少 50%。[①] 这是第一个向 UNFCCC 提交气候变化长期发展战略的发展中国

——————————

① Ministry of Environment and Natural Resources, *Mexican Climate Change Mid-Century Strategy*, 2016-11-16, http://unfccc.int/files/focus/long-term_strategies/application/pdf/mexico_mcs_final_cop22nov16_red.pdf.

家。该战略提出了未来 10 年、20 年和 40 年社会和人口、生态系统、能源、排放、生产系统、私营部门和流动性方面的愿景（见表 7-7），并提出了气候变化减缓和适应战略，确定了长期气候政策的关键综合交叉问题。

（1）综合交叉政策。需要在以下领域采取行动：①交叉、相互连贯、协调和包容的气候政策和行动；②制定气候具体的财政政策，设计基于市场的经济和财政手段；③实施气候技术的研究、创新、发展和采用平台，加强制度能力；④促进气候文化的发展；⑤实施测量、报告和核查机制以及监测和评价（M&E）机制；⑥加强战略合作和国际领导力。

（2）气候变化减缓战略。需要在 5 个重要领域采取行动：①加速清洁能源转型；②能源效率和可持续消费；③包含交通系统、综合废弃物管理和低碳建筑的可持续城市；④可持续农业和林业，以增加和保护自然碳汇；⑤减少短寿命气候污染物（SLCP）排放。

（3）气候变化适应战略。需要在 3 个重要领域采取行动：①降低社会脆弱性，增强对气候变化影响的适应；②提高基础设施和生产系统的适应力；③自然资源的保护和可持续利用，以维持生态系统服务和自然管理。

为帮助墨西哥实现其减排目标，世界资源研究所（WRI）发布《实现墨西哥气候目标：八点行动计划》（*Achieving Mexico's Climate Goals：An Eight Point Action Plan*）[①]，提出了墨西哥需要采取的 8 大行动：①在工业活动中提高燃油效率和转换到清洁燃料。②减少非二氧化碳温室气体排放。③引进碳定价和逐步取消化石燃料补贴。④提高电网的容量和效率。⑤促进减缓和适应之间的协同效应。⑥过渡到清洁、精心设计的运输选项。⑦提高商业和住宅建筑能源效率。⑧制定一个实现温室气体净零排放的全面、长期的战略。

表 7-7　　　　墨西哥国家气候变化战略未来 10—20—40 年愿景

领域	10 年	20 年	40 年
社会/人口	政策行动惠及最脆弱人群，减少气候变化对他们的影响；社会积极参与气候政策	社会致力于减少气候变化的影响；人类居住区扩大适应气候风险的能力	社会从文化层面和社会层面综合应对气候变化；农村脆弱性减少，并且很低

---

① WRI, *Achieving Mexico's Climate Goals：An Eight Point Action Plan*, 2016-11, http：//www.wri.org/publication/achieving-mexicos-goals.

领域	10 年	20 年	40 年
生态系统	在适当的政策和财政资源下，最脆弱的生态系统受到保护；生态系统和可持续管理是自然保护战略的一部分；在整个国家实施可持续消费行动；综合的土地管理计划得以实施；适当的融资促进可持续景观的计划；地方适应技术被使用；原生态系统中零碳损失	生态系统和所有物种受到可持续保护或使用；自然资源具有经济价值，并受到充分管理；针对可持续发展和高效的水管理，存在足够的基础设施；水资源的有效使用帮助恢复水体的生态和物理功能；提高自然资本，增强国家的经济和社会发展	通过水资源的可持续和有效利用，确保水平衡；生态系统的保护和可持续管理有助于提高气候适应；地方层面的适应是足够的
能源	在电力部门应有 35% 的清洁能源目标下，清洁技术得以部署并推动能源转型；制订具体计划，以鼓励清洁能源、能源效率和可持续公共交通，减少化石燃料的使用	至少有 40% 的发电量来自清洁能源；通过清洁能源发电创造就业机会，包括住宅、旅游和工业部门使用清洁能源，提高能源效率和制订储能计划	清洁能源发电以可持续方式支持各部门的经济发展；至少 50% 的能源发电来自清洁能源
排放	大幅减少短寿命气候污染物的排放；能源部门中的国营生产性行业实施能源效率计划，增加可再生能源使用；人口规模超过 5 万居民的城市中心有废物管理基础设施，减缓所有甲烷的排放	经济增长与化石燃料及其环境影响解耦；短寿命气候污染物排放最小化	与 2000 年相比，排放量减少 50%
生产系统	理解、承认、监测和应对生产部门环境影响；新技术和实践减少气候变化风险；在不同经济部门中实施国家适当减缓行动（NAMA）	森林碳汇保持正的速率；可持续森林管理停止森林砍伐；在采掘业、农业、畜牧业和林业部门的可持续管理实践增加生产力，减少脆弱性，并节约土地	生产系统能适应气候变化
私营部门	在生产规划中考虑气候变化问题；在国家排放注册表中，工业行业报告其温室气体排放；企业减少气体和化合物排放，在能源效率、节能，以及清洁和可再生能源使用中利用机会	企业采用先进的废物管理实践；实施生产和可持续消费计划	企业具有可持续的生产周期
流动性	公共和私营部门采用可持续交通系统；社会经济计划鼓励可持续交通工具的使用；在公共交通工具中，普遍使用电动汽车	货物运输具有多模式、高效性和低排放	普遍使用火车和电动汽车

（三）推动能源转型

在巴黎气候变化大会（COP21）之后，墨西哥于 2015 年 12 月推出了一项新的清洁能源政策——《能源转型法》。该法制定了可再生能源目标：到 2018 年，可再生能源发电量达到 25%；到 2021 年，可再生能源发电量达到 30%；到 2024 年，可再生能源发电量达到 35%。

2017 年，墨西哥发布《能源转型规划》，确立了清洁能源生产发展目标及其战略。该项规划是墨西哥《能源转型法》的一部分。规划提出，可再生能源发电占发电总量的比例到 2018 年达到 25%，2021 年达到 30%，2024 年达到 30%，2036 年达到 45%，2050 年达到 60%。规划提出，要充分利用墨西哥清洁能源数据库。该系统覆盖了墨西哥所有地区，能够显示利用现状和可再生能源潜力，涉及风能、太阳能、生物质能、地热和潮汐能，并有清洁能源发电潜力分布图。2016 年上半年，墨西哥清洁能源发电能力增加了 89.46 万千瓦，达到 2016 万千瓦，占墨西哥总发电能力的 28.4%。2015 年，墨西哥风力发电量为 87.45 亿度，较 2014 年增长 36%。从太阳能来看，装机容量从 2011 年的 3 万千瓦上升至 2015 年底的 17 万千瓦。能源转型计划还包括地热和生物质能开发，以及增加甲烷燃料使用和屋顶太阳能分布式发电项目推广。

（四）试行碳排放交易

《气候变化基本法》规定要逐步建立市场机制，以鼓励国家气候变化政策的实施。环境和自然资源部可以会同 CICC 和 CCC，建立自愿碳排放交易体系。2017 年，墨西哥开始模拟自愿排放交易计划，并修改 LGCC，以要求为期三年的试点阶段后，2018 年 8 月开始将强制实施该自愿排放交易计划。墨西哥计划 2021 年 8 月正式启动碳排放交易体系（ETS），预计将有 40—700 家公司参与市场。

第五节　沙特阿拉伯

在应对气候变化的谈判中，作为世界上最大的产油国，沙特阿拉伯王国（以下简称沙特）的立场引人注目。沙特经历了从强调应对气候变化政策的负面影响到正视气候变化问题的立场转变，但仍未努力采取举措应对气候变化。为应对低油价和摆脱对石油的依赖，沙特发布"去石油化战略"来推动其能源战略转型。

沙特面临的温室气体排放问题独特，因为其经济以石油为基础，整个能源行业都依赖于化石燃料。应对气候变化的措施对该国石油生产构成了制约，也对经济发展产生了负面影响。因此，该国在气候变化问题上的立场便源于温室气体减排政策对该国经济发展产生的负面影响，担心减排措施会影响其石油生产与出口①。

2005 年，沙特向《公约》递交了第一份反映其国家立场的信息通报文件（2011 年和 2016 年分别提交了第二份和第三份国家信息通报）。这份报告由沙特气象与环境部（PME）负责起草，展示出了一种中间立场，开始承认沙特在遭受着气候变化带来的影响，对沙特在气候变化方面的脆弱性进行了评估，并且针对经济多样化提出了解决方案。2006 年，沙特发起组织了关于清洁发展机制的国际会议，表明沙特内部对于清洁发展机制所带来的经济发展机遇开始有了进一步认识。2007 年底，沙特主办了第三次欧佩克（OPEC）峰会，环境议题成为此次峰会的重要议题之一。会议强调应考虑石油依赖型国家的特点，从技术层面应对气候变化问题。沙特在此次峰会上宣布投入 3 亿美元作为研究能源、环境与气候变化问题的基金。尽管沙特逐渐正视气候变化问题的存在，但相较于全球其他主要碳排放经济体，沙特在控制气候变化方面所做的努力仍较低。

一　提交国家自主贡献，批准《巴黎协定》

沙特于 2015 年 11 月 10 日向《公约》秘书处提交了国家自主贡献预案（INDC）②，并于 2016 年 11 月 3 日正式批准了《巴黎协定》。INDC 中概述的行动和计划旨在通过对经济多样化和适应气候变化的贡献，实现到 2030 年每年可避免高达 1.3 亿吨二氧化碳当量的减排目标。这些雄心取决于沙特的经济在日益多样化中继续增长，以及石油出口收入对国民经济的强劲贡献。INDC 强调，实现目标的前提是国际气候变化政策和措施的经济和社会后果不会对沙特的经济造成不相称或不正常的负担。INDC 分别提出

① 杨毅：《浅析沙特阿拉伯在国际气候变化谈判中的立场与策略》，《西亚非洲》2011 年第 9 期。

② UNFCCC, *The Intended Nationally Determined Contribution of the Kingdom of Saudi Arabia under the UNFCCC*, 2015-11-10, http://www4.unfccc.int/submissions/indc/Submission%20Pages/submissions.aspx.

了减缓和适应气候变化的行动和计划。

带来减缓效益并促进经济多样化的行动和计划如下。

（1）能源效率。加强沙特能源效率计划并扩大其重点。目前，该计划侧重于工业、建筑和运输三个主要部门，共占该王国90%以上的能源需求。支持将产生影响深远的共同利益的举措，如在建筑和运输部门引入能效标准以及在各种工业设施中实施能效措施。鼓励并加快单循环发电厂向联合循环发电厂的转换。

（2）可再生能源。投资并实施雄心勃勃的可再生能源计划，以增加其对能源结构的贡献。范围将包括太阳能光伏、太阳能热、风能和地热能以及废物能源系统。目前正在准备和评估可再生能源的竞争性采购程序。

（3）碳捕集与利用/封存。沙特计划建造世界上最大的碳捕集与利用工厂。该计划旨在每天捕获和净化约1500吨二氧化碳，用于其他石化工厂。沙特将在试点测试基础上开展工作，即二氧化碳—强化采油（CO_2-EOR）示范项目，以评估油藏中二氧化碳封存的可行性。该试点项目有全面的监测计划，试点项目的成功将决定该计划对沙特应对气候变化的雄心的贡献程度。

（4）天然气的利用。鼓励对勘探和生产天然气进行投资，以显著增加其对国家能源结构的贡献。在这一领域实现减排共同利益将取决于勘探和开发天然气的成功。

（5）甲烷回收和减少燃烧。将采取行动保护、回收和再利用碳氢化合物资源，并尽量减少燃烧和泄漏的排放。

适应措施包含了减缓共同利益的措施以及完全旨在适应和提高抵御能力的措施如下。

（1）具有减缓共同利益的适应措施：①水和废水管理。采取措施促进和鼓励市政、工业和商业部门的水和废水的减少、再循环和再利用，以减少能源消耗，淡化水的生产和未经处理的废水排放。②城市规划。鼓励采取行动促进城市地区公共交通系统的发展和利用。采取必要行动加快利雅得地铁系统的发展。此外，在吉达和达曼，支持和加快地铁系统的规划和开发。③海洋保护。实施沿海管理战略，旨在减少海岸侵蚀、增加蓝碳汇、维持相关生态系统、应对气候变化对海洋生计造成的威胁。支持在沿海地区种植红树幼苗。此外，加强阿拉伯海湾西北部的珊瑚礁恢复计划。④减少荒漠化。采取措施加强荒漠化管理。支持行动，以促进城市和道路周围沙粒的稳定，同时通过使用绿化带作为屏障来增加沙汇。通过基于各种自然资源保护活动、生物多样性和生态系统的适应工作，发展和加强干旱和半干旱的农村地区。目标是通过受保护区系统来改善土壤质量、水、牧场和野生生物资源。

（2）旨在适应的措施：①沿海地区综合管理规划（ICZM）。采取必要行动制定和实施 ICZM 计划，该计划将考虑到对沿海基础设施的保护，如道路、住宅区、工业园区、海水淡化厂、海港等。②预警系统（EWS）。开发和实施 EWS，通过提高基础设施的抵御能力，减少暴风雨、洪水和沙尘暴等极端天气事件造成的脆弱性。③综合水管理规划。制订和实施计划，利用新的淡水资源，建造额外的水坝收集饮用水和补给含水层。

CAT 认为，尽管沙特正努力使其能源供应多样化，但沙特温室气体排放仍然令人担忧，预计到 2030 年的排放将比 2014 年翻一番，并认为沙特的 INDC "严重不足"。

二 发布 2030 愿景，促进可再生能源转型

2016 年 4 月 25 日，沙特发布《沙特 2030 愿景》（*Saudi Arabia's Vision for 2030*）[①]。这是一项减少沙特对石油的依赖、实现经济多样化、发展公共服务部门（如卫生、教育、基础设施、娱乐和旅游）的计划，目标包括加强经济和投资活动，通过商品和消费产品增加国家之间的非石油工业贸易，增加政府在军事、制造设备和弹药方面的支出。可再生能源是将要重点发展的领域之一。愿景中主要的一些改革措施包括：①将沙特阿美石油公司不超过 5% 的股份在本地市场进行公募，阿美石油公司的价值在 2 万亿到 2.5 万亿美元之间。②将公共投资基金转为主权基金，资产总值 2 万亿美元，成为全球最大的主权基金。③将非石油收入从目前的 1635 亿里亚尔（435 亿美元）提高至 2020 年的 5300 亿里亚尔和 2030 年的 1 万亿里亚尔（2667 亿美元）。④将沙特在全球最佳经济体中的排名由目前的第 19 位提高到前 15 位。⑤将私营部门对 GDP 的贡献从 40% 增加到 65%。⑥将非石油出口在非石油 GDP 中的份额从目前的 16% 提高到 50%。⑦成立政府项目管理办公室。其职能是记录所有政府部门的规划和目标，将其转换为

① Kingdom of Saudi Arabia, *Saudi Arabia's Vision for 2030*, 2016 - 04 - 25, http://vision2030. gov. sa/en.

数字指标，进行定期评估。监督政府部门间工作协调的程度，监督政府规划目标推进的程度。

2016 年 6 月 6 日，沙特通过了《国家转型计划 2020》（*National Transformation Program 2020*）[①]。该计划是沙特政府实施的一项经济行动计划，是沙特"2030 愿景"的一部分，旨在大幅提高非石油经济的收入。主要目标包括：到 2020 年，将沙特非石油财政收入从 1635 亿里亚尔提高至 5300 亿里亚尔；将非石油资产规模从 3 万亿里亚尔提升至 5 万亿里亚尔；将石油生产能力维持在 1250 万桶/日，同时将干性天然气的产能从 120 亿立方英尺/日提高至 178 亿立方英尺/日；将炼油产能从 290 万桶/日提高至 330 万桶/日；将非石油出口额从 1850 亿里亚尔增加至 3300 亿里亚尔；将政府债务的 GDP 占比从目前的 7.7% 提高至 30%；创造 45 万个非政府就业岗位；将外国直接投资从 300 亿里亚尔增加至 700 亿里亚尔；将可再生能源发电占比提升至 4%；将矿业部门对 GDP 的贡献从目前的 640 亿里亚尔提升至 970 亿里亚尔；将旅游业投资从 1450 亿里亚尔提升至 1715 亿里亚尔。

2017 年 4 月，沙特通过了《国家可再生能源计划》（NREP）[②]，并计划在 2032 年前向可再生能源领域投资 300 亿—500 亿美元。该计划是一项长期的、多方面的可再生能源战略，旨在平衡国内的能源结构，为沙特带来长期的经济稳定和繁荣，同时致力于减少碳排放的承诺。该计划由能源、工业及矿产资源部（MEIM）管理和执行，直接支持《国家转型计划 2020》和《沙特 2030 愿景》，目标是大幅提高可再生能源在能源结构中的份额，到 2020 年实现 3.45 吉瓦可再生能源发电量，到 2030 年将可再生能源发电量达到 9.5 吉瓦。在该计划下，沙特启动了首轮可再生能源招标，招标总量高达 1000 万千瓦。沙特目前正处在研究建设两座总装机达 280 万千瓦的商业化核反应堆的初级阶段，未来沙特将在核能方面加大投资力度。沙特计划，到 2030 年该国七成电力需求将由天然气满足，其余电力来源于可再生能源等其他供给。目前沙特本国产生的可再生能源电力很少，不到总发电量的 1%。此外，沙特计划 2018 年将斥资 50 亿—70 亿美元用

---

① Kingdom of Saudi Arabia, *National Transformation Program*, 2016 - 06 - 06, http://vision2030. gov. sa/en/ntp.

② Kingdom of Saudi Arabia, *National Renewable Energy Program* (NREP), 2017-04, https://www.ksa-climate. com/nrep.

于开发可再生能源项目，尤其是太阳能。2018 年计划招标 8 个可再生能源项目，累计装机容量达到 4.125 吉瓦。同时，沙特和其他中东产油国还将合作开发可再生能源项目以满足日益增长的国内需求，促进能源和经济的多元化发展，减少对化石燃料的依赖。

第八章　国际机构气候治理

国际气候变化问题的严峻性和开展国际气候治理的复杂性要求国际组织在全球气候治理中担当重要责任，因此，它们通过引导观念构建全球原则共识，通过各方共同承担来降低气候合作成本，通过制定气候合作的协调机制约束各方行为，通过提供信息与对策主导和引领全球多边合作，在解决气候变化问题、推动国际气候治理中发挥了重要作用。然而不同机构因定位不同其关注焦点也有很大的差异，例如，国际能源署（IEA）、世界气象组织（WMO）、联合国环境规划署（UNEP）、联合国开发计划署（UNDP）、未来地球计划（Future Earth）的关注焦点分别是能源安全、气候和水文相关专业知识服务、资源环境保护、减贫、自然科学与社会科学研究成果对可持续发展目标的综合服务，因此他们在推动国际气候变化治理过程中发挥的作用也有所差异。因此，本书从管理机构、关注的重点领域、在国际气候治理中的贡献三个方面切入，系统分析了 IEA、WMO、UNEP、UNDP、Future Earth 五个典型国际组织和机构在推动国际气候变化治理方面做出的重要贡献。

第一节　国际能源署

国际能源署（International Energy Agency，IEA）是一个政府间的能源机构，是在 1973 年至 1974 年的石油危机后，于 1974 年 11 月成立的，它是隶属于经济合作与发展组织（OECD）的一个自治的机构。IEA 由 30 个成员国组成，其中，创始成员国共 16 个，包括爱尔兰、奥地利、比利时、丹麦、德国、荷兰、加拿大、卢森堡、美国、日本、瑞典、瑞士、土耳其、西班牙、意大利和英国。之后加入的 14 个成员国分别为挪威（1974）、希腊（1977）、新西兰（1977）、澳大利亚（1979）、葡萄牙（1981）、法国（1992）、芬兰（1992）、匈牙利（1997）、捷克（2001）、韩国（2002）、斯洛伐克（2007）、波兰（2008）、爱沙尼亚（2014）和墨西哥（2018）。此外，2015 年 11 月 18 日，国际能源署 2015 年部长级会议上，中国以联盟国的身份加入了 IEA。IEA 总部设在巴黎，拥有来自其成员国的 190 位能源专家和统计学家。IEA 致力于预防石油供给的异动，同时亦提供国际石油市场及其他能源领域的统计情报。

IEA 通过其工作审视了包括石油、天然气和煤炭供需，以及可再生能源技术、电力市场、能源效率、能源获取、需求方管理等在内的全部能源问题，促进了可再生能源的发展和国际能源技术合作。IEA 倡导的政策提高了 30 个成员国及其他国家的能源的可靠性、可负担性和可持续性。

一　管理机构

IEA 的管理机构包括理事会、常设委员会、部长级会议、秘书处和附属团体五部分，各部分的职责详情如下：①理事会。理事会是 IEA 最高决策机构，理事会成员由各成员国的能源部长或其高级官员代表组成。理事会每年举行 3—4 次会议，讨论全球能源发展情况以及 IEA 执行主管及其他工作人员的工作情况。理事会的决议对其成员国具有强制约束力。另外，理事会还对 IEA 的日常行政事项负有最终责任，包括核准两年期工作计划和预算。②常设委员会。常设委员会是理事会的常设机构，IEA 共设立了 6 个常设委员会，其委员均由成员国政府官员组成，包括紧急情况常设委员会、石油市场常设委员会、长期合作常设委员会、全球能源对话常设委员会、能源研究与技术委员会和预算支出委员会。在理事会闭会期间，常设委员会代替理事会行使其被赋予的职能。常设委员会每年都会召开几次会议。③部长级会议。IEA 每两年会举行一次部长级会议，部长级会议将讨论各种能源方面的问题，并提出一些建议，会议的决议将决定 IEA 未来工作的重点和方向。④秘书处。部长级会议召开后，秘书处按照会议决定做相关工作部署，并与各成员国相互沟通，最终形成文件方案，提交给理事会投票表决。秘书处的主要负责人是秘书长，最多可任两届，每届 4 年。⑤附属团体。来自各行各业的合作伙伴，为 IEA 的工作提供了宝贵的投入。包括能源商业委员会、能源研究与技术委员会、国际低碳能源技术平台和煤炭工业咨询委员会。

二 关注的重点领域

国际能源署（IEA）成立于 1974 年，最初旨在帮助各国协调集体应对石油供应的重大干扰，尽管这仍然是其工作的一个关键方面，但 IEA 重点关注的领域已经显著得到了扩大。目前该组织重点关注着以下四个主要领域：①能源安全：促进所有燃料和能源的多样性、效率、灵活性和可靠性；②经济发展：支持自由市场以促进经济增长和消除能源贫困；③环境意识：分析政策选择以抵消能源生产和使用对环境的影响，特别是应对气候变化和空气污染；④全球参与：与伙伴国家，特别是主要新兴经济体紧密合作，共同寻找能源和环境问题的解决方案。在环境保护方面，其主要目标为减缓气候变化。

IEA 是全球能源统计的权威，他每月发行一期《石油市场报告》，一年发行两期《全球能源展望》，这两种能源报告在世界上都颇具影响力，此外，IEA 的旗舰报告还包括市场报告系列（煤炭、天然气）、世界能源投资、技术路线图等。这些旗舰报告的更新频率为每年 1 次或者 2 次。除旗舰报告外，IEA 还发布一些特别报告，反映了 IEA 工作重心的变化。2015 年作为一个分水岭，IEA 的工作重心从关注能源安全和能源可持续发展，逐步向电力系统转型、能源转型（可再生能源变化）、提高能效（节能减排）过渡。相关典型报告如文本框 8-1 和文本框 8-2 所示。

文本框 8-1　《能源转型前景：能源效率的角色》

2018 年 4 月 17 日，国际能源署（IEA）发布《能源转型前景：能源效率的角色》（*Perspectives for the Energy Transition：The Role of Energy Efficiency*）[1] 报告，从两个能源转型情景（新政策情景和快速低碳转型情景）入手，评估了低碳能源行业的进展，并进一步洞察了能源效率在实现清洁能源转型方面的根本重要作用。报告指出，虽然各国政府已逐渐认识到提高能源效率会为经济带来多重效益，并在相关方面取得了重要的政策进展，但目前所做的努力还不够充分，各国政府需要制定强有力的政策来释放能源效率的经济潜力。报告的主要结论如下。

1. 有待开发能源效率的巨大潜力

2017 年，全球能效提升步伐明显放缓，其中的一个主要原因是该年度全球能源相关的二氧化碳排放量有所增加，这是过去 3 年来二氧化碳排放量的首次增加。2017 年，全球能源强度仅增长 1.7%，低于过去 3 年 2.3% 的年均水平，也远低于清洁能源转型情景下 2050 年设定的 3% 的年均水平。这些都表明，能源效率的巨大潜力还未得到充分认识。

---

① IEA, *Perspectives for the Energy Transition：The Role of Energy Efficiency*, 2018-04-17, http://www.iea.org/publications/freepublications/publication/Perspectives% 20for% 20the% 20Energy% 20Transition%20-% 20The%20Role%20of%20Energy%20Efficiency.pdf.

提高能源效率不仅是实现气候变化目标的基础，对于加强能源安全、改善能源利用和减少当地空气污染也至关重要。本报告关注的重点是快速低碳转型情景（能效措施成为终端用能部门减少能源需求的关键因素）。与新政策情景（反映现有的和已宣布的政策与措施）相比，这些能效措施有助于终端用能部门每天减少石油用量 6700 万桶，降低天然气用量 30000 亿立方米，并到 2050 年减少用煤 36 亿吨煤当量。

要实现潜在的能效收益，需要对能源部门的投资进行大幅度调整，将投资从供应方转向需求方。国际能源署的分析显示，在快速低碳转型情景中，需要对能源供应投资定位进行根本性的调整，并快速增加对低碳需求方的投资。到 2050 年，需求方年均投资需求量将达到 1.7 万亿美元，大部分投资将用于能源效率和运输行业电气化。所需的投资量也许令人望而却步，但大多数技术在使用期间节约的燃料成本会大于所需投资，这表明清洁能源转型中的能源效率会创造重大经济效益。

2. 能源效率的经济案例对所有终端用能部门都具有吸引力

在快速低碳转型情景中，额外的能效措施几乎可以完全抵消 2050 年建筑业能源服务需求的增长。相对于新政策情景，在快速低碳转型情景中，2050 年的能源节约总量约为 9500 万吨油当量，相当于目前建筑能耗的 1/3。大部分节能是由于提高了供暖（节能超过 1/3）和制冷（节能几乎 1/4）能效。虽然建筑部门的能源效率投资在快速低碳转型情景中将达到每年 5500亿美元，但所有投资通常都会在相关技术的使用期限内得到回报。

在工业领域，如果该行业要实现快速低碳转型情景设定的宏伟目标，则需要以更快的速度，在更大范围内采用各种低碳技术和工艺。与新政策情景相比，在快速低碳转型情景中，2050 年的工业燃料燃烧产生的二氧化碳排放量将减少 2/3，总排放量还不到目前的一半。能源需求下降的关键性能源密集产业是钢铁和化工，2050 年的能源需求下降将分别达到节能总量的1/4 和 1/5。到 2050 年，各行业每年需要 1300 亿美元的能源效率投资。轻工行业将对节能做出重要贡献，其中的大部分能效投资将在 3 年内得到回报，略短于能源密集型行业的平均投资回报期。

虽然效率的进一步提高导致增量成本（incremental costs）上升以及电动汽车行业竞争日益激烈，尤其是汽车行业的经济收益逐渐减少，但传统发动机能源效率的提高仍是交通运输中节能的关键驱动因素。在快速低碳转型情景中，公路运输节能将占交通运输节能总量的 70%，而公路运输节能的 60% 来自轻型汽车。与目前相比，2050 年轻型汽车的平均行驶能耗将减少 3 倍以上。由于目前只有 5 个国家采用了重型汽车燃料经济标准，因此，高效卡车节能的潜力巨大。如果物流服务能得到进一步完善，那么高效卡车将为公路运输节省近 30% 的能源。到 2050 年，交通运输业所需的能源效率投资将达到年均 3750 亿美元，并在所有车辆使用期限内就得到回报。

3. 需要强有力的坚定政策来释放能源效率的经济潜力

经济与非经济双重障碍限制了能源效率的提高。在快速低碳转型情景中，实现能源效率收益是对政策的一项巨大挑战。通常非经济障碍会加大经济障碍对效率的限制，如缺乏意识或信息，以及附加能源效率投资者未能得到收益。因此，提高能效需要从战略角度出发来制定效率政策：政府需做出明确的长期承诺，外加精心设计的一揽子政策，以及充足的实施能力和充分的执法力度。

决策者还应当制定合理的能源效率解决方案，如加强行业监管、加大各种标准和规范的力度、制定战略性扶持政策、采用基于市场的激励机制，以及大力创新融资模式。决策者应发挥关键性作用，通过标准化来推动多种商业运作模式，确保投资人获得高质量的信息，提高认识并参与培训计划。

能效政策的成功与否依赖于强大的机构能力和有效的行政管理。许多国家需要加强执行力度和执法能力，以便迅速部署有效的效率措施。这需要提高政府的执政能力，使这些政策成为正在进行的计划的一部分并有效运作，还需要开展有效的评估、监管、核查和执行以确保政策措施的实施。

文本框 8-2 　《世界能源投资 2018》

　　2018 年 6 月，IEA 发布《世界能源投资 2018》（*World Energy Investment 2018*）①，系统分析了当前能源投资的特征及背景、能源效率、电力与可再生能源、化石燃料供应等领域的投资发展现状，讨论了能源领域融资和资金的主要趋势，总结了能源领域创新和新技术的现状。该报告将为各国政府、能源行业和金融机构制定政策框架、实施商业战略、资助新项目和开发新技术提供了一个关键的基准。该报告的核心观点如下。

　　1. 当前全球能源投资的主要特征

　　（1）全球能源投资连续第 3 年下降，到 2017 年降至 1.8 万亿美元，扣除物价因素比 2016 年低 2%。发电行业投资降低最为显著，煤电、水电和核电投资的下降超过了光伏发电投资的增长。2017 年有几个部门的投资增加，包括能源效率及石油和天然气上游产业。尽管如此，化石燃料供应的资本支出仍然是 2014 年的 2/3 左右。电力部门连续第二年成为全球能源投资的最大接受部门，反映了世界经济的持续电气化以及对电网和可再生能源的强劲投资。

　　（2）不断下降的成本继续影响着能源领域的投资趋势、价格和燃料间的竞争。太阳能光伏项目（占全球能源投资总额的 8%）的单位成本平均下降了近 15%，这主要是由于模块价格下降，以及向低成本地区的部署转移。尽管如此，投资仍升至创纪录水平。由于运营商的成本纪律和服务业的产能过剩，常规石油和天然气开发项目的成本并没有遵循 2016 年中以来油价上涨的趋势。新的数字技术越来越多地控制整个能源部门的成本，包括在石油和天然气上游产业。

　　（3）中国仍是最大的能源投资目的地，占全球能源投资总额的 1/5。中国的能源投资越来越多地受到低碳电力供应和网络以及能源效率的推动。2017 年，新的燃煤电厂投资下降了 55%。由于石油和天然气上游产业部门在天然气（主要是页岩气）方面的开支大幅反弹，美国巩固了其作为第二大投资国的地位。欧洲在全球能源投资中的份额约为 15%，其中能源效率支出增加，可再生能源投资适度增加，抵消了热能投资产生的下降。印度对可再生能源的投资在 2017 年首次超过了化石燃料发电。

　　（4）向清洁能源供应投资的转型趋势出现了暂停。由于石油和天然气上游产业的支出适度增加，包括火力发电在内的能源供应投资中的化石燃料份额略微上升至 59%。国际能源署（IEA）可持续发展情景（SDS）预测，到 2030 年，化石燃料在能源供应投资中的份额将降至 40%。成熟经济体和中国的化石燃料占供应投资的比例为 55%，比新兴经济体的变化更快，新兴经济体的份额为 65%。2017 年，清洁能源（可再生能源和核能）的份额从十年前的不到 50% 上升到 70% 以上，但这部分源于燃煤电力投资的减少。

　　（5）2017 年对运输和供暖电气化的投资继续呈指数增长，但在运输和取暖方面直接使用可再生能源的投资依然疲弱。2017 年，消费者在电动乘用车（插电式混合动力汽车和纯电动汽车）上花费的 430 亿美元将电动乘用车的市场份额推高到每百辆乘用车中超过一辆，并且占据乘用车销量全球增长的一半。然而，这些电动汽车销售对石油需求的长期影响仍然很小：每天仅减少 30 万桶，相比之下，2017 年全球石油需求每天增长 160 万桶。到 2017 年，生物燃料生产能力的影响将会更低。对太阳能热加热装置的投资为 180 亿美元，连续第 4 年下降。

　　2. 能源效率

　　（1）能源效率改善相关的支出相对不受全球能源投资总体下降趋势的影响。2017 年，在建筑、交通和工业领域的能源效率投资总额为 236 亿美元。然而，尽管近年来在能源效率方面的投资增长强劲，但在能源效率政策实施和全球能源强度改善放缓的背景下，能源效率的增速放缓至 3%。建筑部门的能源效率支出增长了 3%，这主要是由于建筑行业活动的增加。

　　（2）2017 年，主要用于能源效率的绿色债券首次超过了主要用于可再生能源和其他能源用途的债券的价值。主要用于能源效率的绿色债券的价值增长了近两倍，达到 47 亿美元。能源效率的资金来源正在呈现多样化，而能源效率仍由资产负债表融资主导。能源效率投资与政府政策密切相关，而且有收紧标准和鼓励增加支出的空间。

---

　　①　IEA, *World Energy Investment 2018*, 2018-06, https：//webstore. iea. org/world-energy-investment-2018.

3. 电力和可再生能源

（1）电力需求与投资之间的关系继续发展，电力行业的资本密集程度更高。2017 年，全球电力行业投资下降了 6%，接近 7500 亿美元，主要原因是新发电装机容量下降了 10%。燃气电厂的最终投资在 2017 年下降了 23%，而煤炭的最终投资下降了 18%，仅为 2010 年的 1/3。

（2）虽然下降了 7%，但可再生能源的投资接近 300 美元亿元，占 2017 年发电支出的 2/3。投资得益于太阳能光伏的创纪录支出，其中近 45% 来自中国。海上风电投资也达到了创纪录的水平，近 4000 兆瓦的投产，主要是在欧洲。另外，陆上风电投资下降近 15%，主要是因为美国、中国、欧洲和巴西的投资下降，但这一下降的 1/3 来自投资成本下降。水电投资降至十多年来的最低水平，中国、巴西和东南亚的经济增长放缓。

（3）鉴于新核电投资急剧下降，对可再生能源的强劲投资对于推动低碳发电更为重要，新核电投资已降至五年来的最低水平。新核电站的建设开始保持稳定，而在一些地区，现有工厂的退出正在降低可再生能源增长速度。2017 年全球用于延长现有核电厂寿命的支出增加，可能为支持低碳发电提供了一种具有成本效益的过渡措施。

（4）2017 年，全球电力网络支出增长缓慢，增幅为 1%，达到 3000 亿美元。电网在电力行业的投资份额上升到 40%，这是十年来的最高水平。中国仍然是最大的电网投资市场，其次是美国。在提高电力系统灵活性和支持可变可再生能源与新需求来源一体化的技术方面，投资正在增加。

4. 化石燃料

（1）随着煤炭供应和液化天然气的减少以及油气上游产业产量的小幅上升，化石燃料供应投资在 2017 年稳定在约 7900 亿美元。2017 年，上游产业投资增长 4%，至 4500 亿美元，并将在 2018 年增长 5%，至 4720 亿美元（按名义价格计算），煤炭供应投资下降了 13%，略低于 800 亿美元。天然气液化工厂的投资继续大幅下降，预计 2018 年将降至 150 亿美元左右。

（2）石油和天然气行业正在转向短周期项目，并在向下游产业和石化产品扩张的同时迅速减少生产资产。预计全球页岩油投资将达到 2018 年上游总支出的近 1/4。2017 年全球炼油投资增长 10%。2017 年石化产品投资增长 11% 至 170 亿美元，2018 年将达近 200 亿美元。近几十年来，美国是最大的石化产品投资接收国。

（3）更高的价格和运营改善使美国页岩行业有望在 2018 年首次实现正的自由现金流。该行业的财务状况仍然存在风险，包括二叠纪盆地的通胀压力和管道瓶颈。由于规模经济和技术改进，包括数字技术的使用增加，该行业的主要投资两年内增长两倍，达到 2018 年计划的上游石油支出的 18%，可能会推动该行业的前进。

（4）近年来油价的"过山车"之旅并没有从根本上改变石油和天然气行业的运营方式。由于油价上涨，持续的财务纪律和成本降低，该行业现在普遍拥有更稳固的财务基础。石油和天然气最大的 20 家机构股权持有者正在继续扩大其股权，其总体利润从 2014 年的 24% 上升到 2017 年的 27%，这得益于高额稳定的股息。

5. 融资和资金的主要趋势

（1）虽然公司继续为能源投资提供大量初级融资，但有迹象表明，某些部门的融资方案呈现多样化。随着油价上涨和加强成本控制，石油和天然气公司的财务状况得到显著改善，使大型企业能够更好地自筹资金项目，并使美国页岩气公司以更低的债务筹集资金。

（2）在过去 5 年中，私人主导的能源投资份额有所下降。2017 年，国有石油公司在石油和天然气总投资中所占的份额仍接近历史最高水平，而国企在热发电投资中所占的份额上升至 55%。在新建核电站的情况下，所有的投资都是由国企进行的。

（3）某些部门的投资决策越来越受到政府政策的影响。在电力部门，全球 95% 以上的投资来自收入受到竞争性批发市场可变价格相关风险管理机制的完全监管或影响的公司。在一些新兴经济体中，受管制的关税仍然太低，无法确保电力系统的财务可行性并支持投资。

6. 创新和新技术

（1）2017 年政府能源研发（R&D）支出增加了约 8%，达到 270 亿美元的新高。大部分增长来自低碳技术的支出，据估计，低碳技术增长了 13%，经过几年的停滞，这种技术受到了欢迎。低碳能源技术占公共能源研发支出的 3/4。平均而言，政府将其公共支出的 0.1% 用于能源研发，这一水平近年来一直保持稳定。

（2）为了实现气候变化目标，世界需要采取新的方法来促进碳捕集、利用和封存（CCUS）的投资。自 2007 年以来，用于大型 CCUS 项目的 280 亿美元中，只有约 15% 用于实际支出，因为商业条件和监管确定性并未吸引私人投资以及可用的公共资金。报告估计，每吨二氧化碳封存低至 50 美元的专用商业激励措施可能会在短期内引发对全球超过 4.5 亿吨二氧化碳的捕集、利用和封存的投资。这相当于 2017 年全球二氧化碳排放量的增长，与今天相比，捕集和封存的碳量将增加 15 倍。

（3）电池越来越多地部署在整个能源领域，但其影响在很大程度上取决于成本趋势，而成本趋势将受到能源部门以外投资的强烈影响。自 2012 年以来，锂矿开采投资增长了近十倍，电池制造能力投资增长了五倍多。只有整个价值链（包括电动汽车工厂）的投资保持一致，才能避免瓶颈和供应风险。为此，政府可以制定明确的市场政策。

三　IEA 在国际气候治理中的贡献

作为 30 个成员国的能源政策顾问，2015 年以来 IEA 勾勒了水泥行业的低碳转型技术路线图；制定了风能和太阳能发电技术发展的战略行动；为未来 20 年 CCS 健康可持续发展提出了建议；并为一些国家的清洁能源发展提出了建议。

（一）水泥行业的低碳转型技术路线图

所有的利益相关者都采取行动对于实现水泥行业路线图中规划的愿景至关重要。2018 年 4 月 6 日，国际能源署（IEA）发布《技术路线图：水泥行业的低碳转型》（*Technology Roadmap-Low-Carbon Transition in the Cement Industry*）报告[1]，概述了到 2050 年利益相关者的详细行动计划，支持国际和国家决策者循证决策。报告指出，政府和工业界只有合作行动，为加速全球水泥行业的可持续转型创造有利的投资框架，才能实现预期的碳减排水平。合作行动包括以下内容。

（1）创造有利的公平竞争环境。政府应努力构建稳定、有效的国际碳定价机制，并辅之以临时财政刺激计划，以补偿不同区域市场的不对称定价压力。虽然相当大比例的水泥生产不受跨境竞争的影响，但碳定价机制有助于确保当地低碳水泥生产的竞争优势。

（2）所有利益相关者应加强合作，将技术变革付诸行动，以推动最先进技术的实施，并分享最佳运营实践经验。行业利益相关者应在水泥厂层

---

[1]　IEA, *Technology Roadmap-Low-Carbon Transition in the Cement Industry*, 2018-04-06, http://www.iea.org/publications/freepublications/publication/TechnologyRoadmapLowCarbonTransitionintheCementIndustry.pdf.

面评估其使用低碳技术的机会，并制订工厂层面的行动计划，以提高此类技术的部署速度和规模。

（3）各国政府应与工业界合作制定法律，支持水泥制造业使用碳密度较低的燃料。此外，各国政府应密切关注水泥行业的碳排放量，通过行业培训提高行业认识。

（4）各国政府和工业界应确保提供持续的资金支持，以促进具有减排潜力的新技术和新工艺的开发与示范。到2030年，应完成燃料碳捕集技术的商业示范，并获得技术经验，以促进燃料碳捕集技术的及时应用。

（5）政府需要保证能源市场机制的灵活性，以刺激水泥行业的可再生能源发电和余热回收发电。

（6）促进可持续产品的推广。政府需要通过制定法规、提高标准的方式降低水泥中的熟料含量，并确保提高水泥产品的性能。

（7）各国政府和工业界应进一步合作，加速开发替代水泥的黏结材料，并提高耐久性测试标准，以促进市场部署。此外，各国政府和工业界还应共同努力，从整个生命周期考虑制定建筑法规和规范，创造碳中和的建筑环境。

（二）建议未来20年加快CCS的部署

2016年11月22日，IEA发布《碳捕集与封存20年：加速未来部署》报告，总结了近20年来碳捕集与封存（CCS）技术发展取得的经验教训，并对今后20年CCS技术的发展进行了展望。

报告指出，过去20年内，CCS的发展速度很快，在技术和项目经验方面取得很多进展。主要经验教训包括：①尽管CCS进展显著，未来仍然需要加大政策支持力度以实现CCS对气候目标的潜在作用。②长期承诺和政策框架的稳定性非常关键。③CCS部署存在早期机遇，但还必须培养。商业化的CCS项目已经在运营，其中已经将政府政策和经济、区域及项目特定的因素结合起来。④碳封存对于CCS不可或缺，对碳封存的投资必须作为CCS发展的优先领域。地质封存场所的可用性可能是大规模部署CCS的最大障碍。⑤CCS的作用远远超过了"洁净煤技术"。过去20年的经验凸显了CCS应用的多样性及其在解决工业过程排放中的关键作用。⑥未来CCS的可用性取决于当前的投资。2020年及之后需要扩大项目渠道以部署更多新项目。⑦社区参与至关重要。成功部署CCS需要加大努力确保当地社区和公众理解CCS技术。

CCS 面临的挑战众所周知，实现全球气候目标需要利用新的紧迫感来解决这些挑战。以下新方法和新思路将有助于推动 CCS 的发展：①政府和行业应该利用改良 CCS 的机会。CCS 具有独一无二的能力，可以解决现有基础设施中锁定的碳。②政府应该在提高石油采收率技术（Enhanced Oil Recovery，EOR）中整合监控二氧化碳的封存（EOR+）。做出相对较小的调整，EOR 就可以产生净减排效应，并能开展可核查的碳封存。③CCS 可以大幅降低主要建筑和其他产品的碳足迹。政府应该采取措施来为低二氧化碳含量的清洁产品创造市场。④鉴于许多气候模型中实现控温 2 ℃甚至低于 2 ℃的目标都要依赖于 BECCS，更为实现未来负排放需要尽早部署 BECCS。⑤碳捕集、运输和封存的不同商业模型可以解决集成项目面临的挑战。行业和政府应该探索新方法来为 CCS 项目融资。

（三）风能和太阳能发电技术发展的战略行动

2016 年 12 月 14 日，IEA 发布的《下一代风能和太阳能发电：从成本到价值》报告指出，作为全球发展最快的电力来源，风能和太阳能发电技术已发展成熟并具有经济适用性。鉴于风能和太阳能的波动性质限制了其随时间提供稳定电力的能力，电力系统和市场的整合问题将成为可再生能源和能源政策中的关键考虑因素。报告认为，要真正发挥下一代风能和太阳能的潜力，新一代的政策需要考虑风能和太阳能发电的系统性价值。为此，各国政府应在五个战略领域采取行动。

（1）战略规划。行动包括：①制定或更新长期能源战略，以准确反映下一代风能和太阳能对满足能源政策目标的潜在贡献。这些计划应该基于波动性可再生能源（Variable Renewable Energy，VRE）对发电和更广泛能源系统的长期价值。②监控风能和太阳能的成本变化及整合技术（需求方响应、存储），并相应地更新计划。

（2）电力系统转型。行动包括：①升级系统和市场操作，以开启所有灵活资源的贡献。②通过对适当的灵活资源组合进行投资，使整个系统更加适应波动性发电，包括改造现有的资产，这可以具有成本效益地完成。③通过促进最佳技术的使用及优化时间、位置和技术组合的部署，以系统友好的方式部署风能和太阳能。

（3）下一代政策。行动包括：更新现有政策和市场框架，以鼓励能带来最高系统价值的项目，并考虑到对其他发电系统资产的影响。

（4）先进的 VRE 技术。行动包括：①建立前瞻性的技术标准，确保新发电厂可以支持电力系统的稳定和安全运行。②改革电力市场和操作协议，以允许风能和太阳能发电厂帮助平衡供给和需求。

（5）分布式资源。行动包括：①审查和修订规划标准以及中低压电网的制度和监管结构，反映出它们在更智能、更分散电力系统中的新作用，并确保网络成本的公平分配。②改革电价，以准确反映取决于时间和位置的电力成本。根据它们提供给整个电力系统的价值建立机制，以对分布式资源给予报酬。

（四）为一些国家的清洁能源发展提出建议

2016 年 3 月 7 日，IEA 发布的《IEA 国家能源政策：加拿大 2015》（*Energy Policies of IEA Countries：Canada 2015*）报告指出，2009 年以来，加拿大政府对能源技术研发和示范（RD&D）的投入力度大幅降低，这将不利于加拿大的资源开发。针对这一问题，IEA 向加拿大政府提出了以下建议：①构建加拿大能源合作战略，通过联邦、省和地区之间政府的亲密合作，实现 2030 年温室气体排放量比 2005 年降低 30% 的减排目标；②出台加拿大能源技术 RD&D 战略，加大对可再生能源和其他低碳能源技术 RD&D 的投入力度，以提高能源利用效率，并加强加拿大各省/地区能源技术 RD&D 与工业界之间的联系；③建立合作伙伴关系，分享国家及国际层面非常规天然气和石油方面的知识和最佳实践经验。

为了改善中美清洁能源联合研究中心清洁煤技术联盟在第二阶段实施中的表现，2016 年 3 月，IEA 发布的《中美清洁能源合作：来自清洁煤技术联盟的经验》工作文件提出了以下几点建议。

（1）在合作的各个阶段加强私营企业的参与。①在初期商讨阶段，了解私营企业的需求和联盟可提供的帮助，邀请私营企业合作伙伴参与研究议程制定，参与知识产权框架建立，参与研究效果评估。②进行路演等形式的外延活动，展现第一阶段的研究成果，并激发第二阶段的研究课题兴趣。

（2）巩固联合研发（RD&D）活动的卓越成就。以工业尺度的示范项目为重点进行研究，资源优先倾向于关系到双边利益的研究人员。

（3）增进合作过程中各个层面和各个阶段的沟通与交流。在联盟层面，加强关于项目规划、人才招聘、项目进展的方向和合作的沟通，确保任务之间资源分配的灵活性。在项目层面，增加沟通频率、个人交流和共同工作机会。

（4）建设能吸引更多资源、更加开放的平台。建设促进清洁煤技术进步的平台，定期举办研讨会；优先筛选适合各个阶段的合作人员；建立使新成员迅速加入合作的机制。

第二节　世界气象组织

世界气象组织（World Meteorological Organization，WMO）是联合国的专门机构之一，它的前身国际气象组织（International Meteorological Organization，IMO）。IMO 是 1872 年和 1873 年分别在莱比锡和维也纳召开的两次国际会议后于 1878 年正式成立的非官方性机构。1947 年 9—10 月，在华盛顿召开的国际气象组织各国气象局长会议通过了《世界气象组织公约（草案）》，将国际气象组织改名为世界气象组织。1950 年 3 月 23 日该公约生效，1951 年 3 月 19 日在巴黎召开的世界气象组织第一届大会宣告了该机构的正式建立。同年 12 月，WMO 成为联合国有关气象（天气和气候）、业务水文和相关地球物理科学的专门机构。WMO 的会员遍布全球，目前有 191 个会员国。WMO 自身在推动天气、气候和业务水文的国际合作方面发挥了重要作用。

一　管理机构

世界气象组织包括以下管理机构：①世界气象大会。世界气象大会是该组织的最高权力机构，由各会员派代表团与会。一般每 4 年召开一次大会，审议过去四年的工作，研究批准今后四年的业务、科研、技术合作等各项计划，以确定为实现组织宗旨而采取的总政策，通过有关国际气象与水文的技术条例，并确定下一个四年的气象组织方案和预算。选举产生新的主席、副主席，选举产生除本组织主席和副主席以及区域协会主席以外的执行理事会成员和任命秘书长等。②执行理事会（EC）。协调方案，管理预算，考虑并执行区域协会和技术委员会提出的决议和建议，并就影响国际气象和相关活动的事项进行研究并提出建议。执行理事会通常每年至少举行一次会议。③区域协会。按地理区域，世界气象组织分为六个区域协会，即一区协（非洲）、二区协（亚洲）、三区协（南美）、四区协（北中美洲）、五区协（西南太平洋）和六区协（欧洲）。区域协会主要负责区域内各项气象、水文活动，实施大会、执行理事会的有关决议。一般四年举行一次届会，选出一位总统和副总统。每个区域协会的主席是执行委员会的当然成员。④技术委员会。世界气象组织根据气象、水文业务性质，将技术委员会发分为两组八个委员会，它们是：A 基本委员会，包括基本系统委员会（CBS）、大气科学委员会（CAS）、仪器和观测方法委员会（CIMO）和水文学委员会（CHY）；B 应用委员会，包括气候学委员会（CCL）、农业气象学委员会（CAGM）、航空气象学委员会（CAEM）、世界气象组织/政府间海洋委员会海洋和海洋气象联合委员会（JCOMM）。八个技术委员会负责研究气象和水文业务系统，制定方法和程序，并向执行理事会和世界气象大会提出建议。⑤秘书处。秘书处为世界气象组织常设办事机构，为处理日常国际气象事务，秘书处下设以下职能司负责有关工作：秘书长办公室、世界天气监测网司、技术合作司、区域办公室、资源管理司、支持服务司和语言、出版与会议司。

二　关注的重点领域

WMO 的使命是为促进国际合作提供高质量、权威的天气、海洋天气、气候、水文相关专业知识服务，以提高各国的社会福祉。2016—2019 年WMO 有以下七个优先重点[①]。

（1）减少灾难风险：提高针对高影响气象、水文和相关环境灾害的基于影响的预报和多灾种预警的准确性和有效性，从而促进减灾、抗灾和防灾方面的国际努力。

（2）全球气候服务框架（GFCS）：实施 GFCS 下的气候服务，特别是缺乏这类服务的国家。

（3）WMO 全球综合观测系统（WIGOS）：通过 WIGOS 和 WMO 信息系统（WIS）的全面实施，强化全球观测系统。

（4）航空气象服务：提高 NMHS 提供可持续、高质量服务的能力，以支持安全、高效和规律性的全球空中交通管理，并适当考虑环境因素。

（5）极地和高山区域：改进极地、高山地区及其他地区的气象和水文监测、预测和服务。

（6）能力开发：提高 NMHS 履行其使命的能力。

---

① WMO, *WMO Strategic Plan 2016-2019*, 2015-6-12, https：//library.wmo.int/opac/doc_num.php? explnum_ id=3620.

（7）WMO 治理：提高 WMO 的效率和有效性。

WMO 通过世界天气监视网计划、全球大气监视计划、世界天气研究计划、世界气候计划、世界气候研究计划、公共天气服务计划、农业气象计划、热带气旋计划、海洋气象学和海洋学计划、减轻灾害风险计划、航空气象计划等科学和技术计划开展工作。这些旨在为所有成员国提供广泛的气象服务，并使其从中受益。

WMO 全球大气观测站通过监测温室气体、太阳辐射和其他大气成分水平的长期变化分析气候变率和变化，评估气候变化对人类、城市空气质量、海洋和陆地生态系统的影响，预测气候变化以及海平面上升的幅度、速度及其相关影响。WMO 每年出版一份温室气体公报，详细介绍大气温室气体（包括二氧化碳、甲烷和一氧化二氮）的浓度。WMO 每年出版的 WMO 关于世界气候状况的声明提供了全球、区域、国家气温和极端天气事件的详细信息。此外，WMO 还提供有关长期气候变化指标的信息，包括温室气体的大气浓度、海平面上升和海冰范围等。2015 年以来，WMO 加强了对极端气候事件及其影响的监测与报告。根据最新的 WMO 报告，2016 年和 2017 年是有史以来最热的年份，并遭遇了频发的气候极端事件。

三　WMO 在国际气候治理中的贡献

作为联合国有关气象、水文和地球物理科学的专门机构，WMO 提高了气候服务的质量，减小了灾害风险，提高了国际社会的数据监测、处理、建模、预测和预警能力，推动了有针对性的研究，并通过加强伙伴关系在推动天气、气候和水文的国际合作方面发挥了重要作用。[①]

（1）提高了服务质量。①191 个会员国中的 130 个（68%）完全制定并实施了航空气象服务质量管理体系。②《公约》的 193 个缔约方，提交了国家自主贡献（NDC）的 66 个缔约方（35%）明确使用了 WMO 提供的气候服务术语。

（2）减小了灾害风险。在 WMO 的敦促下，61% 的会员国构建并实施了多灾种早期预警系统，85% 的会员国制订了国家综合洪水管理计划，约 50% 的会员国制定了国家干旱政策，干旱预警系统得到了不断完善。

---

① WMO, *WMO Mid-Term Performance Assessment Report 2016-2017*, http://www.wmo.int/pages/about/documents/Full_ Mid-TermReport_ 2016-2017.pdf.

（3）提高了数据处理、建模和预测能力。①创建了 15 个全球可开放获取的天气、气候和水文信息的统一数据管理系统数据集，提高了天气、气候、水和相关环境数据、产品和服务的可获得性。②63 个成员国中的 48 个作为灾害性天气预报示范项目（Severe Weather Forecasting Demonstration Project，SWFDP）的一部分，参与了"级联预测过程"，基于数值天气预报（Numerical Weather Prediction，NWP）定期（例如，每小时、每天等）生产面向用户的信息产品，向超过 75 个国家/地区提供预测和预警服务。③根据全球数据处理预测系统（Global Data Processing Forecasting System，GDPFS）手册（WMO-No. 485）指定了 17 个高质量信息中心。④通过均方根误差提高区域专业气象中心（The Regional Specialized Meteorological Center，RSMC）天气预报和环境预测的准确性。⑤3 个区域气候展望论坛（Regional Climate Outlook Forum，RCOF）使用了全球长期预报过程中心（Global Producing Centres for Long-Range Forecasts，GPCLRF）的校准产品。

（4）提高了数据监测能力和数据的可用性。①WMO 综合全球观测系统（WMO Integrated Global Observing System，WIGOS）监管材料完善度为 75%，观察系统分析和审查能力（Observing Systems Capability Analysis and Review，OSCAR）建设完成了 75%，基于数值天气预报（Numerical Weather Prediction，NWP）的试点项目进展顺利，完成了 50%。②提高了 OSCAR/Space 中基于空间的天气观测能力，约 1/2 会员国达到了信息元数据标准。③WMO 启用了驱动代码表（TDCF），但 79% 的会员国仍然依赖传统字母数字代码（TAC）实现数据接收和可视化，因此无法实现 TDCF 的全部优势。④WMO 被接纳为北极理事会的观察员，扩展了南极观测网络，系统收集了格陵兰、南极洲、加拿大和俄罗斯北极优先地区以及永久冻土"冷点"的卫星数据。⑤更新、完善了全球气候观测系统（GCOS）中的基本气候变量（ECV），截至 2017 年 12 月，54 个 ECV 可用，30 ECV 免费提供，支持了全球气候服务框架（GFCS）的监测。

（5）推动了有针对性的研究。①2017 年，引用耦合模型相互比较项目（CMIP），在《自然》《自然气候变化》《气候期刊》《地球物理研究快报》和《气候动力学》五大高影响力期刊上发表的同行评审论文数量增长 52%。②2017 年，WMO 温室气体公报、臭氧公报、气溶胶公报和臭氧评估在国际和国家媒体上被引用了 3269 次。③截至 2017 年 12 月，WMO 数据中心提供 32400 个全球大气监视网（GAW）数据集，反映了在所有站点监测并提交给世界数据中心的数据量。

（6）提高了预测和预警能力。①在国家和区域发展议程中，特别是在发展中国家和最不发达国家，国家气象水文局（NMHS）预测和预警信息的数量和准确性大幅提高。②国家气象水文局（NMHS）和区域中心的基础设施和运营设施得到改善，特别是在发展中国家和最不发达国家。

（7）加强了伙伴关系。①2017年WMO及其共同发起的计划共提交《公约》《联合国海洋法公约》《蒙特利尔议定书》等文件16份，支持了联合国和其他主要机构的高级别决策活动。②在COP-23开幕式上，WMO发表了关于破纪录的全球气温、二氧化碳浓度、海温、海洋酸化和极端事件及其影响的演讲。③全球气候和温室气体状况公报的年度声明在气候谈判中得到赞赏。④WMO的科学产品协助了全球盘点的定量分析。⑤WMO新闻报道增加了30%，网站的独立访问者数量也有所增加，在社交媒体上WMO吸引的Facebook粉丝的数量增加了3倍，Twitter粉丝的数量也增加了，提高了公众、决策者和其他利益相关者对气候变化的认识与理解水平。

第三节　联合国环境规划署

联合国环境规划署（United Nations Environment Programme，UNEP）是联合国系统内负责全球环境事务的牵头部门和权威机构，它激发、提倡、教育和促进了全球资源的合理利用并推动全球环境的可持续发展。20世纪50—60年代环境污染和生态破坏日益严重，人类对于全球环境问题及其对于人类发展所带来的影响开始有所认识并给予关注。1973年，UNEP正式成立。其核心工作是统筹全世界环境保护工作，具体的工作范围包括地球大气层、海洋和陆上生态系统。1997年2月，UNEP理事会第19届会议通过了《内罗毕宣言》，将UNEP作为全球环境的"权威维护者"，规定其重点任务包括：①利用现有的、最佳的科学技术能力，分析全球环境状况并评估全球和区域环境趋势，提供政策咨询意见并就各类环境威胁提供早期预警，促进和推动国际合作与行动。②促进制定旨在实现可持续发展的国际环境法，其中包括在现有各项国际公约之间建立协调一致的相互联系。③促进采用商定的国际准则和政策，监测并促进遵守环境原则和国际协定，促进采取合作行动，以应对新出现的环境挑战。④利用 UNEP 的相对优势和科技专长，加强其在协调联合国系统环境领域中的各项环境活动方面的作用，并加强其作为全球环境基金的执行机构的作用。⑤促使人们提高觉悟，为参与执行国际环境议程的社会各阶层行动者之间进行有效合作提供便利，并在国家和国际科学界和决策者之间担任有效的联络人。⑥在体制建设的重点领域中为各国政府和其他有关机构提供政策和咨询服务。目前，UNEP 已在气候变化、灾难与冲突、环境治理、生态系统管理、有害物质和危险废物、资源效率等方面发挥了举足轻重的作用。

一　管理机构

UNEP 的管理机构由以下四部分组成：①执行主任。任期四年。②理事会。由 50 多个成员组成，任期四年，可以连任。理事会席位按区域分配如下：亚洲 13 个，非洲 16 个，东欧 6 个，拉美 10 个，西欧及其他国家 13 个。每年改选理事会成员中的半数。现理事会成员有中国、朝鲜、印度、印度尼西亚、伊朗、日本、马绍尔群岛、巴基斯坦、菲律宾、韩国、西萨摩亚、叙利亚、泰国、阿尔及利亚、布隆迪、贝宁、布基纳法索、中非、加蓬、冈比亚、几内亚比绍、肯尼亚、毛里塔尼亚、摩洛哥、苏丹、突尼斯、扎伊尔、赞比亚、津巴布韦、阿根廷、巴西、智利、哥伦比亚、哥斯达黎加、墨西哥、尼加拉瓜、巴拿马、秘鲁、委内瑞拉、澳大利亚、加拿大、法国、芬兰、德国、意大利、荷兰、西班牙、瑞典、瑞士、丹麦、土耳其、英国、美国、保加利亚、捷克、匈牙利、波兰、俄罗斯、斯洛伐克。理事会每年举行一次会议，审查世界环境状况，促进各国政府间在环境保护方面的国际合作，为实现和协调联合国系统内各项环境计划进行政策指导等。③秘书处。该机构是联合国系统内环境活动和协调中心。④行政办事处。环境协调委员会负责协调联合国各机构和有关组织之间关于环境的各项活动。UNEP 的常驻管理机构如图 8-1 所示。

二　关注的重点领域

UNEP 的任务在于通过审查检查全球环境状况，基于数据协调环境政策的发展，并及时将紧急问题反馈给各国政府和国际社会。2016 年 5 月 13 日，在《UNEP 2018—2021 中期战略》（*United Nations Environment Programme Medium Term Strategy 2018-2021*）中，UNEP 确定了以下七个跨学

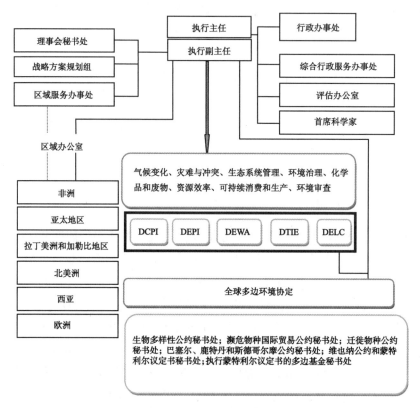

图 8-1　UNEP 的常驻管理机构

注：DCPI：公共信息与交流部门；DEPI：环境政策执行部门；DEWA：预警和评估部门；DTIE：技术、行业和经济部门；DELC：环境法和公约部门。

科的专题性优先领域：①气候变化：加强各国，尤其是发展中国家，将气候变化的应对办法纳入国家发展进程的能力。②灾害与冲突：减少灾害与冲突给人类福祉造成的环境威胁。③生态系统管理：确保各国利用生态系统方式，综合土地管理，促进水资源和生物资源的保护和可持续利用，增进人类的福祉。④环境治理：加强国家、区域和全球各级的环境治理，处理商定的环境优先事项。⑤有害物质与废弃物：减轻有害物质和危险废弃物对环境和人类的影响。⑥资源有效性：全球共同努力促进可持续消费和生产方式，确保以更加可持续的方式生产、加工和消费自然资源。⑦环境审查：提供开放性网络平台和服务，为环境和新兴问题的决策提供及时和足够的知识。除了七大优先领域外，UNEP 还持续关注绿色经济、2015 年发展议程中的环境层面以及根据"里约+20"峰会成果确定的可持续发展目标。

三 UNEP 在国际气候治理中的贡献

在气候治理方面，UNEP 构建了气候技术中心和网络（CTCN）。通过 REDD+，减少毁林和森林退化造成的排放；成立了气候和清洁空气联盟；通过气候融资支持各国尤其是发展中国家开展气候变化减缓与适应工作；帮助各国采取并实现了低排放战略，实现了气候变化减缓；正在通过敦促各国制订、实施国家适应计划（NAPs）帮助国际社会达到《巴黎协定》中的全球适应目标。

（一）气候技术中心和网络

气候技术中心和网络是《公约》技术机制的运作部门，由 UNEP 和联合国工业发展组织（UNIDO）主办。CTCN 应发展中国家的要求，旨在促进无害环境技术的加速转让，促进低碳和气候适应性发展。CTCN 还根据各国的需求提供了一些技术解决方案，能力建设、政策、法律和监管框架建议。

（二）通过 REDD+，减少毁林和森林退化造成的排放

减少毁林和森林退化所致的 GHG 排放对于实现《巴黎协定》，将温度控制在 2℃ 以下的目标至关重要。2008 年，UNDP 和 UNEP 启动了旨在减少发展中国家毁林和森林退化所致排放量的合作计划（UN-REDD 计划）。目前，UN-REDD 计划正在支持 64 个国家参与 REDD+。REDD+指发展中国家通过减少毁林与森林退化减排，以及森林保护、可持续管理、增加森林碳库。REDD+比 UN-REDD 覆盖的范围更广，包含了 REDD 政策的执行、成果的量化和对减排行动的奖励等方面。REDD+的活动分为三个阶段：①编写国家战略、行动计划、政策和措施、能力建设。②执行上述计划及相关的技术转移和示范项目等。③测量、报告和核查计划执行的成果。

（三）气候和清洁空气联盟

气候与清洁空气联盟是政府、民间社会和私营部门共同努力的结果。该联盟通过评估国际社会应对短期气候污染物挑战，调动全球资源加速行动，强化近期气候变化与公共卫生、粮食和能源安全以及环境问题的现有努力。该联盟最初的重点是减少甲烷、黑碳和氢氟碳化物排放。目前，该联盟的目标是通过以下方式减少短期气候污染物，以改善空气质量，并在

未来几十年减缓气候变化：①提高对短期气候污染物减缓战略的科学认识。②敦促制订新的国家和区域行动计划。③促进最佳实践，并分享成功经验。④通过发布评估与预测报告引导国际社会向低碳经济转变，促进全球资源的合理利用，推动全球环境的可持续发展。

（四）气候融资

气候融资是指地方、国家或跨国集团通过公共、私人或替代来源获得融资。气候融资对于应对气候变化至关重要，因为需要大量资金来大幅减少排放，特别是在高 GHG 排放行业。气候融资对于帮助各国适应气候变化的负面影响同样重要。UNEP 主要通过直接融资和间接融资支持发展中国家获得气候资金，此外，UNEP 还通过投资组合脱碳联盟等项目促进了私人气候融资。

（五）减缓气候变化

UNEP 建议通过使用新技术、利用可再生能源、升级节能设备、引导消费者低碳消费等多种方法减缓气候变化，以帮助各国实现气候适应和低排放战略。此外，UNEP 还通过发布评估与预测报告引导国际社会向低碳经济转变，正在促进全球资源的合理利用，促进了全球气候变化减缓。

（六）适应气候变化

联合国通过以下五方面工作帮助国际社会达到《巴黎协定》中的全球气候变化适应目标：①通过发布差距报告为国际社会及时开展气候变化行动敲响警钟。②基于生物多样性和生态系统服务项目，将生态系统适应作为整体适应战略的一部分。③通过构建全球网络传播重要的适应知识。④帮助各国获得适应资金，提高其气候变化适应能力。⑤帮助各国分析、研究其当前挑战，将适应政策和规划纳入国家政策。

第四节　联合国开发计划署

1965 年，联合国开发计划署（United Nations Development Programme, UNDP）成立，是联合国从事发展的全球网络。UNDP 的宗旨是帮助发展中国家地区加强经济和社会发展，向它们提供系统的、持续不断的援助，促进发展中国家的自力更生。世界各国领导承诺的千年发展目标为整个联合国系统向一个共同目标努力提供了框架。联合国系统正在帮助各国提高实现千年发展目标的自身能力。为此，联合国开发计划署设计了一整套综合性服务以支持以千年发展目标为基础的国家发展战略。这些服务集中于三个支柱领域：①基于千年发展目标的分析与投资规划（用于实现千年发展目标的长期技术与财政支持）；②扩大政策选择（加速公平发展并促进长期的人类发展所需的部门与跨部门政策改革和框架）；③加强国家自身能力（在国家一级及地方一级提供有效的社会服务）。此外，UNDP还关注如何帮助各国找到并与其他国家分享应对挑战的方法。

一　管理机构

UNDP的管理机构包括：①执行办公室。它为政策决策机构，为联合国开发计划署的活动提供政府间支持和监督，确保该组织始终对方案国家不断变化的需求作出反应。除其他事项外，执行办公室通过监测联合国开发计划署的业绩执行这项任务；酌情批准方案，包括国家方案；并决定行政、财务计划和预算。由36个成员国组成。亚洲7个、非洲8个、东欧亚4个、拉美5个、西欧和其他国家12个。执行办公室成员由经社理事会按地区分配原则和主要捐助国、受援国的代表性原则选举产生，任期三年，执行办公室每年举行三次常会、一次年会。②办事处（秘书处）。该机构按照执行办公室制定的政策在署长领导下处理具体事务，负责筹备和组织理事会会议。在134个国家设有驻地代表处。UNDP的管理机构详情如图8-2所示。

二　关注的重点领域

UNDP的办事处和工作人员在177个国家实地工作，与政府和当地社区合作，帮助他们找到解决全球和国家发展挑战的办法。UNEP自成立以来主要关注以下五个方面的发展挑战：民主治理、减贫、危机预防和恢复、环境与能源和艾滋病。2017年11月17日，UNDP发布的《2018—2021年战略计划》[①]以"不让任何人掉队和首先考虑最穷困的人"这两项原则，设定了UNDP新的发展方向——帮助各国实现《2030年可持续发展议程》和可持续发展目标，指明了其关键任务：①消除贫穷。②应对气候变化。③改善青少年和孕产妇保健。④实现性别平等，增强妇女和女童的权能。⑤确保扩大可持续发展分类数据的可获取性和使用。⑥强调发展本

---

① UNDP, *UNDP Strategic Plan 2018—2021*, 2017-11-28, http://undocs.org/en/DP/2017/38.

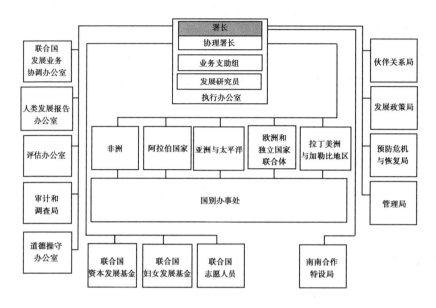

图 8-2　联合国开发计划署构成

身就是一个中心目标，在处于冲突和冲突后局势的国家中，联合国发展系统各实体的发展工作可根据国家计划、需求和优先事项，促进建设与维持和平，促进尊重国家自主权。

为了实现"帮助发展中国家地区加强经济和社会发展，向它们提供系统的、持续不断的援助，促进发展中国家的自力更生"目标，UNDP 制定了以下特色解决方案：①让人民摆脱贫穷。②加强有效、包容和负责的治理。③加强国家预防和恢复能力，以建立有应对能力的社会。④为可持续的地球推广基于自然的解决办法。⑤填补能源缺口。此外，UNDP 还将通过消除一切形式和方面的贫穷、加快可持续发展的结构转型、建设抵制冲击和危机的应对能力，在更广泛的联合国发展系统中重新调整其运作方式，提高其服务能力。

三　UNDP 在国际气候治理中的贡献

作为联合国系统中最大的气候行动实施者，UNDP 与各国合作正在将气候目标转化为以下三个方面的气候变化行动，为实现人人享有更可持续发展的世界铺平了道路。

（一）减少排放，促进清洁能源和保护森林

减少温室气体排放对于达成《巴黎协定》的目标，为所有人创造更加美好的未来铺平道路是至关重要的。UNDP 致力于为各国提供长期支持，以追求净零排放和气候变化适应。UNDP 在超过 110 个国家启动了 280 多个项目，与合作伙伴一起支持各国采取广泛的气候行动，包括获得清洁和负担得起的能源、国家适当减排行动（Nationally Appropriate Mitigation Actions，NAMAs）、提高能源效率、支持可再生能源发展、向《公约》提交两年一次的更新报告（BUR）、碳融资、氢氟碳化物清单、气候友好型替代技术的消费和示范、可持续林业等。此外，通过保护和可持续管理森林减少温室气体排放是 UNDP 减缓气候变化的另一个重要举措。森林砍伐和森林退化导致的温室气体排放量在全球温室气体排放总量中的占比在 10% 以上。森林减排对于实现全球温控目标非常重要。事实上，在各国国家自主减排预案贡献中，土地使用和森林可以提供减排量的 1/4。UNDP 支持各国通过可持续森林养护和管理实现森林减排、增加碳储存量。

（二）提高气候变化适应能力

对于国际社会，特别是弱势人群、穷人、妇女和土著居民而言，适应意味着具有气候适应性的经济发展和可持续生计。

UNDP 正在通过启动分布在 110 多个国家的 250 多个项目支持各国应对气候变化的持续影响，并为未来做好准备。UNDP 与国际发展机构、捐助者、民间社会、国家政府和当地利益相关者共同努力，发布适应差距报告，为国际社会及时开展气候变化行动敲响警钟；帮助各国将当前和未来的气候风险和不确定性纳入考虑，通过支持国家适应计划（NAP）和国家适应行动计划（NAPA），帮助各国提高其气候变化适应能力。

在气候适应型农业和粮食安全方面，UNDP 支持全球、区域和地方政府提高气候变化风险的抵御和管理能力，促进水资源可持续管理，确保沿海地区的可持续发展，处理与气候有关的极端事件，基于气候信息构建预警系统，并推行基于生态系统的适应方法。

（三）加强气候政策、对话和进程

2015 年后发展议程，包括仙台减灾框架、世界人道主义峰会成果、2030 年议程、可持续发展目标、亚的斯亚贝巴发展筹资行动议程和巴黎气候协议，预示着一个新时代的到来。特别是，2015 年 12 月，为了走上可持续发展的新道路，190 多个国家通过了具有里程碑意义的《巴黎协定》，

所有缔约国都承诺将全球气温上升幅度控制在 2℃ 以下，理想情况下为
1.5℃。为实现这一目标，各国同意制订国家计划或国家自主贡献预案
（INDC），以指导其国家气候变化行动。

UNDP 正在帮助各国将《巴黎协定》的目标付诸行动。国家数据中心
的设计和交付对于实现《巴黎协定》目标尤为重要。早在《巴黎协定》之
前，UNDP 就为各国构建国家数据中心提供了技术支持。现在，随着各国
对国家数据中心建设的日益关注，UNDP 通过绿色气候基金、全球环境基
金、适应基金、联合国 REDD 计划等，强化了对国家数据中心及相关领域
的技术支持和财政支持。

UNDP 在国际谈判中向各代表团、谈判小组和其他利益相关者提供技
术支持，以确定其优先事项，促进谈判达成一致。此外，UNDP 尽可能地
为各国提供可以利用的专家网络、技术和资金，以帮助所有国家提高其气
候变化减缓与适应能力。

第五节　未来地球计划

自 20 世纪 70 年代以来，随着全球气候变暖、生物多样性锐减等全球
变化问题的不断恶化，全球变化研究逐步兴起。在过去的 30 余年间，由国
际科学理事会（ICSU）主导先后成立了世界气候研究计划（WCRP）、国
际地圈生物圈计划（IGBP）、国际生物多样性研究计划（DIVERSITAS）和
全球环境变化人文因素计划（IHDP）四大科学计划。随着对全球变化问
题复杂性认识的不断深入，原有研究计划难以对复杂的地球系统开展更为
系统、全面和深入的观测与研究，制约了全球变化研究的深入推进和持续
发展。为了更好地推动全球变化的集成交叉研究，2001 年，四大计划成立
地球科学联盟（ESSP），重点开展地球系统集成研究，探索地球系统变化
的方式和趋势，评估环境变化对全球和区域可持续性的影响。2010 年，
ICSU 和国际社会科学联盟理事会（ISSC）在评估 ESSP 进展的基础上，依
据可持续发展的需求提出了未来地球系统科学的整体战略。在 2012 年 6 月
的"里约 + 20"峰会上，未来地球计划正式推出。该计划为期 10 年
（2014—2023），通过学者、政府、企业、资助机构、用户等利益相关者协
同设计、共同实施、共享科研成果和解决方案，增强全球可持续性发展的
能力，应对全球环境变化带来的挑战。该计划的制订，旨在打破目前的学

科壁垒，重组现有的国际科研项目与资助体制，填补全球变化研究和实践的鸿沟，使自然科学与社会科学研究成果更积极地服务于可持续发展。2013 年 11 月 20 日，未来地球发布了《未来地球计划初步设计》，初步规划了未来地球计划的研究主题、框架和管理结构，以及对计划的沟通、参与、能力建设、教育战略的初步思考和实施指南。未来地球计划的战略框架是：以"可持续性路线图"为宗旨，重点关注全球环境变化、全球环境变化下的自然和认为驱动、人类福祉三个方面及相互之间的作用关系，其重点任务是理解和探索人类如何在地球系统边界条件以内寻求可持续发展的道路。其科学目标为：推进科学研究，更加深入地认知自然和社会系统的变化；观测、分析、模拟自然和社会系统变化，特别是人类—环境相互作用的动力学特征；为全面面临环境变化风险的社会群体提供科学知识和预警信息，抓住可持续性转型的机遇；确定和评估应对环境变化的战略，提出关键问题的解决方案。未来地球计划建议增强八个关键交叉领域的能力建设：①地球观测系统。②数据共享系统。③地球系统模式。④发展地球科学理论。⑤综合与评估。⑥能力建设与教育。⑦信息交流。⑧科学与政策的沟通与平台。

2014 年 11 月 28 日，未来地球发布了《未来地球计划战略研究议程2014》，确定了未来 3—5 年的全球变化与可持续发展的九个子研究方向：①观测和归因变化。②了解过程、交互、风险和阈值。③探索和预测未来全球可持续发展。④满足基本需求和克服不平等。⑤治理可持续发展。⑥管理增长、协同效应和权衡向可持续发展转型。⑦了解和评估转型。⑧识别和促进可持续行为。⑨转型发展路径。

一　管理机构

在组织机制上，未来地球计划更加重视自上而下的协调组织和自下而上的参与对话。未来地球计划的管理机构包含了协同设计和协同实施（co-design and co-production）的概念。全球可持续性科技联盟作为资助方，负责组建未来地球计划，并推动和支持未来地球计划的发展。其成员包括国际科学理事会（ICSU）、国际社会科学理事会（ISSC）、贝尔蒙特论坛基金会、联合国教科文组织（UNESCO）、联合国环境规划署（UNEP）、联合国大学（UNU）以及作为观察员的世界气象组织（WMO）。未来地球计划由管理理事会（Governing Council）领导并由两个咨询机构——参与委员会（Engagement Committee）和科学委员会（Science Committee）支持。

管理理事会及其附属机构将会酌情代表全部利益相关者团体（包括学术界、资助机构、政府、国际组织和科学评估机构、发展团体、工商业界、民间社团和媒体）。

管理理事会是最终决策主体，负责制定未来地球计划的战略方向和决策。科学委员会将提供科学的指导，确保科学质量并且指导新项目的开发。参与委员会将提供涉及利益相关者的领导和战略指导，在贯穿从协同设计到宣传的整个研究过程中，确保可提供未来地球计划所需的社会知识。执行秘书处负责未来地球计划的日常管理，以确保跨主题、跨项目、跨区域和跨委员会的协调，并与关键利益相关者保持联络。秘书处将有望按区域分布。未来地球计划国家委员会的发展将受到积极鼓励。

二　关注的重点领域

未来地球计划关注的重点领域在其核心项目中有所体现。未来地球计划的许多核心项目是现有的四个全球环境变化项目的子课题，这四个项目分别是国际生物多样性计划（DIVERSITAS）、国际地圈生物圈计划（IGBP）、国际全球环境变化人文因素计划（IHDP）和世界气候研究计划（WCRP）。一些更为深入的项目来自地球系统科学伙伴关系（ESSP）。从2014年开始，这些项目陆续开始正式加入未来地球计划，他们包括了诸如气候变化、农业和食品安全计划（Climate Change, Agriculture and Food Security, CCAFS），全球碳计划（Global Carbon Project, GCP），国际全球大气化学项目（International Global Atmospheric Chemistry, IGAC），陆地生态系统—大气过程集成研究项目（Integrated Land Ecosystem - Atmosphere Processes Study, ILEAPS），海洋表面低层大气研究项目（Surface Ocean - Lower Atmosphere Study, SOLAS）等在内的多个气候变化相关项目。

三　未来地球计划在国际气候治理中的贡献

作为一个旨在"解决粮食、水资源、能源、健康和人类安全等可持续发展的关键问题，满足全球可持续发展最重要需求"的为期十年的大型科学计划，未来地球计划为全球学者提供了一个跨学科合作研究的平台；正在努力实现科学为社会经济服务；面向2050，提出了可持续发展目标的六大转变，正在寻求地球系统的可持续发展途径。

（一）　为全球学者提供了一个跨学科合作研究的平台

未来地球计划的使命是"提供社会所需的关键知识来应对全球环境变化的挑战和识别全球可持续性转变的机会"，其愿景是使"人们在一个可持续的和公平的世界中茁壮成长"。为了做到这一点，未来地球计划制订了实施计划，旨在：①促进并创造突破性的跨学科科学（2016 年未来地球计划至少启动八个知识行动网络，包括水—能源—粮食关系、海洋、转型、自然资产、可持续发展目标、城市、健康、金融和经济主题）；②提供社会合作伙伴需要和使用的产品和服务；③共同设计和共同实施可持续发展的研究、知识和创新；④动员促进可持续发展研究的能力建设。此外，未来地球计划致力于动员国际社会范围内的地球环境科学研究人员，使得他们：建立与重大全球可持续性挑战相关的跨学科科学；提供社会需要的产品和服务，以应对可能的挑战；解决全球可持续发展问题，共同探索和建立方案导向的科学和知识；在全球的学者中建立权威。

（二）　实现科学为社会经济服务

为体现科学对社会经济发展的服务，未来地球计划设计了以下三个综合研究主题：①动态地球（Dynamic Planet）。观测、解释、了解和预测地球、环境和社会系统趋势、驱动力和过程及其相互作用，以及预测全球变化的阈值和风险。重点研究地球脆弱区的自然系统、人文因素作用机制及相互影响机制，包括方法与模型、状态和趋势、重点领域等。②全球发展（Global Development）。对粮食、水资源、生物多样性、能源、材料和其他生态系统功能和服务进行可持续、安全、公平的管理。重点研究方向包括资源管理、生态系统服务、可持续路径。③向可持续发展的转型（Transition to Sustainability）。了解转型过程和措施选择，评估这些过程如何与人的观念和行为、新兴技术，以及社会经济发展途径联系起来，并评估跨部门和跨尺度的全球环境治理与管理战略。重点研究方向为低碳社会转型，强化气候变化减缓措施，构建可持续海洋"蓝色"社会，加强对海洋环境的保护，发展新型媒体、网络和信息系统，为可持续性转型提供信息服务等。①

（三）　寻找可持续发展途径

未来地球计划的整体框架建立在社会—环境相互作用和其中蕴含的全

---

① 辛源、王守荣：《"未来地球"科学计划与可持续发展》，《中国软科学》2015 年第 1 期。

球可持续性上，强调全球环境变化和可持续性。2016 年 12 月，未来地球计划确定了全球可持续发展面临的八大挑战：①提供水、能源和食物，建立水、能源与食物之间的协同和平衡管理，理解这些相互作用如何受到环境、经济、社会和政治变化的影响；②社会经济系统去碳化以稳定气候，通过促进技术、经济、社会、政治和行为的改变以实现转型，同时构建气候变化影响以及人类和生态系统适应响应的知识体系；③保护支撑人类福祉的陆地、淡水和海洋自然资源，通过认识生物多样性、生态系统功能与服务之间的关系，开发有效的评价与管理方法；④建设健康、适应力强和多产的城市，通过将更好的环境与生活和减少的资源足迹相结合的创新，提供可以抵御灾害的高效服务与基础设施；⑤在生物多样性变化、资源变化和气候变化的情况下，促进可持续的农村未来以供养日益增加的较富裕人群，分析替代土地用途、食品系统和生态系统选择，并确定机构和管理需求；⑥改善人类健康，阐明和发现应对环境变化、污染、病原体、疾病载体、生态系统服务、人类生计、营养和福祉之间复杂的相互作用；⑦鼓励可持续的公平的消费和生产方式，通过识别所有资源消费的社会影响和环境影响，了解从福祉增长中解耦资源使用的机遇、可持续发展的途径，以及人类行为相关变化的选择；⑧提高社会对未来威胁的适应力，通过构建自适应的管理体系，发展全球和关联阈值与风险的早期预警，建立有效、负责、透明的可持续性转型机制。①

2018 年 7 月 10 日，未来地球计划面向 2050，提出了可持续发展目标的六大转变：①进一步提高教育水平和完善医疗保障体系。先进的教育水平和完善的医疗体系是影响人类发展的重要因素，教育的普及与减少贫困和不平等密切相关。②建立生产和消费的无缝链接体系，使我们能够用更少的资源做更多的事情。有证据表明，通过对流动性住房、粮食系统和其他经济部门采取更加注重服务和循环的方式，有可能大幅减少资源消耗。需求的减少在供应链的不同阶段发挥了巨大的潜力。③在为所有人提供可负担得起的清洁能源的同时，对能源系统进行脱碳。研究表明，提高能源效率、增加可再生能源在能源中的比例，以及碳捕集和储存互相并不矛盾，而且发展空间很足。④在保护生物圈和海洋，提供足够的食品和清洁

---

① Future Earth, *Future Earth 2025 Vision*, 2018-01-28, http：//www.futureearth.org/sites/default/files/future-earth_ 10-year-vision_ web.pdf.

水的前提下，建立高效、可持续的粮食系统。预计未来人口将继续增长，我们需要提高农业生产率、减少食物浪费和损失，并尽可能地减少粮食生产对环境的影响，彻底消除饥饿。⑤提高城市可持续发展能力。到2050年全球约有2/3的人口居住在城市区域，必须建立符合城市发展的智能基础设施。各国需提升贫民窟的改造能力。实现城市转型。⑥科学、技术和创新（STI）的发展要以实现可持续目标为方向，数字革命带来了很多创新技术的融合，在未来发展道路中，要通过科技创新消除威胁可持续发展实现的各种障碍，需要将可持续理念与数字技术社区结合起来，使数字革命的方向与《2030年可持续发展议程》保持一致。

　　未来地球计划正在通过理解多尺度环境变化、自然和人文驱动与人类福祉的相互作用，致力于为人类应对全球环境变化提供科学知识、技术手段、评估方法、预测模型等，将自然科学与社会科学结合在一起，并加强决策支持和研究交流，寻求地球系统的可持续发展途径。

第九章　三极气候变化与地缘政治

第一节　南极

一　南极气候变化及其影响

南极洲总面积约 1400 万平方千米，占世界陆地面积的 1/10。作为唯一的几乎完全被冰雪覆盖的大陆，它蕴藏着地球表面 72% 的淡水和全球 90% 的冰雪。根据过去几十年来的卫星观测，南极大陆被约 1550 万平方千米的冰覆盖，这些冰在过去几千年的降雪中不断累积。据机载雷达观测，南极冰盖厚度达 4897 米，如果冰雪全部融化将可能使全球海平面升高约 60 米。鉴于南极洲对气候变化的敏感性及其可能产生的气候效应，科学界对南极冰雪圈与全球气候系统的相互作用关系极为关注。

根据联合国政府间气候变化专门委员会（IPCC）第五次评估报告《气候变化 2013：自然科学基础》观测到的气候系统变化事实，过去 20 年，格陵兰岛和南极冰盖已大量消失，世界范围内的冰川继续萎缩（高可信度）。南极冰盖的冰量损失平均速率从 1992—2011 年的 30×10^9 吨/年，增加到 2002—2011 年的 147×10^9 吨/年。这些融冰主要发生在南极半岛北部和南极西面的阿蒙森海。南极海冰面积在增加，1979—2012 年，南极海冰范围很可能每 10 年平均以 1.2%—1.8% 的速度增加（相当于每 10 年增加 13×10^4—20×10^4 平方千米海冰面积）。对冰冻圈未来变化的预估表明，随着全球气温不断上升，到 21 世纪末，南极海冰面积和体积可能会减少。[①]在未来 10 年做出的选择将对南极和全球产生长期影响。2018 年《自然》

---

① 沈永平、王国亚：《IPCC 第一工作组第五次评估报告对全球气候变化认知的最新科学要点》，《冰川冻土》2013 年第 5 期。

（Nature）上发表的一项探讨未来 50 年南极和南大洋变化的研究表明，在温室气体排放量未得到控制（高排放/弱行动情景）条件下，到 2070 年，全球平均温度将比 1850 年高 3.5 ℃以上，南极洲主要的冰架发生崩塌，对 2300 年海平面上升贡献达 0.6—3 米，海洋酸化和过度捕捞将改变南大洋的生态系统，增加的人类压力造成南极环境退化。

根据近年来最新研究，南极地区的温度、海冰范围、冰川质量等方面的变化趋势如下。

（1）南极温度变化。南极地区的温度变化格局从时间、空间上都非常多样。近几十年来，南极地区的显著增温主要发生在西南极的南极半岛地区，而东南极大陆增温并不明显，个别站点在某些年份还有较明显的降温趋势。在南极半岛（AP），先前研究认为该地区是自 1950 年以来地球上增暖趋势最大的区域之一，其中南极半岛西侧和北部升温最快，如 Faraday/Vernadslcy 站在 1951—2011 年温度变化趋势为 0.54℃/十年。但 Turner 等（2016）发表在《自然》的研究显示，南极半岛在 20 世纪 90 年代末期开始出现温度下降的趋势，过去 30 年的温度变化趋势由 1979—1997 年的 0.32℃/十年转变为 1999—2014 年的 -0.47℃/十年。[1] 而 Oliva 等更新 1950—2015 年南极半岛 10 个站的数据并重新分析温度变化趋势后指出，Faraday/Vernadslcy 站的增暖趋势属于极端情况，更新后的结果表明，1997/1998 年以来南极半岛呈降温趋势，以南极半岛北部、东北部和南设得兰群岛最为显著，这种降温趋势还减缓了南极半岛北部岛屿的冰川退缩和多年冻土融化。[2]

（2）海冰范围的变化。根据 NASA 地球观测站（Earth Observatory）微波传感器观测数据[3]，自 1979 年有卫星观测开始以来，南极海冰总量每十年增加约 1%。但由于南极冰层的年际变化很大，这种增加是否属于有意义的变化尚不确定。2012—2014 年，连续三年卫星观测到 9 月冬季海冰范

---

① Turner J., H. Lu, I. White, et al., "Absence of 21st Century Warming on Antarctic Peninsula Consistent with Natural Variability", *Nature*, Vol. 535, No. 7621, 2016, pp. 411–415.

② Oliva M., F. Navarro, F. Hrbáček, et al., "Recent Regional Climate Cooling on the Antarctic Peninsula and Associated Impacts on the Cryosphere ", *Science of the Total Environment*, Vol. 580, 2017, pp. 210–223.

③ NASA, *Antarctic Sea Ice*, 2018–03–23, https：//earthobservatory. nasa. gov/Features/WorldOfChange/sea_ ice_ south. php.

围创新高，但这些高值发生在北极海冰范围创低值纪录的同时。从 2016 年开始，南极海冰范围开始出现明显的减少，NOAA、WMO、AMS 等多个机构的报告显示，2017 年南极海冰范围达到历史低值。因此，凭目前的下降趋势就认为南极海冰范围发生了转变还为时过早。在南极海冰的空间分布上，陆地周围的地区存在很大差异。罗斯海（Ross）呈显著的增加趋势，而贝林斯豪森（Bellingshausen）和阿蒙森（Amundsen）海域的海冰范围减少。整体上，南极海冰显示出弱的增加趋势。

（3）南极陆地冰川质量的变化。NASA 的 GRACE 卫星数据显示，南极的陆地冰川质量自 2002 年以来一直在损失，每年减少 127 吉吨，尤其自 2009 年开始冰川质量损失加速。2018 年 6 月，由大型气候评估项目"冰盖质量平衡相互比较"（Ice Sheet Mass Balance Inter-comparison Exercise，IM-BIE）结合 24 项卫星观测得到了迄今为止最完整的南极冰盖变化图景。结果显示，自 1992 年以来，南极冰盖的融化使全球海平面上升了 7.6 毫米，其中 2/5 的海平面上升（3.0 毫米）发生在 2012 年至 2017 年。在 2012 年之前，南极洲的冰以每年 760 亿吨的稳定速度发生损失，对海平面上升造成每年 0.2 毫米的贡献。但这一数字 2012—2017 年增长了 3 倍，即南极大陆每年损失 2190 亿吨冰，对海平面上升的贡献达到每年 0.6 毫米。南极大陆冰的损失是由西南极洲和南极半岛的冰川损失加速，以及东南极洲冰盖增长减少共同造成的。①西南极洲的变化最大，冰川损失从 20 世纪 90 年代的每年 530 亿吨增加到 2012 年以来的每年 1590 亿吨。其中，大部分冰川损失来自派恩岛（Pine Island）冰川和思韦茨（Thwaites）冰川，那里由于海冰融化而迅速退缩。②在非洲大陆北端，南极半岛的冰架崩塌导致自 21 世纪初以来每年冰川损失增加 250 亿吨。③东南极洲冰盖在过去 25 年保持近平衡状态，平均每年仅增加 50 亿吨冰。

（4）南极半岛的冰架崩塌事件。过去 20 年，覆盖了 74%南极海岸线的南极漂浮冰架发生了消退、变薄和灾难性的崩塌。在卫星观测时期，观察到南极半岛冰架在过去 50 年消退了 18%，拉森 A、拉森 B、威尔金斯（Wilkins）1 号和拉森 C 冰架分别于 1995 年、2002 年、2008 年和 2017 年发生了崩塌。南极冰架除了因为直接接触周围大气和海洋而受到环境条件变化的影响之外，还会经历内部因素驱动的冰架增长和冰架崩塌的重复周期。20 世纪下半叶，南极半岛经历了快速变暖。但到目前为止，这一趋势在 21 世纪没有持续。大气增暖与下沉气流共同造成了夏季冰架表面的积雪融化。过去 18 年，拉森 C 冰架以每十年 3.8 米的速度持续变薄。拉森 C 冰架上的裂缝形成于 10 年前，2014 年开始迅速增长，最后形成的长度大于 200 千米，分割出一块面积约 6000 平方千米的冰原。2017 年 7 月 12 日，拉森 C 冰架崩解形成了一座巨大的冰山，使拉森 C 冰架的面积减小到了自卫星观测以来的最低值。

南极和南大洋的局地变化只是问题的一部分，这一系统的变化还将对全球产生影响。南极包括两个地理上不同的地区——东南极洲和西南极洲，被横贯南极的山脉分隔开并由周围的冰盖连接在一起。南极冰原及其所处极区的位置使南极成为热汇，强烈影响整个地球的气候。此外，南极大陆周围的海冰覆盖范围发生着季节性变化，调节大气和海洋之间的热量、水分和气体成分的交换，并通过海冰冻结时的脱盐作用，驱动海洋底层冷水的形成与扩散，这一系统的变化将影响全球气候。

冰原和海冰会因为气候变化而发生改变，最大的威胁来自西南极冰原。2016 年发表在《地球物理研究快报》（Geophysical Research Letters）的研究表明，在过去 40 年，南极海岸冰川已消失约 1000 平方千米，面积相当于德国首都柏林市。2016 年发表在《自然》的研究表明，到 2100 年温室气体增加引发的南极冰川损失可能造成海平面上升超过 1 米，到 2500 年可能超过 15 米。每年在冰原上沉积的积雪量相当于全球海平面高度的 5 毫米，每年回流到海洋的平均冰量也是如此。因此，冰量输入和输出之间的不平衡可能是当前海平面上升的主要原因（每年 1.5—2 毫米）。

南极的物种也受到气候变化的显著影响。南极磷虾经常以海冰下的藻类为食，随着海冰的减少，南极半岛周围的种群数量一直在下降。由于磷虾种群数量的减少以及天气条件的变化，近年来阿德利企鹅的种群数量一直在下降。帝企鹅也非常脆弱，预计在全球平均气温上升 2℃ 时会受到影响。此外，南极齿鱼非常容易受到气候变化的影响。因此，南极洲的气候变化将在全球和南极局地产生巨大影响。

二 南极气候科学研究计划与发展战略

（一）南极研究科学委员会优先研究领域

2014 年 4 月，南极研究科学委员会（SCAR）首次召集了来自 22 个国家的 75 名科学家和决策者，确定了未来二十年的南极研究重点。2014 年 8

月,《自然》期刊发表了《极地研究:南极科学六大优先领域》① 一文,总结了南极科学研究的六大优先领域。

(1) 明确南极大气和南大洋的全球影响力。南极大气层变化改变地球能量收支、温度梯度、大气化学成分及其通量,南大洋在地球系统中扮演着重要的角色,它连接了世界上的海洋,形成的全球洋流系统传送从大气到深海的热量和二氧化碳。同时海冰反射和过滤阳光,调节海洋与大气之间的热量、动量和气体交换。主要的科学问题包括:大气、海洋和冰川间的相互作用如何控制气候变化速率,极地气候变化如何影响海洋和热带季风,臭氧层空洞恢复和不断上升的温室气体浓度将如何影响区域和全球大气环流和气候。

(2) 了解冰盖如何、在哪里和为什么出现物质损失。南极冰盖冰储量大约为 2650 万立方千米,如果其进入大海,足以使全球海平面上升约 60 米。南极冰盖几千年来一直保持稳定,目前正处于冰损失加速阶段,主要的科学问题包括:什么因素控制海冰损失的速度及其对海平面的影响,大气中的二氧化碳浓度阈值是否超过冰盖崩塌及海洋大幅上升,如何影响冰盖底部流动、形成和对变暖的响应,冰盖底部仅有水体的采样,以及对冰流动未知的影响。

(3) 揭示南极洲的历史。从各地的大陆边缘收集的过去岩石记录表明,南极洲经历了不同程度的全球变暖。地壳的响应,以及火山和来自地球内部热量对覆冰的影响,在很大程度上未进行描述。目前关于南极地壳和地幔的结构,以及它是如何影响超级大陆的创建和解体的,人们了解很少。冰下古老地貌景观揭示了冰和固体地球之间的相互作用的历史。过去的相对海平面的地质特征将显示在何时何地已获得或失去了行星冰。因此,需要更多的冰川、岩石和沉积物记录以了解过去的气候状态。

(4) 了解南极生命是如何进化和幸存的。南极生态系统长期被认为是年轻、简单、种类贫乏和孤立的。在过去的 10 年里,有些类群,如海洋蠕虫(多毛类)及甲壳类动物(足类动物和端足目动物等)出现了高度多样化,以及大陆间、邻近的岛屿和深海之间的物种连接比预想的要多。分子生物学研究表明,线虫、螨、蠓和淡水甲壳类动物在过去的冰期中幸存下

---

① Kennicutt, M. C., S. L. Chown, J. J. Cassano, et al., "Polar research: six priorities for Antarctic science", *Nature News*, Vol. 512, No. 7512, 2014, p. 23.

来。预测和应对环境变化，需要了解过去的事件是如何驱动生物多样化和物种灭绝的。

（5）空间和宇宙观测。南极干燥、寒冷和稳定的大气形成了从地球上观测太空的一些最佳条件。通过南极冰川下湖泊模拟卫星冰川状况，并收集大陆上的陨石，可以揭示太阳系是如何形成的和天体生物学信息。而人们对沿着地球磁场线流向两极的太阳耀斑的高能粒子的了解是有限的。因此，需要预测破坏全球通信和电力系统的太阳事件风险。

（6）识别和减轻人类活动影响。需要对人类活动对南极的影响进行预测并进行有效的治理和监管，并将自然和人类的影响进行区分。南极科学的最大化回报目标是同时最大限度地减少人类足迹。主要的研究问题包括：如何有效地落实控制访问的现行法规，全球政策如何影响人们访问该地区的动机，人类和病原体将如何影响和适应南极环境，南极生态系统服务的现有的和潜在价值是什么，以及它们如何才能被保留。

（二）国际极地预测年计划

为了改进北极与南极的天气和气候系统预报，世界气象组织（WMO）开展了极地预测年（Year of Polar Prediction，YOPP）计划。YOPP 计划分三个阶段实施：准备阶段（2013—2017 年）、主体阶段（2017 年中期—2019 年中期）和巩固阶段（2019—2022 年）。在准备阶段，该计划进行了学术团体参与、计划活动协调、实验准备、观测和模拟策略设计、实施计划制订和资助者联络等工作；在主体阶段，该计划将进行密集观测、特定模式实验、预测结果及其验证与价值研究。

YOPP 计划的使命为：通过协调密集观测、模拟、检验、用户参与和教育活动，显著提升极地地区的环境预测能力。该计划的主要目标包括：①改善极地观测系统，提供高性价比、高质量的观测覆盖。②通过收集更多现场观测资料，增加对极地关键过程的理解。③改进耦合和非耦合预测模式中极地关键过程的表达，如稳定边界层、表面交换和陡峭地形，排除高质量极地预报中的障碍。④开发和改进资料同化系统，以解决极地地区预报的挑战，如观测数据稀疏、陡峭地形、模式误差以及大气—海冰相互作用等重要的耦合过程。⑤探索海冰在几天到一个季度的时间尺度上的可预测性。⑥增加对极地和低纬度地区之间联系的认识，并量化评估模型表达此类过程的技术状况。⑦增加对极地天气和环境预测的验证，开展模型性能和业务预报系统的定量评估，并有效监控进度。⑧在不同类型用户和获益区域，增加对利用极地预测信息和服务的理解。⑨提供培训机会，形成一个关于极地预测相关问题的完整的知识库。

（三）英国南极科学发展战略

2014 年 7 月 16 日，英国政府发布了《英国南极科学发展战略（2014—2020）》（UK science in Antarctica：2014 to 2020），详细规划了英国在 2014 年到 2020 年间南极科学发展的方向，确定重点投入的研究领域，阐述了目前英国在南极所处的地缘政治和经济环境以及国际合作秉承的价值取向。目前英国对南极的研究主要集中在以下几个方面：①理解全球环境变化。例如：造成海冰损失的过程分析与未来海平面上升预测；南大洋变化的全球影响；南极气候预测。②对南极环境过去、现在和未来变化的认识。例如：过去百万年冰期转换的控制因素；古环境条件对当前极地生物地理和生物多样性的塑造。③探究南极生物多样性。探究极地生态系统对过去和现在气候变化的恢复力，以及关键物种和整个生态系统的数据与政策以支持可持续渔业管理。④其他科学前沿问题。绘制南极大陆的地质结构图；寻找南极冰盖下方湖泊和联通水体中的生命；进行南极冰架下方海洋空洞（ocean cavity）的观测等。

为配合战略规划的落实，2016 年 5 月 4 日，英国自然环境研究理事会（NERC）发布其 2016—2020 年战略实施计划①。计划明确了 NERC 未来五年发展的总体目标以及主要任务，并从具体实施的角度阐述了实现战略目标的相关举措。该计划指出，NERC 将为南极研究提供后勤及基础设施保障。NERC 英国南极调查局（BAS）将应政府需求开展长期南极科学研究，为英国科学家及其国际合作方提供一流设施和条件。未来 NERC 在支持南极科学研究方面主要工作包括：建设 4 个永久性多领域南极研究站；建设一个夏季南极研究站；配置研究及后勤保障专用船只和飞行交通设施。此外，还将开展哈雷 6 南极考察站的重新选址以及升级和改善极地科学设施和条件等工作。

2017 年 7 月 21 日，英国政府宣布正式启用新创建的极地创新中心，该创新中心下设于英国南极调查局（British Antarctic Survey，BAS），政府投资 430 万英镑。英国政府创建该创新中心旨在支持未来跨领域研究，以

---

① NERC, *NERC Delivery Plan 2016-2020*, http：//www.nerc.ac.uk/about/perform/reporting/reports/deliveryplan2016-2020/.

应对环境变化并满足日益增长的极地研究现实利益需求,其主要目标是依托创新中心的研发活动激发创新思想,以催生更多的科技突破、新的合作以及经济潜能。创新中心建设所确定的关键研发合作重点之一即如何将极地研究成果应用于其他政策领域、商业、学术界以及第三部门。创新中心作为英国剑桥创新集群的组成部分,将额外获得英国剑桥大学创新项目给予的 30 万英镑的资助。

（四）美国南极和南大洋战略研究先导行动

南极和南大洋研究是目前科学研究中极具前景的领域,该区域在全球大气和海洋环流、碳循环和能量循环中作用重大,研究其对海平面上升与全球环境变化影响的需求日益紧迫。由美国国家科学基金会（NSF）极地项目组（PLR）管理的美国南极项目（USAP）,积极支持和开展南极和南大洋地区的科学研究。PLR 每年在南极和南大洋科学研究中投入 7000 万美元,在相关设施供给中投入 2.55 亿美元,每年有超过 3500 人参与南极项目的研究和后勤保障工作。应 NSF 的要求,美国国家科学院、工程科学院和医学科学院联合成立委员会,根据近年来南极项目的研究进展于 2015 年发布《NSF 资助南极和南大洋研究的战略愿景》（*A Strategic Vision for NSF Investments in Antarctic and Southern Ocean Research*）报告,提出了南极和南大洋研究的战略愿景。未来 NSF 资助的南极和南大洋研究将保持由学科带头人推动的基础研究项目,并将在未来十年推动以下三个优先领域的大型战略研究先导行动。

（1）海平面上升高度与速度。委员会建议 NSF 启动一项新的学科间国际研究综合项目——变化的南极冰原行动（Changing Antarctic Ice Sheets Initiative）,以预估未来海平面上升的高度和速度。该行动涉及两部分,分别用以解决冰川变化机制和海平面变化程度的问题:①采取多学科行动以了解南极冰原当前变化原因及未来发展。内容包括关键过程的多学科研究;南极西部变化的关键驱动因子的系统测量;主要冰架下层未知地形和冰架下关键区域测绘;耦合模式中新数据流的使用。②利用多种冰原变化的历史记录来了解海平面变化的速度与过程。在"变化的南极冰原行动"中,在南极西部可能发生坍塌的区域进行冰川钻孔取样,通过冰芯资料重建过去南极冰原融化速度的数据;利用高分辨率的海底沉积物取样,重建冰川消融的年际变化数据以理解历史关键时期冰川如何消融;通过航拍图像确定海冰消融的地理足迹,或者通过在南极西部岩芯取样和宇宙射线同位素测年技术，得到冰川消融量及其造成海平面上升的高度。

（2）南极生物在变化环境中的进化与适应。需要推动南极基因组行动（Antarctic Genomics Initiative），以期对南极有机体和生态系统在适应环境变化过程中的基因组和功能基础进行解码。随着基因测序技术和方法的进步及成本的降低，该领域将可能在以下三个方面取得更多新发现：①生物多样性和物种相互作用，作为进化可能性的指示；②物种功能对南极环境变化的响应，作为表型可塑性的指示；③对寒冷环境的适应/特化以及未来进化与适应潜力。

（3）宇宙的起源，支配其演变的基本物理规律以及新一代宇宙微波背景辐射。南极地区干燥而稳定的大气环境是理想的天体物理观测环境，有助于了解宇宙的演变及其结构，其中一个领域是宇宙微波背景辐射（CMB）。通过启动宇宙微波背景行动（CMBI），开展新一代宇宙微波辐射研究CMB-S4，可深入认识宇宙的构成与起源，尤其是认识宇宙的膨胀过程。该项目是长航时气球观测CMB项目的继续，气球观测和卫星观测将覆盖更宽频率范围，进行更广角度扫描。精度和准确性的提高有助于揭示隐藏在微波背景辐射中的宇宙演变信息，回答宇宙的起源、暗能量的特性、宇宙的终极命运等问题。委员会建议NSF 3—4年完成CMB-S4项目的部署，并且更新基础设施，提升不间断网络访问能力和数据传输能力，并进行多部门多国家合作，建立国际合作伙伴关系和联合监督办公室。

为了支持核心基础研究项目和战略研究先导行动的实施，NSF还需要在以下五个方面建立坚实的基础设施和后勤保障：①偏远场站设施。加强深海基地和物流枢纽的建设，增强雪上运载穿越能力、船舶冰雪航行能力、飞机应对恶劣天气的能力和偏远场站交通能力。②船舶支持。增加对新一代科考破冰船和极地考察船的支持。③持续性观测。通过降低成本来获得长期观测，加强协调、整合和战略性扩展数据的收集和管理。④通信和数据传输。提升大数据传输能力，增强与深海基地和冰下自动作业设备的通信能力。⑤数据管理。建立专门的存档机制来管理和保存数据，鼓励各资助项目与个人增强数据管理能力，协调NSF内部数据的收集和共享，优化现有数据的利用，集成各国家、各学科和各类型的数据。

（五）澳大利亚《南极科学战略计划》

2011年，澳大利亚制订了《南极科学战略计划（2011/2012—2020/2021）》，针对当前国际社会所面临的重大议题列出了四项主要的研究主题：①气候过程与气候变化。包括：南极冰盖；南半球海洋与海冰；大气过程、变化及特征分析；天气和气候预报模式研发；南半球古气候变化及遥相关记录。②内陆与沿岸的生态系统。包括：变化趋势与敏感性；脆弱性与空间保护；保护、减缓与修复人类影响。③南大洋的生态系统。包括：海洋生态系统的变化；野生动物养护；南大洋渔业中磷虾和鱼类的存量；保护海洋生物多样性。④前沿科学。即符合国家优先发展的科学研究领域，必须是具有战略意义的新兴学科，如天文学、地球科学、人体生理和医学、空间天气以及基础生物学和生理学等。①

　　澳大利亚还提出了更长期的战略计划，强调其在南极的部署、探索、后勤保障与科学考察能力。2014 年 10 月，澳大利亚政府发布了《20 年澳大利亚南极战略计划》（20 Year Australian Antarctic Strategic Plan），该计划被视为澳大利亚新南极战略的初步蓝图。它建议政府要持续捍卫澳大利亚在南极的国家利益、有效管理澳大利亚在南极的领土、支持和领导国内外南极科学合作、拓展塔斯马尼亚作为南极科学和物流枢纽的作用、发展南极站运行和交通运输能力等。2016 年 4 月，澳大利亚政府发布了《澳大利亚南极战略及 20 年行动计划》（Australian Antarctic Strategy and 20 Year Action Plan），阐述了澳大利亚在南极地区所追求的目标、南极战略的总体框架以及实现路径。这一战略是澳大利亚迄今为止最重要的南极战略，旨在将澳大利亚建设成为南极研究领域的领先国家。新的南极战略强调，澳大利亚要保持对南极的影响力以及在南极科考、环保等方面的领先地位，拓展经济、教育发展与合作的机会。该计划主要聚焦如何增强澳大利亚在南极的部署能力、探索能力、后勤保障能力以及科学考察能力，并强调在维护南极和平与环境安全的基础上，加强与其他国家的合作。该计划宣布未来十年将投入 2.55 亿澳元用于南极科学考察和后勤保障，准备在南极洲建立 3 个科考站，以此提升在南极后勤方面的支撑保障能力。尤其是，加快建造新一代具有世界级水平的破冰船，该项目计划花费 19 亿澳元（约合人民币 93.3 亿元）用于破冰船的设计、建造以及长达 30 年的使用及维护，这也是澳大利亚有史以来投资最大的一个南极项目。

　　2017 年 5 月 22 日，澳大利亚政府宣布由澳大利亚联邦科学与工业研

---

① 吴依林：《论澳大利亚南极科学战略及研究主题》，《中国海洋大学学报》（社会科学版）2012 年第 1 期。

究组织（CSIRO）和中国青岛海洋科学与技术国家实验室（QNLM）合作建设的南半球海洋研究中心（Centre for Southern Hemisphere Oceans Research，CSHOR）正式建成并投入运行。CSIRO 与 QNLM 双方承诺将在未来五年投入 2000 万澳元专门开展南半球海洋观测与研究。该中心的建设同时得到了澳大利亚塔斯马尼亚大学和新南威尔士大学的支持。CSHOR 除了首要聚焦从赤道至南极之间的整个南半球海洋以及同未来澳大利亚、中国以及全球气候相关的基础性问题，还将关注厄尔尼诺—南方涛动（ENSO）、印度洋偶极子（IOD）等重要气候现象。CSHOR 的创建将推动关于目前及未来南半球海洋在澳大利亚和中国，乃至全球气候过程中的作用的认识。

三　南极气候治理与地缘政治

（一）南极气候治理机制

南极条约协商国、南极研究科学委员会和国家南极局局长理事会是目前管理南极事务的三大主要国际组织，也是进行南极气候治理的重要国际组织。

（1）南极条约协商国（ATCM）是国际政府间管理南极政治事务的组织。20 世纪以来，领土主权曾一度成为南极的焦点问题，英国、澳大利亚、新西兰、法国、智利、阿根廷、挪威先后都对南极提出了领土主权的要求。为此，在 1957/1958 年国际地球物理年南极考察活动结束后，美国邀请苏联、日本、比利时、南非以及上述有领土要求的共 12 个国家的代表，在华盛顿签署了冻结一切领土主张及资源开发的《南极条约》，条约促进了在南极的科学调查方面的国际合作，包括交换情报、人员、考察成果等。我国于 1985 年 10 月成为南极条约协商国成员国。2017 年 5 月，南极条约协商会议首次在中国召开。

（2）南极研究科学委员会（SCAR）是管理南极科学事务的民间科学团体。南极研究科学委员会是国际科学联合会理事会（ICSU）属下的一个多学科科学委员会。它是国际南极科学的最高学术权威机构，负责国际南极研究计划的制订、启动、推进和协调。通过每两年一次的大会和组织一系列的学术研讨会，定期发布国际南极研究的最新发现，并提出南极科学研究新的优先领域和研究方向。由于南极研究科学委员会在南极科学研究方面独一无二的专业性和权威性，SCAR 几乎参与了所有南极洲有重大影响的科学研究活动，在南极动植物保护、南大洋生物资源的调查、南极旅游影响评估、南极气候变化、南极冰川研究和南极环境保护等方面发挥着其他南极科研机构无法替代的作用。其合作平台上有五项大型国际科考项目，分别是南极气候演化（Antarctic Climate Evolution，ACE）、南极生物进化过程及其多样性研究（Evolution and Biodiversity in the Antarctic，EBA）、南极冰下湖环境科学研究（Subglacial Antarctic Lake Exploration，SALE）、日地和超高层大气物理学研究中的南北半球共轭作用（Interhemispheric Conjugacy Effects in Solar-Terrestrial and Aeronomy Research，IECSTAR）、南极与全球气候系统（Antarctic in the Global Climate System，AGCS）。[①]

（3）国家南极局局长理事会（COMNAP）是由各国主管南极事务的部门负责人组成的组织。自1988年成立以来，每年召开一次会议，回顾南极考察运作过程中的问题，主要着力解决技术方面的问题，如南极环境影响评估、雪上运行技术、南极航空运输网等，此外，还解决一些意外事故、航空活动、南极旅游等特殊问题。国家南极局局长理事会致力于提供一个论坛，使各成员国有关南极的问题能及时、有效、和谐地加以讨论并得到解决。

（二）南极气候治理的历史进程

自18世纪后期人类发现南极以来，南极政治先后经历了"地理探险""领土竞争""科学研究""资源开发"和"环境保护"等不同的时代主题。根据参与者的相互关系和机制化程度，至今为止，南极政治进程大致可以分为三个时期。[②]

第一个时期是18世纪后期至19世纪末。这一时期，英国、挪威、美国和俄罗斯等国的探险队竞相进入南极地区，进行地理探险和考察，留下了对南极气候、海洋、地质、地貌和生物的最早记录。这些成果不仅为后续的南极考察提供了经验指导，而且为今天研究南极生态环境的变迁提供了宝贵的对比资料。虽然各国早期的南极活动主要是出于增加领土和财富来源等殖民动机，但面对南极严酷的自然环境，以及当时落后的经济技术条件和贫乏的知识，各国的首要敌人不是其他国家而是自然环境。因此，

---

①　何柳：《中国参与南极治理的国际合作战略研究》，《武大国际法评论》2016年第2期。

②　阮建平：《南极政治的进程、挑战与中国的参与战略——从地缘政治博弈到全球治理》，《太平洋学报》2016年第12期。

相互对抗尚未发生，相互合作倒时有进行。

第二个时期是从 19 世纪末到 20 世纪 50 年代。在此期间，一些国家掀起了对南极的瓜分浪潮，南极逐渐由科学探险的前沿变成国际政治博弈的新疆域。1908 年，英国首先提出对南极的领土主张，随后新西兰、法国、澳大利亚、挪威、智利、阿根廷也相继提出对南极的领土主张，这些主张的领土占到南极陆地面积的 83%。①其中一些国家的领土主张出现了重叠，如英国与阿根廷、阿根廷与智利、英国与智利、法国与澳大利亚和新西兰、挪威与澳大利亚和英国等。美国、苏联和巴西等国虽然没有正式提出南极领土主张，但保留了这一权利。然而，除了 20 世纪 50 年代阿根廷与英国就重叠领土主张发生过军事对峙，这一时期相关国家对南极领土的主张并没有导致严重的冲突。其主要原因是南极严酷的自然条件、远离人类活动的地理位置以及脆弱的生态环境抑制了进行军事争夺的必要性和迫切性。

第三个时期从 20 世纪 50 年代后期开始，延续至今。这一时期，南极逐步进入全球政治议程。"二战"结束后，世界格局迅速进入两极对抗时代，并对南极政治进程产生了重大影响。在美国看来，由于绝大多数直接冲突方都是其盟友或伙伴，一旦南极领土竞争失控，将严重危及自己阵营的团结；而与苏联阵营的竞争则可能诱发双方的"热战"，因此必须加以限制。苏联虽然并不担心南极领土之争危及自身阵营的团结，但对双方"热战"的风险还是有所担心。基于这种共识，美国、苏联、英国、新西兰、法国、澳大利亚、挪威、智利、阿根廷、南非、比利时和日本于 1959 年 10 月 15 日在华盛顿召开专门会议商讨南极问题。经过激烈的讨价还价，12 国一致通过了具有历史意义的《南极条约》。根据该条约，和平与非军事化成为基本原则，领土争端被暂时冻结；保护生态环境成为普遍共识和优先目标；开展科学研究与合作是各国主要的南极活动。

50 多年来，缔约各方以《南极条约》为基础，先后签署了近 200 项条约、公约、议定书和其他具有不同法律效力的措施等，形成了当今南极政治的主要制度基础——南极条约体系。面对国际社会参与南极政治的要求，《南极条约》规定，只要承认并愿意遵守该条约体系所规定的责任和义务，任何国家都可以申请加入成为其缔约国。截至 2016 年 10 月，南极条约体系共有 53 个缔约国，虽然只占联合国成员数量的 27%，但占其总人口的 85%。除了缔约国，联合国等超国家行为主体，国际自然保护区联盟（IUCN）、南极洲和南大洋保护联盟（ASOC）等非国家行为主体，以及渔业、旅游和生物医药等企业组织也纷纷参与到南极政治进程中来,从而形成了以《南极条约》为基础、多方合作与竞争并存的政治生态。

虽然《南极条约》宣称对所有国家开放,但其实际权力主要掌握在协商缔约国手中。除了最初的 12 个创始会员国,只有那些能够在南极建立科学考察站或派遣科学考察队进行实质性科学研究的国家才能成为协商缔约国,并参与表决,而非协商缔约国只能应邀参加旁听,没有表决权;协商缔约国有权指派观察员开展《南极条约》所规定的任何视察,而非协商缔约国则无此权利。①在《南极条约》53 个缔约国中,协商缔约国只有 29 个。②由《南极条约》协商国主导的南极条约协商会议,拒绝将"全人类共同遗产"原则适用于南极,抵制联合国的参与,对国际非政府组织采取机会主义的做法。③总体来看,协商缔约国要么是历史性强国,要么是现实性强国,要么是邻近南极的"门户国家"(即邻近南极的澳大利亚、新西兰、智利和阿根廷 4 个国家),其他地区数目众多的中小国家很难成为《南极条约》协商缔约国。

在当今南极"争夺战"愈演愈烈的情况下,只有科学才能成为未来南极权益话语权的依据,因为科学在南极政治中扮演了重要角色。由于南极洲地理环境和国际地位的特殊性,南极的科学行为往往会产生政治效应,如科学与政治间的互动促成《南极条约》的形成,从而为国际社会治理南极设定了法律基础和制度框架。

第二节　北极

一　北极气候变化及其影响

全球气候变化的背景下,北极作为全球气候系统的重要组成部分,是全球气候变化最为敏感的地区之一,气候变化致使北极区域冰盖融化,地面反照率降低,极端天气事件频发,生态环境恶化。2016 年 12 月,美国国家大气与海洋管理局(NOAA)发布《2016 年北极年度报告》(*Arctic Report Card* 2016)①,从气温、海冰、春季积雪、陆表冰盖、海洋化学、碳

---

① NOAA, *Arctic Report Card 2016*, 2016-12, ftp://ftp.oar.noaa.gov/arctic/documents/ArcticReportCard_ full_ report2016.pdf.

循环以及动植物变化等方面系统分析总结 2016 年北极环境变化,认为北极持续变暖并继续对整个北极环境系统产生影响,呼吁各方共同关注北极变化。

(1) 气温变化。北极地区气温继续以 2 倍于全球平均升温幅度的速度上升,与 20 世纪初相比,北极气温已经上升了 3.5℃。2016 年 9 月,北极平均气温达到自 1900 年以来的最高值,同时创下多月(1 月、2 月、10 月和 11 月)气温历史纪录。2016 年春季、秋季和冬季整个北极中部地区大气平均温度明显偏高,尤其是冬季,气温显著高于历史同期纪录,许多地方 1 月气温较正常偏高 8℃。而夏季气温则呈现出中等至偏冷的异常。

(2) 海冰变化。在经历了 2013—2015 年适度变化后,2016 年夏末,北极海冰覆盖面积成为继 2007 年之后的第二低值(自 1979 年有卫星监测记录以来)。2016 年北极夏末海冰覆盖面积比 1981—2010 年少 33%。截至 2016 年 3 月,北极多年期海冰和 1 年期海冰覆盖面积占比分别为 22% 和 78%,与 1985 年的 45% 和 55% 相比,多年期海冰面积明显减少。

(3) 春季积雪变化。2016 年 4 月和 5 月,在北美北极区域,春季积雪覆盖面积再次创历史新低(自 1967 年有卫星监测记录以来)。这不仅说明北极变暖明显影响了融雪时间,同时也证实了预融雪量的减少可能是春季积雪提前融化和融化速度加快的决定性因素。

(4) 陆表冰盖变化。北极陆表冰融量创历史第二高值。2016 年,以格陵兰冰盖为代表的北极陆地冰继续呈现加速融化趋势,尤其是北极西南和东北部最为明显。在自 1979 年建立卫星监测记录以来的 37 年的格陵兰冰盖观测记录中,仅有 2012 年冰融时间早于 2016 年。与 1981—2010 年相比,北极东北部和西部沿海地区冰融持续时间分别比正常水平延长了 30—40 天和 15—20 天。

(5) 碳循环情况。北极永久冻土层富含二氧化碳,一旦其融化,就将成为二氧化碳和甲烷等温室气体的排放源。北极永久冻土带土壤中所蕴含的有机碳总量达 1.33 万亿—1.58 万亿吨,约为目前大气碳含量的 2 倍。尽管过去几十年中北极苔原生态系统在生长季节所吸收的二氧化碳持续增加,但这些增量被冬季持续增加的碳排放所抵消,因而,总体上,北极苔原碳释放量呈净增长态势。

(6) 动物种群分布变化。北极苔原环境变化同时影响到动物种群的分布,其要么适应新的环境,要么灭绝。这种关联使得小型哺乳动物

（如鼩）及其寄生物可以用作预测北极环境变化影响以及不同物种之间相互作用的指示计。某些北极鼩获得了新的寄生物，表明亚北极动物群向极点区域迁移，并同时揭示出北极生物多样性和新物种网络整体复杂性的增加。

北极持续变暖及其对整个北极环境系统的变化对全球气候、天气等各个方面产生影响，这些影响直接关系到人类的生产生活。近年来，北极变暖的趋势逐渐明显，对于地球的自然系统也造成前所未有的挑战。两极海冰是全球气候系统重要的组成部分，北极的冰盖融化直接关系大洋表面的辐射平衡、物质平衡、能量平衡以及大洋温、盐流的形成和循环等，以此来影响全球气候。北极变暖致使极端天气事件频发，影响人类的生产、生活活动。除此之外，北极变暖还对全球水资源、全球陆地资源、全球粮食以及人类健康领域产生重大影响。①

二　北极气候科学研究计划与发展战略

（一）俄罗斯北极地区的国家政策原则

北极总面积的1/3位于俄罗斯，其沿北冰洋的海岸线长度达4万千米（包括北方岛屿的海岸线），北极长期的冰封使得北极曾长期充当西方包围、遏制俄罗斯的北方之墙。北极地区具有丰富的资源，大半蕴藏在俄罗斯领土上，因此北极冰盖的融化对于俄罗斯有重要意义。俄罗斯在北极地区具有主权声索和领土扩张、北极航道的管辖和开发、油气资源与环境保护等核心利益关切。随着北极变暖，俄罗斯海权状况发生变化（见表9-1），这将影响俄罗斯的北极战略。

表 9-1　　　　北极变暖对俄罗斯海权的影响和俄罗斯海权面临的问题

俄罗斯海权的天然缺陷	北极变暖后俄罗斯海权状况的改变	俄罗斯要实现其北极海权必须解决的问题
地理局限性	获得相对开放的、自由的出海口	政治方面，俄罗斯必须解决与美国、欧盟在北极航道地位上存在的分歧
海洋所带来利益的有限性	其所产生的海洋利益将惠及全俄罗斯	法律方面，适用于北极航行的法律可能会面临调整

① 杨孟倩、葛珊珊、张韧：《气候变化与北极响应——机遇、挑战与风险》，《中国软科学》2016 年第 6 期。

续表

俄罗斯海权的 天然缺陷	北极变暖后俄罗斯海 权状况的改变	俄罗斯要实现其北极 海权必须解决的问题
苏联解体后，俄罗斯的海权境况空前恶化	极大地改变俄罗斯海权状况	军事安全方面，俄罗斯的北方海路仍存在缺陷，没有完全改变俄罗斯的海权困局，俄罗斯有可能陷入北冰洋这个新的巨大的"地中海"困局之中

俄罗斯的北极发展战略旨在不断提升对北极战略地位的认识和重视，努力维护北极地区的和平稳定，持续巩固地区军事存在，积极推进经济开发进程，大力开发适用于极地的装备与科技。2008 年底，俄罗斯公布首份全面系统的北极战略文件《2020 年前俄罗斯联邦在北极地区的国家政策原则及远景规划》，战略的重要目标是到 2020 年将北极建成俄罗斯最重要的能源战略基地，并维护其在北极区域的主导地位。该文件提出，在生态安全领域，保护和保持北极的自然环境，消除由人类经济活动和全球气候变化对北极环境的影响；在信息技术和通信领域，在北极地区建立统一的信息空间；在科学和技术领域，确保有足够数量的基础性科学研究和应用科学研究，为现代化北极管理积累所需的科学知识和地理信息，研发适用于北极自然条件和气候条件的武器和设备。在该文件的指导下，俄政府先后于 2010 年颁布了《2011—2020 年俄罗斯联邦国家北极地区经济和社会发展纲要》（2014 年、2017 年两次修订发布新版），2013 年颁布了《2020 年前俄罗斯联邦北极地区发展和国家安全保障战略》等一系列政策文件，2015 年又建立了专门的北极发展委员会，推动俄罗斯北极战略的执行。

（二）加拿大北极战略

加拿大是北极地区的重要国家，在北极地区的领土面积广阔，北纬 60 度以北领土总面积约 400 万平方千米，约占全国领土面积的 40%，占全球北极土地面积的 1/4。除了极为丰富的北极地区自然资源，加拿大的北极航线潜力巨大。加拿大历届政府均高度重视北极地区的发展与治理。

加拿大的北极战略包括两部分：一是 2009 年出台的《加拿大北方战略》，主题为"我们的北方，我们的遗产，我们的未来"，作为统筹北极有关工作的总体政策框架。二是 2010 年发布的《加拿大北极外交政策》。主要包括四部分内容：行使对北极的主权；促进北极社会和经济发展；保护北极环境；加强北极治理。加拿大北极战略已经实施多年，为迎接新的挑战和机遇，应对气候变化、保护环境、北极资源开发等问题，加拿大正在制定新的北极政策框架。2016 年 12 月，加拿大联邦政府启动北极政策研究，计划于 2018 年初出台新的北极政策框架文件，替代原有的北方战略。新北极政策框架将包括以下六方面内容：北极综合基础设施，北极人民和社区，强劲、可持续和多样化的北极经济，北极科学与本土知识，保护环境和北极生物多样性，全球视野下的北极。

在环境保护与气候适应方面，一是出台"北极水域污染防治法"，将陆地延伸 200 海里范围纳入环境监管范围。二是实施"北部污染场地计划"，杜绝人类活动对北极生态环境的破坏，并清理和修复已有的受污染场地。三是建设保护区，例如在生物丰富的兰开斯特地区建立国家海洋保护区。四是 2016 年启动"保护最后一个冰区"计划，争取 2050 年之前保留北极地区的夏季海冰，维护北极生态环境。五是实施"北极能源替代计划"，增加当地可再生能源的使用比例，提高能源效率，减少北方居民对柴油供暖和电力的依赖。六是实施气候变化适应项目，从 2016 年起五年内投入 210 万加元，增强北极居民区适应气候变化的能力。七是实施"低影响运输走廊"计划，减少航运对环境的影响。八是美加两国禁止在北极公海上捕鱼，直到双方共同建立一个可持续渔业管理机制。

加拿大还加强了气候变化相关的科学研究。一是制订《2014—2019 年泛北科技计划》，支持的四个重点领域包括：为北方寻找替代和可再生能源；收集准环境信息促进北极地区可持续发展；预测冰、永久冻土的变化对航运、基础设施和社区的影响；改善北方基础设施的设计、建设与维护。2015—2017 年，该计划共资助 32 个科研项目，包括近岸生态调查、实时海冰监测和信息共享的 SmartICE 系统、北方住房可持续性改进项目、极端气候条件下废物废水处理方法等。二是 2015 年 6 月成立加拿大北极知识局，负责加强对极地科研工作的领导，推进加拿大对北极的了解，促进相关知识的发展与传播。三是在剑桥湾建设"高纬度北极研究站"（CHARS），拟建设成为世界级的科研中心。四是开展北方科学培训计划，资助大学生在北极地区进行实地研究。五是设立北方科学奖，奖励北极科学研究的卓越成果。

（三）挪威北极战略

挪威在北极地区的领土面积 11 万多平方千米，位于欧洲大陆的最北端、北极"东北航道"的西端。在北极气候环境快速变化、北极航道开通以及北极地区资源开发越来越受瞩目的背景下，挪威政府于2017年发布了新的北极战略《挪威的北极战略——地缘政治和社会发展》。该战略与2006年挪威政府发布的第一份战略性北极政策文件《挪威政府北极战略》相比，挪威在维护国家安全和主权的大前提下，更加强调依靠科技和创新充分挖掘和利用北极变化带来的新机遇，推动北极地区可持续开发成为挪威经济发展的新区域。

挪威政府正在推动北极地区成为其最具创新力和可持续发展能力的区域之一。其北极政策的总体目标包括四个方面：和平、稳定和可预测；集成的基于生态系统的管理；国际合作和国际法律秩序；基础稳固的就业、价值创造和福利。

挪威北极战略的基础为北极的地缘政治和经济环境。由于北极地区的升温速度是地球其他地方的两倍，北极的气候与环境发生快速变化，北极地区开发的潜力逐渐显现。挪威北极战略的重心逐渐转向经济建设。挪威北极新战略的特点体现在三个方面：一是将商业开发提上日程。挪威认为，北极地区为国家发展提供了重要机遇，该地区海产品产业增长潜力巨大，海洋生物勘探和海底采矿等的价值无法估量，北极航道的潜在价值为挪威的油气产业和海事产业提供了新的前景，旅游业增长迅速，挪威北极地区将为挪威的经济结构调整做出更大贡献。二是研究和创新成为战略支撑。挪威政府明确提出"知识是挪威北极政策的核心"。挪威在北极科学考察和研究中积累了历史性优势，其科研成果为北极地区环境和资源的使用和管理提供了有力支撑。挪威依托其国际领先的大陆架油气勘探和开发技术、海域污染清洁技术，于2017年6月发布了新一轮的油气开发招标并拟在设定区域发布油气开采许可证。三是依托多边平台提高国际影响力。挪威政府尤为注重参与和构建北极多边治理框架，维护稳定的国际环境，实现其在北极地区的国家利益。挪威是北极理事会、北冰洋沿岸五国机制、国际海事组织等多边机制的重要成员国，北极理事会多个多边协议的积极遵守者、实践者和宣传者，致力于增强其在北极治理中的国际影响力和话语权。

挪威研究理事会负责极地研究战略的实施，力图通过"斯瓦尔巴北极地球集成观测系统计划"（SIOS）和"斯瓦尔巴科学论坛"（SFF）两个计划的实施，将斯瓦尔巴群岛打造成环境与气候国际研究平台。SSF致力于促进斯瓦尔巴研究活动的协调与合作，包括大气研究、陆地生态系统、峡湾区域研究、冰川学研究四个旗舰项目，管理着"斯瓦尔巴研究数据库"（RIS），该数据库含有在斯瓦尔巴已经或正在开展的2700个科研项目的信息。挪威注重斯瓦尔巴群岛的环境监测数据的管理，拥有长达100年的新奥尔松地区环境监测数据记录。2016年挪威研究理事会在北极相关研究中的投入为7.5亿克朗（近1亿美元），在其管理的全部科研经费中的占比近10%。挪威完善的北极科研管理体系为其强化北极科研和夯实北极知识储备提供了坚强保障。为了保护北极地区脆弱的生态环境，提高该地区产业的绿色竞争力，挪威政府还通过挪威创新署的环境技术专项计划提供风险资本，以北极作为技术试验场，力争在资源绿色开发技术方面取得突破。

（四）瑞典北极战略

瑞典是北欧最大的国家，在北极科研领域基础雄厚，国际合作程度很高。瑞典于2011年发布《瑞典在北极的战略》，从历史联系、安全政策、经济纽带、环境与气候、调查研究和文化六个方面阐述了瑞典与北极的联系，表明瑞典参与北极事务的立场，并提出需要优先发展的三个领域。①在气候与环境领域，大幅减少温室气体排放，减少并消除汞在北极敏感地区的使用、辐射和扩散，通过国际组织支持下的北极观测网络（SAON）对北极进行科学考察和研究。②在经济发展领域，加大对教育和研究领域的投入，促进采矿、石油和天然气、林业、交通运输与基础建设、破冰活动、能源开发、信息技术和空间技术等的发展。③在人文发展领域，关注北极的地理环境对人类健康的影响，气候变化和危害物质对人口的影响等。2014年，瑞典发布了极地研究战略《瑞典国家极地研究计划》。瑞典北极战略的主旨是北极地区可持续发展，具体着力点在可持续利用资源、经济发展与环境保护上，特别是气候变化相关研究。瑞典北极战略的核心是发挥自身作为北欧领头羊的影响力，通过国际科研合作积极介入北极事务，赢得北极问题在国际上更大的话语权。

瑞典作为北极国家，北极气候变化与国家安全直接相关，因此瑞典北极研究中对生态学和气候变化十分关注。2014年以来瑞典北极研究计划支持项目见表9-2，项目均由瑞典各相关领域的领军科学家牵头。

表9-2　　　　　　　　2014—2016年瑞典北极研究计划支持项目

序号	项目名称	承担单位
1	北冰洋金属生物地球化学动态研究：地学巡航	瑞典自然历史博物馆

续表

序号	项目名称	承担单位
2	北极岛屿历史、现状与未来生态学	斯德哥尔摩大学
3	瑞俄美-C3北极联合科考	斯德哥尔摩大学
4	海冰融化与极地重金属变化	查尔姆斯理工大学
5	格陵兰早期水生植物生态系统	乌普萨拉大学
6	北极夏季云生命周期与海洋和冰中微生物的联系	斯德哥尔摩大学
7	北极冰川损失监测的参数优化	乌普萨拉大学

（五）英国北极发展战略

英国是北极八国（美国、加拿大、俄罗斯、挪威、瑞典、芬兰、丹麦、冰岛）之外距离北极最近的国家，由于地缘关系，英国对北极事务尤为关注。英国北极事务主要策略是：积极与北极国家和原住民交流，在国际法框架下开展合作，充分发挥其科技优势，主张保护北极自然环境，强调负责任地开发利用北极资源。

（1）政策领域。英国尊重北极八国的领土主权并支持其在国际法框架下行使管辖权，其北极政策的首要原则是支持北极八国并与其合作，尊重支持北极原住民行使其权力并参与北极政策制定。英国认为，现行的国际法，尤其是《联合国海洋法公约》为北极治理提供了良好的基础。英国认为，造成全球影响的事务应该通过广泛参与和公开对话来解决，支持北极理事会作为讨论北极事务的首要地区机制。英国鼓励北极理事会和其他地区机制吸纳更多的非北极国家参与具有全球重要影响的事务。

（2）气候变化领域。英国强烈支持科技支撑北极环境事务，主张通过国际科技合作对北极环境问题进行深入研究，在此基础上制定科学的政策，鼓励在决策机制中及时提供强有力的科学证据。气候变化是北极面临的最大挑战，英国正在积极开展相关研究，并支持其他国家的具体行动，包括分享200多个项目的研究成果。截至2016年，英国碳排放比1990年减少42%，该国承诺到2050年减少80%。通过一系列措施，英国增加对低碳科技领域的投资，尤其是持续投资北极环境研究，增进对北极气候变化的深入了解及其对全球气候系统的影响。

（3）商业领域。北极气候变化、夏季海冰减少带动了北极商业利益，越来越多的国家和产业开始进入这个领域。英国主张国际社会对北极商业活动立法，确保负责任地开发利用。英国目前正在转向低碳经济，本国石油和天然气生产均在减少，因而越来越依赖进口能源，天然气在未来数十年内在该国能源结构中将占重要地位。

（4）航运领域。英国是国际航运业的中心，其港口和航运界普遍看好北极航道，但还需要从安全和环保方面综合考虑。北极的航运业快速发展也带来了衍生效应。北极航道位于高纬度地区，船舶航行面临低温海冰、气象海况恶劣等许多挑战和风险。英国目前正在谋求成为北极地区海道测量委员会的观察员国并分享其北极海道测量方面的知识和经验。

英国具有一个庞大、积极的北极研究团体（至少77家研究机构，包括46所大学和21个研究所）。2011—2016年，英国国家环境研究委员会投入超过5000万英镑，用于138个北极研究项目。该委员会1991年在挪威斯瓦尔巴群岛西北部的国际北极研究村——新奥尔松建立了研究站，过去十年内仅该研究站就实施了95个项目，包括冰川、地理、水文、大气物理等，使得英国在北极科研方面积累了大量的经验。此外，英国南极调查所拥有2艘冰区科考船，其中一艘近年来用于北极科考，包括洋流、海洋酸化、海冰进程、海洋生物、甲烷水合物等，该所还有一批可用于极地科研的飞机，近年来，先后调查了斯堪的纳维亚半岛北部以及巴伦支海的甲烷和其他温室气体等。近年来，英国还主导了两个欧盟投资的研究项目，重新评估了格陵兰岛、南极大陆西部冰架上冰床融化情况，并预测了全球海平面上升情况等。[①]

（六）欧盟北极政策

近年来，北极地区在应对全球气候变化中的作用越来越突出，对包括欧洲在内的全球气候变化和模式产生着深远影响。欧盟在北极地区有着环境、能源、交通和渔业等领域的广泛利益。在地理位置上，北极国家中的芬兰、丹麦和瑞典都是欧盟成员国；在经济贸易上，欧盟是北极地区商品和资源的主要出口地，冰岛和挪威是欧盟经济区的重要成员，美国和加拿大则是欧盟的战略合作伙伴。

长期以来，欧盟一直积极参与北极地区合作。欧盟长期担任北极理事会临时观察员，为北极理事会的发展做出了积极贡献。在北极战略和政策上，2008年11月，欧盟委员会发布其首份北极政策报告《欧盟与北极地

---

① 谈俊尧：《英国北极发展政策和启示》，《全球科技经济瞭望》2017年第Z1期。

区》，强调在历史、地理、经济、科学等方面，欧盟都与北极有着重要而密切的联系。2012 年 7 月，欧盟委员会发布战略文件《发展中的欧盟北极政策：2008 年以来的进展和未来的行动步骤》，强调要加大欧盟在知识领域对北极的投入，并以负责任和可持续的方式开发北极，同时要与北极国家及原住民社群开展定期对话与协商。2016 年 4 月，欧盟委员会和外交与安全事务高级代表再次向欧洲议会及欧盟理事会共同提交政策报告，敦促欧盟尽快形成统一的综合性北极政策，从而将北极事务纳入欧盟整体的综合性海洋战略（AnIntegrated Maritime Strategy）之中。紧接着，同年六七月月间欧盟理事会和欧洲议会也通过有关北极问题的决议，对欧盟委员会的政策建议予以积极响应和细化。欧盟之所以不断出台北极政策文件，从一个侧面反映了其在北极地缘政治竞争中力图避免被俄国、加拿大、美国等北极大国进一步边缘化。但就中短期而言，欧盟北极战略目前还处于政策宣示阶段，在北极地区事务上的话语权和决策权仍相当有限。

从欧盟出台的一系列战略文件可以看出，北极气候变化与生态保护、北极资源的绿色开发以及提升和加强北极治理是欧盟北极战略的三大目标。在北极生态保护方面，欧盟的主要目标是尽最大努力防止和减缓气候变化的负面影响，以保护北极的自然和社会生态。作为全球应对气候变化和促进可持续发展的议题发起者和多边进程引领者，欧盟认为，气候变化是北极亟须面对的主要挑战，因此应与国际社会一道，加强国际减缓气候变化的努力以共同应对北极升温。欧盟强调：在制定和实施相关政策时，应尊重北极生态系统的独特性及其多样性，尤其是对北极原住民的生产和生活方式应予以充分尊重，征询其对相关措施影响的意见与建议。对于北极资源（包括油气、航运、渔业和旅游资源）的绿色开发，欧盟强调，气候变化及海冰消融使北极航道的商业利用、自然资源的合理开发及其他经济行为逐步具备了可行性，因此相关企业行为必须以负责任、可持续和审慎的方式进行。对于提升北极治理，欧盟认为，应通过强化实施相关国际、区域和双边协定以及相关机制安排来进一步促进北极治理的发展。《联合国海洋法公约》《生物多样性公约》《极地水域航行规则》《北极海空搜救协定》以及《北极科技合作协定》等有关国际法文件则是加强北极治理的制度性基础。

在科研领域，2002—2016 年，不包括各成员国本国的科研经费支持，欧盟共划拨 2 亿欧元用于北极科研。近期完成或正在进行的科研项目主要是致力于研究变化中的北极地区，例如气候变化对北极地区生态系统和经济发展影响研究就是欧盟北极科研目前的研究重点，其他的科研项目包括北冰洋海冰覆盖和冰川冰原演变（包括海冰减少对海平面变化影响）等。

欧盟每年都通过各种基金会资助当地原住民和社团的发展。2007—2013年，欧盟共筹集19.8亿欧元用于支持北极原住民发展。2014—2020年，欧盟将从其结构和投资基金会处筹集10亿欧元，用于支持北极原住民社区创新产业、中小企业和清洁能源等的发展。[1]

三　北极气候治理与地缘政治

（一）北极气候治理重要机构

北极理事会（The Arctic Council）成立于1996年，是八个环北极国家间主要的关于北极事务的政府间论坛。北极理事会的形成是北极地区国际合作发展的成果。1989年9月20—26日，根据芬兰政府的提议，北极八国召开了第一届"北极环境保护协商会议"，共同探讨通过国际合作来保护北极环境。1991年6月14日，八国在芬兰罗瓦涅米签署了《北极环境保护宣言》。该宣言促成了保护北极环境的系列行动，即《北极环境保护战略》（AEPS），战略通过北极监控评估项目工作组、北极海洋环境保护工作组、突发事件预防准备和反应工作组、北极动植物群落保护工作组四个工作小组来实施。在AEPS实施过程中，国际合作关注的重点从环境保护开始并逐渐扩展至其他相关领域，尤其重视可持续发展，并最终推动了北极地区政府间组织的形成。[2]

北极理事会的关注范围比《北极环境保护战略》更为广泛，在促进北极国家间（其中包括原住民和其他居民）合作、协调以及相互支持等方面，尤其是在可持续发展和环境保护方面，提供了更为广泛的空间。部长级会议是理事会决策机构，每两年召开一次。高官会是理事会执行机构，每年召开两次会议。理事会八个成员国轮流担任主席国，任期两年。北极理事会秘书处的工作由轮值主席国负责。

组织结构形态上，北极理事会除了肯定环北极八国是成员国，还对组

---

① 程保志：《欧盟北极政策实践及其对中国的启示》，《湖北警官学院学报》2017年第6期。

② 陈玉刚、陶平国、秦倩：《北极理事会与北极国际合作研究》，《国际观察》2011年第4期。

织成员进行了分类，不同类型的组织成员被赋予了不同的地位和权力。北极理事会将组织成员分成了三类：正式成员、永久参与方和观察员（又分为正式观察员和临时观察员）。正式成员是环北极八国，这也意味着其他非北极国家或非国家行为体不可能成为正式成员。理事会所有决定都需要八个正式成员的一致同意。一些原住民组织被授予了永久参与方的地位，条件是：第一，组织的主体必须是北极地区的原住民；第二，应该是居住在一个北极国家以上的原住民；第三，或者是一个国家内有两个或两个以上的原住民团体。永久参与方可以参与理事会的所有活动和讨论，理事会的决议也应事先咨询他们的意见，但他们没有正式投票表决权。观察员可以是非北极国家，也可以是全球或区域的政府间国际组织、议会间组织以及非政府组织。观察员可以出席会议和参与讨论，但没有表决权，并且理事会的决议也不需一定要事先咨询他们的意见。

2013 年 5 月在瑞典基律纳召开的北极理事会第八次部长级会议上，6 个国家被批准成为其正式观察员。其中有 5 个亚洲国家，分别为中国、印度、日本、韩国和新加坡。中国作为北极理事会观察员，在参与北极治理中，除了跟踪北极理事会议程、观察北极国家如何处理北极事务外，还出席北极理事会部长级会议，以及每年定期在北极圈内或近北极圈城市召开的相关会议。从全球格局来看，区域外国家加入北极理事会，将使该论坛变得更加开放和多元，特别是可以借广泛的科技合作机会，务实地参与到北极事务全球治理中去。

（二）北极气候治理与北极地缘安全

进入 21 世纪以来，北极地区正经历着深刻变化，而这些变化导致北极和其他地区之间的经济与地缘政治联系日益紧密。环北极国家在地缘经济和权力政治的影响下展开新的博弈，对北极地区的地缘政治和安全形势变化产生了影响。北极相关地缘安全问题主要来自主权权益的交叉重叠和相互竞争，如领土、海域、大陆架以及自然资源的划分和航道管辖等，相关领土主权之争是北极国家的核心权益冲突。[①]

第一，在领土争端方面，加拿大和苏联曾提出"扇形原则"，即"位于两条国界线之间直至北极点的一切土地应当属于邻接这些土地的国家"。美国、挪威等其他北极国家通过各种方式明确表示反对。目前，北极最引

---

① 于宏源：《气候变化与北极地区地缘政治经济变迁》，《国际政治研究》2015 年第 4 期。

人注意的领土争端是在汉斯岛，这座争议中的小岛地处北极圈以内，面积虽只有 1.3 平方千米，但位于丹麦所属的格陵兰岛和加拿大所属的埃尔斯米尔岛之间的肯尼迪海峡内，是未来"黄金水道"——西北通道的东部入口。[①] 对丹麦和加拿大两国而言，汉斯岛预示着在未来的北冰洋权益分割中谁将占据优势，两国的争端在于汉斯岛本身，而不仅是该岛周围的水域、海底抑或是航海权。随着北极争夺的升温、西北航道的通航，汉斯岛的地理优势和战略优势日益显现，谁拥有了汉斯岛谁就拥有了在"西北航道"争夺中的主动权，两国已多次通过各种方式宣示对汉斯岛的主权。

第二，从海域划界方面来看，北极地区存在的比较典型的划界争端包括：①加拿大与丹麦在北冰洋地区的海域划界，两国面向北冰洋的专属经济区和大陆架尚未划界；②俄罗斯与美国在白令海的划界争议，按照俄罗斯在北极采用的直线基线划分方法，俄罗斯在北冰洋占有三大群岛，分别是新地岛、北地群岛和新西伯利亚群岛，美国对俄罗斯在北冰洋的直线基线提出了抗议；③美国与加拿大在波弗特海（Beaufort Sea）海域划界争端；④俄罗斯、冰岛、丹麦和挪威关于大陆架外部界限的冲突，挪威的划界覆盖了挪威大陆、法罗群岛、冰岛和扬马延 200 海里界限外的整个区域，以及挪威和俄罗斯之间的争议区域。争议的区域包括位于巴伦支海的圈洞和北冰洋的西南森海盆中的 200 海里外的大陆架。

第三，在大陆架和专属经济区争端方面。首先，在专属经济区的矛盾方面，北冰洋实质上是被美国、加拿大、挪威、芬兰、丹麦、冰岛、瑞典和俄罗斯这八国领土所包围的一个海域，北极海洋问题的实质就是这些国家为了获得更多的北极利益。根据《联合国海洋法公约》确立的有关专属经济区 200 海里的制度，各国尽可能地将本国在北冰洋上的大陆架延伸到 200 海里以外。当前，北极各国在专属经济区范围方面仍存在争议，包括之前达成协议的斯瓦尔巴群岛专属经济区也存在冲突。其次，在大陆架争端方面，争议主要集中在罗蒙诺索夫海岭的大陆架划分上。该海岭位于北冰洋海底，从格陵兰岛北部经过北冰洋一直延伸到西伯利亚。俄罗斯、加拿大和丹麦均对其大陆架的自然延伸提出主权诉求，对于这种有可能重叠的要求，大陆架界限委员会将如何应对，能否就分界线问题在国与国之间

---

① Arctic Council, *Arctic Marine Strategic Plan*, 2004-11-24, http://www.pame.is/index.php/projects/arctic-marineshipping/amsa/.

达成协议，仍是一个尚未解决的问题。此外，挪威声称斯瓦尔巴群岛及其大陆架是挪威大陆架的自然延伸，因为挪威大陆架由挪威陆地北部延伸到群岛及以外的区域，所以斯瓦尔巴群岛位于挪威大陆架上，群岛水域的大陆架也是挪威大陆架的一部分，斯瓦尔巴群岛没有独立的大陆架。

第四，在相关航道主权水域上，与北极西北航道相关的加拿大北部群岛水域是各国的争议热点。加拿大认为，其对该群岛水域具有历史性权利，并宣称北极群岛水域是其历史性领土，各国航行的船舶将受到加拿大的控制和其他必要措施的管制。这引起了以美国为首包括欧盟在内的其他国家的反对。加拿大北极群岛直线基线宣布不久，来自美国和欧洲国家的抗议不断出现。

（三）北极气候变化地缘政治的热点问题

1. 北极能源开发

北极地区能源资源的潜力巨大，是地球上可与中东相媲美的油气资源战略储备仓库。根据美国地质调查局2008年完成的评估报告，北极地区未探明的石油储量达到900亿桶，占世界石油储量的13%；天然气47万亿立方米，占世界储量的30%；可燃冰440亿桶。北极地区的煤炭资源储量达1万亿吨，超过全世界其他地区已探明煤炭资源总量。

随着气候变暖和油气资源开采技术的提升，北极已经进入大规模开发的准备期。美国、挪威、俄罗斯、加拿大和格陵兰（丹麦）等国家或地区在各自海域进行油气资源勘探，不断有新的发现。美国已在北极海域钻探了86口油气井，其中31口在波弗特海，6口在楚克奇海。挪威是欧洲最大的油气生产国，在北极油气开发中占有重要地位。就储量而言，根据美国地质调查局的估计，挪威巴伦支海拥有可开采的110亿桶的石油和11万亿立方米的天然气储量。而挪威自己的估计是，巴伦支海的石油和天然气储量分别占其全国总储量的30%和43%。能源是俄罗斯的支柱产业，在其国家发展战略和北极发展战略中都占有重要地位。2013年2月，俄联邦政府公布了普京总统批准的《2020年前俄属北极地区发展和国家安全保障战略》，明确提出了保障俄罗斯北极领土军事安全的系列措施，其中一项重要内容是建立俄属北极地区资源储备基地。俄罗斯选择其北极地区资源丰富、开采条件较好的西部海域，以若干重点油气田为突破口。

北极国家还明确提高非北极国家进入北极能源资源勘探开发的政治要价，试图将北极能源资源变为环北极国家财产。2011年5月12日，北极理事会第七届外长会议公布的《努克宣言》就公开声称，只有承认北极八国对北极的主权、主权权利和管辖权，其他国家才能成为北极理事会的观察员。北极圈内拥有领土的五个主要国家挪威、丹麦、美国、加拿大和俄罗斯希望通过"内部协商，外部排他"来处理北极领土和权益问题，以及进行北极治理。各国在北极地区争夺资源和能源，不仅对环北极国家有影响，而且直接改变了全球的地缘格局和能源格局。[①]

虽然北极地区油气资源潜力巨大，但是任何储量的开发都有相当大的困难。在北极圈以内的美国和俄罗斯的陆上油田生产已多年，海域具有同样的远景。美国地质调查局指出，北极海域资源潜力超过 4000 亿桶油当量，其中大多数靠近俄罗斯的领土；然而，其他的沿海国家或地区——加拿大、美国、格陵兰（丹麦）和挪威也有可能将其境内的北极地区转化为主要的油气产区。在全球石油产量越来越多地集中在动荡的中东和北非的同时，在政权更加稳定的地区和国家开发新资源的吸引力是显而易见的。但是，从技术、成本、环境和地缘政治等方面来看，北极的油气开发前景充满挑战。北极地区油气开发的主要问题是成本问题。需要特殊结构的能够抵抗浮冰和承受恶劣天气条件的钻机；此外，由于极端气温使得钻探的季节很短。北极地区油气开发的另一个风险源于环境方面，潜在的石油泄漏事故将给北极带来灾难性的后果。

近年来，北极国家正在产生自身的政治问题。挪威和俄罗斯似乎特别想开发该区域的资源，而美国已经改变了油气开发的优先顺序，正在利用北极地区作为一个政治筹码。在美国和欧盟借乌克兰危机对俄罗斯的制裁中，对俄罗斯的北极地区具有明显的针对性。制裁聚焦于防止技术和财政资源的转移，以免在客观上帮助俄罗斯成为该区域的主角。俄罗斯对此反应强烈，包括与拒绝在此次制裁中撤出俄罗斯的任何美国和欧盟的公司合作等。因此，如果北极地区在接下来的 20—30 年内变成了一个主要的石油和天然气地区，那么很可能主要的活动将发生在挪威和俄罗斯。到目前为止，俄罗斯的资源基础最大，但是缺乏经验和技术去独自开发。挪威拥有重要的近海经验，并且至少启动了在巴伦支海的长期的基础设施开发进程。此外，两国都有很强的积极性去发现新的石油（和天然气）资源以长

---

① 王文涛、刘燕华、于宏源：《全球气候变化与能源安全的地缘政治》，《地理学报》2014年第 9 期。

期维持其经济。除了俄罗斯目前正面临着的地缘政治上的困难以外，这一切因素可以为北极作为一个产油区的发展计划提供催化剂，大量投产的实际日程将在 2030 年以后。

2. 北极航线

随着全球变暖趋势的加速，北极航线全线通航的可能性逐步增加。北极问题的焦点是北极航线权益的竞争。狭义的北极航线只包括北极航海线，可分为西北航线和东北航线两个部分：绕过西伯利亚北部的为东北航线，大部分航段位于俄罗斯北部沿海的北冰洋离岸海域；绕过加拿大北部的为西北航线，大部分航段位于加拿大北极群岛水域。还有一条穿极航线，从白令海峡出发，直接穿过北冰洋中心区域到达格陵兰海或挪威海。因此，北极航线包括西北航线、东北航线和穿极航线。

北极航线的开通将对俄罗斯、加拿大等北极国家具有极其重要的意义，例如，北极航线把俄罗斯的原料基地与东亚（中国、日本、韩国）巨大的消费市场连接了起来，不仅大大地提升了俄罗斯的经济，而且促进了俄罗斯北极大陆架油气资源的开发、造船业的发展和北极地区基础设施的建设。一旦西北航道和东北航道开通，将成为联络东北亚和西欧、联络北美洲东西海岸的最短航线，不仅能节约大约 40% 的运输成本，还能成为苏伊士运河、巴拿马运河、马六甲海峡的替代选择，有望构成一个包括俄罗斯、北美、欧洲、东亚的环北极经济圈，这将深入影响世界经济、贸易和地缘政治格局。①

北极航线具有重要的地缘安全价值。第一，北极航线地缘安全扩大了北极地区地缘安全的范围。北极航线涉及的区域非常广大，它连通了大西洋和太平洋，因此也涉及大西洋沿岸和太平洋沿岸的国家和地区，这些国家也积极行动起来争取北极地区的权益，这对于北极地区地缘安全有很大的影响。由于北极地区地缘安全就是全球安全的一部分，北极地区的安全态势与全球安全密切相关，更多国家和地区的参与能够更切合大北极国家的利益，符合北极地区地缘安全国际化的趋势。第二，北极航线地缘安全能够为北极地区地缘安全提供保障。北极国家成立了北极理事会，主要参与国家有俄罗斯、加拿大、美国、芬兰、瑞典、丹麦、挪威和冰岛，还有

---

① 王淑玲、姜重昕、金玺：《北极的战略意义及油气资源开发》，《中国矿业》2018 年第 1 期。

一些原住民组织，而把其他国家排除在外是不合理的。北极航线的开通涉及更多的国家参与北极事务，能够为北极地区地缘安全提供一个安全阀。同时，北极航线是北极地区的一部分，它的安全程度越高越能够为北极地区地缘的安全提供更大的保障。第三，北极航线地缘安全是其他国家参与北极地区地缘安全的切入点。根据海洋法的便利国际交通原则，世界各国在行使公海权益的时候，其他各国和组织不得干预或者阻碍其海上交通的顺利通过，而且还要为它提供各种便利条件。虽然俄罗斯坚持保留它对东北航线的全面管辖权，加拿大则想以直线基线理论实现对西北航线的管辖权，但是目前已有许多其他大北极国家坚持认为，依据《联合国海洋法公约》，自己拥有北极航线的国际通行权利，其他国家的法律不能凌驾于《联合国海洋法公约》之上，不能制定出与《联合国海洋法公约》相冲突的法律，剥夺其他国家的公海自由航行权利，所以说各国能够在北极航线上依法自由航行，这给世界各国参与北极地区地缘安全提供了条件。第四，北极航线地缘安全是北极地区地缘安全的重要组成部分。全球变暖带来北极冰层的融化，冰层融化才使全球为之瞩目的北极航线得以开通，北极航线开通以后将带来一系列的北极地区地缘安全问题。而且在北极地区地缘安全中，北极航线地缘安全占有重要地位，北极航线的未来走向将决定北极地区地缘安全的走向。[①]

第三节　青藏高原

一　青藏高原气候变化及其影响

青藏高原是地球上最独特的地质—地理—生态单元，是开展地球与生命演化、圈层相互作用及人地关系研究的天然实验室。青藏高原是地球上最年轻、海拔最高的高原，西起帕米尔高原和兴都库什、东到横断山脉、北起昆仑山和祁连山、南至喜马拉雅山区，平均海拔超过4000米。青藏高原对我国气候系统稳定、水资源供应、生物多样性保护、碳收支平衡等方面具有重要的生态安全屏障作用，是亚洲冰川作用中心和"亚洲水塔"，也是亚洲乃至北半球环境变化的调控器。

---

① 李振福、刘同超：《北极航线地缘安全格局演变研究》，《国际安全研究》2015年第6期。

青藏高原的隆升使西风发生绕流，并通过"放大"海陆热力差异导致亚洲夏季风的增强，影响了全球气候系统，从而改变了地球行星风系，使亚洲东部和南部避免了出现类似北非和中亚等地区的荒漠景观，成为我国及东南亚地区气候系统稳定的重要屏障；青藏高原的隆升使其成为长江、黄河、恒河、印度河等亚洲大江大河的发源地，孕育了诸如两河文明、印度文明和中华文明，造福了亚洲人民；青藏高原的隆升对生物圈的演化有极其重要的影响，为物种的起源、分化与全球扩散创造了条件，影响了动植物的演替，使其成为全球山地物种形成、分化与集散的重要中心之一；青藏高原的隆升使其成为除南北极以外全球最大的冰川作用中心，其冰冻圈的进退不但对区域环境和生态产生重大影响，同时也影响全球海平面变化；青藏高原的隆升造成高原构造变形活跃，地形陡峻，地震活动强烈，加之高原对气候变化响应敏感及极端气候事件增多，导致自然灾害频发。

青藏高原地区正在发生重大变化。近年来，青藏高原地区巨大的冰川储量正在缩小；冰川的加速融化威胁该地区作为"亚洲水塔"的作用；洪水和干旱的频率有所增加；森林、湿地和牧场的退化威胁着人民生计和生物多样性。在全球变暖背景下，青藏高原气温与降水加速增长，而积雪和大气热源却显著减小。青藏高原气候变化是全球气候变化的一部分，但不局限于气温、积雪、降水和大气热源等变化，高原的气候变化是极为复杂的过程。高原气候变化对当地植被、野生动物等生态环境产生了重要影响。气候变化使高原高寒草甸近十年来的生长季始期推迟、末期提前，生长季节缩短。高原气候和干燥度的变化影响青海湖地区动物的分布和组成。受人口快速增长、城市化、移民、经济发展和气候变化等因素影响，该地区传统生计的风险不断加剧。

二 青藏高原气候科学计划与战略

（一）青藏高原地区监测和评估

兴都库什—喜马拉雅地区监测和评估项目（Hindu Kush Himalayan Monitoring and Assessment Programme，HIMAP）是由国际山地综合发展中心（International Centre for Integrated Mountain Development，ICIMOD）于2013年协调开展的喜马拉雅地区综合评估项目，将对兴都库什—喜马拉雅（HKH）地区的当前状态进行评估，以增进对各驱动因素的了解，填补数据缺口，并提出实践导向的政策建议。

该项目在 2017 年的评估报告中评估了以下内容：全球、当地和区域的山区可持续性变化的驱动因素；喜马拉雅地区的气候变化；喜马拉雅地区的未来（情景和路径）；维持喜马拉雅地区的生物多样性和生态系统服务；满足喜马拉雅地区的能源需求；喜马拉雅地区冰冻圈的现状和变化；水资源安全（可利用性、使用和管理）；喜马拉雅地区的粮食和营养安全；喜马拉雅地区的空气污染；减轻灾害风险与提升恢复力；山区居民的贫困和脆弱性；气候变化适应；性别与包容性发展；喜马拉雅地区气候变化的减缓（管理、驱动因素和结果）；喜马拉雅地区的环境治理；可持续发展的国别实施情况；结论/决策者建议。

（二）青藏高原气候变化适应

喜马拉雅地区气候变化适应项目（Himalayan Climate Change Adaptation Programme，HICAP）是国际山地综合发展中心（ICIMOD）、联合国环境规划署全球资源信息数据库—阿伦达尔中心（Grid-Arendal）和奥斯陆国际气候与环境研究中心（CICERO）的开拓性合作项目。项目持续时间为2011 年 9 月至 2017 年 12 月，地域范围覆盖喜马拉雅水系五个主要流域，即雅鲁藏布江的两个子流域，印度河、恒河、萨尔温江—湄公河各一个子流域。该项目旨在通过深入了解山区社会面对气候变化冲击的脆弱性，并明确其适应变化的机会与潜力，帮助山区的居民，尤其是妇女，提升应对气候变化的能力。

HICAP 项目将提升对自然资源、生态系统服务以及依存其社区受气候变化影响的认知，通过服务于政策和实践来增强适应变化的能力。该项目由七个相互关联的领域组成：①气候变化情景；②水资源的供需情况；③生态系统服务；④粮食保障；⑤脆弱性和适应性；⑥适应变化中的妇女与性别问题；⑦传播和对外宣传。

HICAP 的主要目标是：①加深对主要流域气候变化情景和水资源供需预估不确定性的认识，鼓励充分利用由此产生的知识和研究结果；②提升评估、监测、沟通能力，随时准备应对气候和其他变化带来的挑战和机遇；③为利益相关者和政策制定者提供具体可行的战略和政策建议。

2015 年 12 月，该项目发布的《喜马拉雅地区气候和水资源地图：气候变化对喜马拉雅地区五大河流流域的影响》（*The Himalayan Climate and Water Atlas：Impact of Climate Change on Water Resources in Five of Asia's Major River Basins*）报告，指出喜马拉雅地区印度河、雅鲁藏布江、恒河、怒江

和湄公河流域的气候变化速度长期以来一直很快，并将在未来继续快速变化，给当地和下游人口带来严重后果。到 2050 年，整个兴都库什—喜马拉雅（HKH）地区的温度将升高 1℃—2℃（某些地区升高 4℃—5℃）。未来 10 年，HKH 大多数地区可能会发生大规模的冰川退缩。湄公河流域冰川退缩最为严重，为 39%—68%。到 2050 年，恒河上游、雅鲁藏布江和湄公河流域的径流因此分别增加 1%—27%、0—13% 和 2%—20%。

（三）山地综合发展区域计划

2017 年 8 月 31 日，国际山地综合发展中心（ICIMOD）发布了最新的战略框架《ICIMOD 战略与成果框架 2017》（*ICIMOD Strategy and Results Framework 2017*）①，针对个兴都库什—喜马拉雅地区的需求，确定了生计、生态系统服务、水与空气以及地理空间解决方案等四个主题领域，以及近年来出现的气候变化减缓与适应、绿色经济、水—食物—能源系统关联等新兴的主题领域。四个主题领域不仅是 ICIMOD 的核心竞争力所在，还是其实施区域战略的重要支柱。ICIMOD 战略框架强调区域计划的综合性和影响力，目前建立了五个区域计划和一个新兴的区域计划。

（1）适应变化区域计划。通过适应包括气候变化在内的环境和社会经济变化，提高兴都库什—喜马拉雅地区山区人口的抵御风险能力和生计水平。

（2）跨界景观区域计划。跨界景观的概念是从生态系统完整性、生态服务功能性界定的景观层面，而不是在行政边界上解决自然资源（生物多样性、牧场、农业系统、森林、湿地和流域）的保护和可持续利用问题。通过从跨界景观层面开展工作，以维持生态系统产品和服务的供给水平，改善生计，增强生态完整性、经济发展持续性以及社会—文化适应能力。

（3）流域区域计划。流域区域计划侧重于多学科资源管理方法，处理气候变化与变率、冰冻圈动力学、水文机制和水资源可用性、水资源风险管理、山地社区水管理和脆弱性及其适应等一系列主题的问题，强调增进对上下游之间、自然资源和生计之间的联系的理解。主要成果将包括改进的未来水资源可利用量及其影响评估，以及流域和社区层面水资源适应战略。

---

① ICIMOD, *ICIMOD Strategy and Results Framework 2017*, http：//www.icimod.org/resource/30288.

（4）冰冻圈和大气区域计划。冰冻圈是地球气候系统（由大气圈、水圈、冰冻圈、生物圈和岩石圈五大圈层组成）的组成部分，冰冻圈的组成要素包括冰川（含冰盖）、积雪、冻土、河冰、湖冰、海冰、冰架、冰山，以及大气圈内的冻结状水体。该计划将建立一个区域冰冻圈知识中心，与世界各地机构合作，提升冰冻圈科研能力。大气领域包括两个方面的工作：一是进一步开展黑碳和大气污染科学研究，提高对排放源、大气运输和转化过程的了解，以及深化对大气、冰川和融雪影响的认识；二是考虑关键的缓解策略。冰冻圈和大气区域计划的核心是探讨气候变化对冰川融化、大气过程以及对水资源可利用量和生活质量的影响。主要成果将包括，增进对冰冻圈与大气气象要素以及这些变化对山区和下游的影响的理解，提升区域监测冰冻圈和大气的能力。

（5）山地信息区域计划（山地环境区域信息系统）。该计划将对该地区进行长期监测、数据库开发和知识理解，信息系统将通过遥感、空间分析和野外工作，涵盖冰冻圈、气象与水文参数、空气污染、生态与气候变化、土地利用与土地覆盖状况及变化、生物多样性、洪水和自然灾害以及社会经济变化等方面的信息。

（6）新兴区域计划（喜马拉雅大学联盟）。喜马拉雅大学联盟（Himalayan University Consortium）的愿景是促进该地区大学之间的合作，并推动该地区关键议题卓越中心的建立。主要成果将包括，通过新的课程和相关培训，迎接未来山区的新挑战。

（四）青藏高原冰冻圈变化监测

冰冻圈计划（Cryosphere Initiative）由国际山地综合发展中心发起，旨在通过其冰冻圈知识中心共享该地区的数据和知识，重点关注冰冻圈对兴都库什—喜马拉雅地区下游的影响和重要性。合作伙伴包括阿富汗、不丹、印度、缅甸、尼泊尔、巴基斯坦和中国七个国家的气象、水文、矿产和能源研究机构，以及世界气象组织（WMO）、联合国环境规划署（UNEP）、Ev-K2-CNR、国际冰川学会（IGS）和第三极环境（TPE）等18个国际组织。

该计划指出，兴都库什—喜马拉雅地区涵盖了除极地以外最大面积的积雪、冰川和多年冻土，该地区的积雪和冰川作为自然水库为亚洲十大河流系统提供补给。为了在该地区开展和实施持续性的冰冻圈监测，冰冻圈计划及其在尼泊尔和不丹的执行伙伴已经建立了冰冻圈监测项目（Cryosphere Monitoring Programme，CMP），以评估冰冻圈水资源、与冰冻圈相关的灾害风险以及未来水资源供应情况。

计划的目标为增加对兴都库什—喜马拉雅地区冰冻圈变化的理解，改善水资源和风险管理。该计划的冰冻圈监测活动分为三个主要部分：基于现场观测的积雪和冰川监测、基于现场观测的水文—气象观测和监测、基于遥感的观测和监测。①基于现场观测的积雪和冰川监测包括：监测冰川的质量平衡和基准冰川的动态变化；短期冰川测量活动；冰川质量平衡和动力学建模。②基于现场观测的水文—气象观测和监测包括：气象观测；短期水文监测；冰川水文和融雪模式发展；模拟冰川融水未来变化对径流总量的贡献。③基于遥感的观测和监测包括：使用 Landsat 和其他高分辨率卫星绘制和监测冰川与冰川湖泊；使用 MODIS 卫星监测积雪覆盖；使用无人机（UAV）和高分辨率立体卫星图像来监测冰川质量变化；流域/次流域尺度冰川的详细调查。①

为了促进兴都库什—喜马拉雅地区不同国家、不同机构之间的协同效应，该计划启动了冰冻圈监测项目（CMP），与不丹水文气象部、尼泊尔加德满都大学、特里布文大学（Tribhuvan University）、尼泊尔水和能源委员会秘书处（Water and Energy Commission Secretariat）、巴基斯坦喀喇昆仑国际大学（Karakoram International University）合作，共同支持冰冻圈监测活动。该计划还建立了区域冰冻圈知识中心，改进和协调区域冰冻圈之间的数据共享区域和全球的平台，并将其作为国际战略建设的来源。

（五）泛第三极环境（Pan-TPE）国际计划

泛第三极地区以第三极为起点向西辐散，包括青藏高原、帕米尔高原、兴都库什、天山、伊朗高原、高加索、喀尔巴阡等山脉，面积约 2000 万平方千米，是"一带一路"的核心区，与 30 多亿人的生存与发展环境密切相关。

"一带一路"泛第三极地区面临全球最严重的干旱问题、生态系统退化问题、冰川退缩问题、大气环境问题和自然灾害问题。例如，水资源短缺严重制约"一带一路"泛第三极地区生态环境与经济社会的可持续发展，特别是"一带一路"核心区由于跨境河流众多，跨境水资源开发的矛盾异常突出；在人类活动和全球变化影响下，该地区生物多样性受到严重

---

① ICIMOD, *Cryosphere Initiative Flyer*, 2017-09-20, http://www.icimod.org/resource/23133.

威胁；作为全球最重要的冰雪融水补给区，该地区受气候变化的影响显著；该地区还面临着大气污染（南亚大气棕色云）、中亚粉尘等对区域气候、人类健康等产生重要影响的大气环境问题；另外，气象灾害、水灾害、极端气候事件、冰湖溃决、冰崩、雪崩、冰川跃动、泥石流等自然灾害严重影响了区域的人类生存环境。以上这些问题的根源，是气候变暖影响下季风与西风相互作用及其对泛第三极的影响与远程效应。

因此，泛第三极环境（Pan-TPE）国际计划于 2016 年推出，基于重大科学问题的突破和科学评估，为区域协同发展面临的重大资源环境问题提供科学决策支持。Pan-TPE 国际计划十年规划的总体目标为，以泛第三极环境变化的远程效应和对人类活动的影响为重大科学问题，形成全面的多平台综合组网观测体系和地球科学大数据集，产出里程碑式的重大科学成果，创新发展地球系统科学理论，为"一带一路"资源环境管理和可持续发展做出重大贡献。在科学研究层面，Pan-TPE 国际计划关注的科学问题包括：①泛第三极协同观测的联动机制；②季风和西风的相互作用及环境响应；③气候变化对水资源的影响；④气候变化对生态系统及安全的影响；⑤环境灾害的发生规律及影响；⑥"一带一路"协同发展的环境与社会效应。Pan-TPE 国际计划主要包括以下六项研究内容：①泛第三极区域立体协同观测与系统集成：环境变化典型敏感因子遥感观测体系与协同观测；典型环境要素数据集产品生成研究；环境要素大数据应用模式与冰雪融化工具。②泛第三极与季风和西风的相互作用及其影响：泛第三极对季风和西风的影响识别；泛第三极对季风和西风的突变作用与反馈；泛第三极水汽来源与传输路径；泛第三极海陆气热力过程和模拟。③泛第三极地区水循环及其效应：冰雪过程与模拟研究；典型江河源头水资源形成与变化过程；气候变化和人类活动对区域水循环的影响；区域水循环下游效应与安全性评估。④泛第三极生态系统过程与生态安全：气候与植被演化过程重建；极端环境下典型陆地生态系统稳定性机制；全球变化下区域生态脆弱性评价；⑤南亚棕色云与中亚粉尘的环境影响与风险：污染物排放的时空演化、传输与源析；黑碳的发生机制、传输与气候环境效应；持久性有机污染物（POPs）的冷富集、生物富集效应与环境风险；大气棕色云对印度季风的影响与评估。⑥"一带一路"资源环境格局与发展潜力（"数字丝路"）：重大自然灾害风险快速评估；城镇化与自然文化遗产地监测；典型海域与海岸带环境变化；农情监测与粮食安全；区域生态环境动态分析；"数字丝路"集成系统平台。①

三　青藏高原气候治理与地缘政治

青藏高原对于中国具有独特而巨大的地缘政治意义，它辩证地展示了：①青藏高原与中国整体安全的关系；②以西藏为重心的中国边地与中国中央政府的关系；③中国与南亚次大陆及中亚伊朗高原国家的关系。不仅如此，青藏高原还对联结中国与世界的"一带一路"关键线路安全有着无与伦比的保障作用。中国因拥有青藏高原而独有的地缘政治优势在世界各国中是绝无仅有的。例如，青藏高原的亚东地区，就具有非常特殊而重要的地缘战略意义，其地缘战略位置主要体现在以下三个方面②：

（1）对边界缓冲国的钳制。中国与印度的边界长2000多千米，在传统意义上，可分为东、中、西三段。东段边界指不丹以东的中印边界，即我国藏南地区，目前为印度实际控制区，印方称为"阿鲁纳恰尔邦"；1914年，英国政府炮制的"麦克马洪线"，成为东段边界问题的始作俑者。中段边界位于尼泊尔和克什米尔之间，长约450千米，争议地区有4块，总面积约2000平方千米，均被印度侵占。西段边界主要是阿克赛钦的归属问题，但与克什米尔问题密不可分，因此西段边界实际上是中国、印度、巴基斯坦三国的问题。

从地理位置上看，在喜马拉雅山脉中段早前并无中印两国的边界，其中分布有尼泊尔、锡金（1975年被印度吞并）和不丹等国，成为中印两国边界冲突的重要缓冲带。但随着1975年锡金被吞并而成为印度的一个邦开始，锡金不再是中印两国之间的缓冲带，原有连成一片的缓冲区被打破，中锡边界问题变成了中印边界问题。从地缘格局看，尼泊尔和不丹两国间并未接壤，其间并排分布着印度锡金邦和中国亚东县。亚东作为我国的固有领土，西隔锡金与尼泊尔比邻，东与不丹接壤，成为我国钳制中印边界缓冲区的重要据点，也给印度在南亚北部的势力范围带来冲击。

（2）对印度西里古里走廊的掣肘。我国亚东地区虽然土地面积仅为

---

① 姚檀栋、陈发虎、崔鹏等：《从青藏高原到第三极和泛第三极》，《中国科学院院刊》2017年第9期。

② 葛全胜、何凡能、刘浩龙：《西藏亚东地区边界的历史演变及地缘战略分析》，《中国科学院院刊》2017年第9期。

4000 多平方千米，平均海拔多在 3500 米以上，地理环境并不优越，但其却像楔子一样，向南突入印度锡金邦和不丹共和国之间，俯瞰着位于其南面的布拉马普特拉河冲积平原和西里古里走廊。该走廊是印度本土连接东北各邦的重要通道，其北邻不丹王国，南与孟加拉国毗邻。亚东洞朗地区距西里古里走廊也只有数十千米的距离，在掣肘中印两国边界纠纷和南亚地缘格局上，具有特殊的战略地位。

（3）对印度洋航线安全的制衡。中国作为紧邻南亚次大陆的亚洲大国，与南亚各国长期保持着传统的紧密关系，在经贸上也存在着广阔的合作空间。尤其是近些年，随着我国"一带一路"倡议的推进，南亚和印度洋地区成为这一倡议的重要组成部分，并得到南亚及印度洋沿岸大多数国家的积极响应。针对中国"一带一路"倡议，印度也提出了跨印度洋海上航路与文化景观计划，希冀通过这一计划，拓展印度在印度洋上的海洋、文化、战略及心理上的存在。由于缺乏信任，中印在南亚及印度洋地区地缘政治的碰撞日益凸显，这不仅严重阻碍中印之间的经贸合作，也严重影响着中国在南亚和印度洋地区存在的能源通道和贸易通道安全的利益诉求。①

---

① 朱翠萍：《"一带一路"倡议的南亚方向：地缘政治格局、印度难点与突破路径》，《南亚研究》2017 年第 2 期。

第十章 中国气候治理面临的形势与挑战

党的十九大报告指出，中国"引导应对气候变化国际合作，成为全球生态文明建设的重要参与者、贡献者、引领者"，要"建设美丽中国，为人民创造良好生产生活环境，为全球生态安全作出贡献"。气候变化问题作为日益显著的非传统安全威胁，必然是生态文明建设的重要内容。全球环境与气候变化得到了世界各国的广泛认可，紧迫性日益加剧。近百年来（1909—2011 年），中国陆地平均增温 0.9℃—1.5℃，增温幅度高于全球水平，与气候变化相关的灾害发生的频度和振幅加剧。

从国际角度看，《巴黎协定》达成以来，全球气候治理出现了新的形势，不确定性有所增加。从国内看，中国以可再生能源发展、碳排放权交易等为特点的低碳发展取得了可喜的成绩，应对气候变化各项政策行动顺利实施。国内低碳发展的外溢效应日趋明显，中国正逐步从全球气候治理的参与者、贡献者向引领者的方向发展。在国际气候制度继续发展进程中，中国有能力更加主动，特别在科学研究方面提出新思路，探索新问题，实施新机制，为引领全球生态文明建设提供中国智慧。

第一节 全球气候治理形势

2015 年巴黎气候大会达成的《巴黎协定》确立了全球合作应对气候变化的新机制，开启了气候变化全球治理的新阶段。但是，2017 年 6 月美国宣布退出《巴黎协定》，使得全球气候治理面临新的挑战，特别是加剧了在减排、资金、技术和领导力等方面的"缺口"。[1]

---

① 王文涛、滕飞、朱松丽等：《中国应对全球气候治理的绿色发展战略新思考》，《中国人口资源与环境》2018 年第 7 期。

一 减排缺口

目前共有 170 个缔约方提出了包含减缓目标或行动的国家自主贡献（NDC）方案。研究表明，即使这些方案全面实施，到 2100 年，全球气温升幅仍将达到 2.7℃—3.1℃，无法满足《巴黎协定》确定的 2℃温升目标；如果进一步实施 1.5℃温升目标，那么全球排放在 2050 年左右就必须达到近零排放，比 2℃温升目标提前 10—20 年。如果特朗普的气候政策持续 8 年，则 2016—2024 年美国的二氧化碳累积排放量将比 NDC 情景高 34 亿吨，年均增加 4 亿吨左右。就全球排放而言，如果特朗普能源环境政策切实实施并带来恶劣的国际影响，即其他国家也因此放弃已有的政策设想或行动，到 21 世纪末全球累积二氧化碳排放量将比 2℃温升目标所对应的排放空间多 3500 亿吨，相当于额外增温 0.25℃。如果美国退出《巴黎协定》的影响延续到 2030 年，可能使原有减排差距进一步扩大 8.8%—13.4%。因此，美国退出《巴黎协定》将压缩其他国家的排放空间，增加其他国家的碳减排负担，进一步加大实现《巴黎协定》目标的难度。而作为目前的排放大国，中国将承受更多的减排压力。

二 资金缺口

《巴黎协定》第 9 条第 1 款明确提出，"发达国家缔约方应为协助发展中国家缔约方减缓或适应两方面提供资金"。为实现全球目标，无论是减缓或适应行动，都需要在世界范围内扩大气候供资规模。发展中国家有效实施 NDC 需要发达国家提供充分的资金支持。研究表明，为实现全球 2℃目标，发展中国家每年需要 3000 亿—10000 亿美元的资金支持。根据历史排放量等指标核算，美国应是最大的资金来源国，但由于美国退出《巴黎协定》后终止履行出资义务，也会影响其他发达国家出资的意愿和力度，使《巴黎协定》下到 2025 年前发达国家每年负责筹集 1000 亿美元资助发展中国家减缓和适应气候变化的目标难以实现，将使小岛屿国家、最不发达国家及非洲国家应对气候变化的影响和损失面临更大困难。目前虽然有全球环境基金（GEF）、绿色气候基金（GCF）等融资机制，但资金规模有限，延缓了应对气候变化的相关行动。中国一方面要督促发达国家承担历史责任；另一方面要突出资金缺口的定量化分析，促进《巴黎协定》中适应、减缓、资金、技术、能力建设和透明度各个要素全面平衡地落实和实施。在落实《巴黎协定》的后续谈判以及 2018 年促进性对话和 2023 年全球盘点的谈判中，要同时强调发展中国家的行动与发达国家的资金、技术、能力建设的支持两个方面的协调推进，确保《巴黎协定》中"共同但有区别的责任"原则得到具体体现，使全球气候治理走上公平公正的轨道。

三　技术缺口

自政府间气候变化专门委员会（IPCC）成立以来，气候科学研究持续进行，观测手段、分析方法、解决不确定性难题的方法学已经有很大进展。IPCC 的情景分析也表明，目前实现深度减排的大多数减排技术已经具备，但其经济性和竞争力仍有待提高。虽然全球可再生能源的新增投资已经达到了化石能源投资的 2 倍，但 2016 年全球可再生能源新增容量投资仍比 2015 年下降了 30%。为实现全球深度减排目标，情景能源研发投入需要进一步增加以降低其成本、提高竞争力。目前全球能源行业年投资超过 2 万亿美元，而 2015 年全球清洁能源的研发投入只有 270 亿美元，尚不及全球最大三家 IT 公司的研发投入（约 400 亿美元/年）。

根据目前全球的产业结构和技术路线判断，尽管近年来低碳技术进步很快，市场普及率逐年提高，但仍很难全面支撑世界范围的实质性减排，特别需要重大技术（如储能、提高资源利用效率、适应和碳汇以及地球物理工程等）的重要突破，在能源生产、能源消费、科技和体制机制方面引领革命。特别是为实现全球深度减排目标，生物能源和碳捕集与封存技术（BECCS）成为非常关键的负排放技术。在 IPCC 评估报告的大多数 1.5℃与 2℃的情景中，均需要实现负排放，因此 BECCS 被广泛纳入这些低排放情景。尽管 BECCS 在理论上可行，但是大规模使用该技术还从未被试验，可能的原因是公众接受度低，及与粮食生产在水与土地资源方面存在竞争而在施行中面临障碍。

四　领导力缺口

美国政府退出《巴黎协定》后影响力和领导力减弱，为中国进一步引领国际气候治理制度的走向提供了机遇。但发展中国家和发达国家仍会面临尖锐矛盾和复杂博弈，中国应当妥善应对。虽然美国宣布退出《巴黎协定》，在气候领域的影响力减弱，但其并不会轻易放弃全球主导地位；欧盟是曾经的"气候领袖"而且一直没有放弃其领导全球气候治理的雄心，但目前被经济问题、难民问题以及内部矛盾掣肘；发展中国家中，基础四国具备一定影响力，但因发展中国家谈判集团多，各国政治背景、经济背景和诉求不尽相同，在关键问题上凝聚力和战斗力不足。在世界范围内，国际制度安排的"一超独霸"局面已经不复存在，多边化的趋势已经成为主流，这也是中国深度参与并积极引领全球治理的重要契机，国际社会对中国进一步发挥领导力更是充满期待。中国发挥影响力和领导作用，并不意味着要做出超越国情和自身能力的贡献，更不是要额外分担美国所放弃的责任义务，而是要引领全球气候治理始终坚持公平公正原则，充分反映并维护中国及发展中国家的利益诉求。中国可与欧盟、加拿大等各方加强磋商和沟通，在新的形势下，根据我们的能力和发展阶段承担负责任大国的义务，把握好时机和切入点，做出长远计议。努力引领全球气候治理的机制规则、行动准则和道德规范建立，体现中国公平正义、合作共赢、打造人类命运共同体的全球治理理念。

第二节　中国气候治理的挑战

党的十九大提出了新时代中国特色社会主义现代化建设的目标、基本方略和宏伟蓝图，同时也把气候变化列为全球重要的非传统安全威胁，并提出中国要为全球生态安全做出贡献。《巴黎协定》提出到21世纪下半叶实现温室气体净零排放的目标，能源和经济低碳化转型将在全球范围内加速。中国作为世界上最大的发展中国家，仍处于工业化阶段，产业结构和能源结构尚未完成根本性的转型，经济增长质量与发达国家相比，仍然面临巨大挑战，同时也面临着较强资源环境约束。因此，中国必须走出一条有别于发达国家发展历程的新路，必须把经济发展和环境保护作为同等重要的目标，深入推进社会主义生态文明建设。就应对气候变化而言，中国在制度建设、市场手段、国际合作等方面还存在着巨大需求。

一　中国正处于关键的转型期

党的十九大召开对中国实现现代化提出了高质量发展的目标。在节能减排、环境治理方面，已有的计划和安排部署与十九大提出的目标有一定差距。我们不能用过去的模式来外推今后的发展，需要用确定的目标倒逼目前的政策。因此，需要对中国节能减排、结构调整、提质增效进行新的策划。党的十九大确立了新时代到 2050 年中国社会主义现代化建设两个阶段的发展目标。《巴黎协定》也提出了到 21 世纪下半叶全球实现温室气体净零排放的应对气候变化目标。中国应在同一时间框架内统筹考虑这两个目标，研究并制定中国 2035 年和 2050 年温室气体减排目标和低碳发展战略，及相应的实施规划和行动方案。

二 中国碳市场建设有待加快

中国已经启动全国范围统一碳市场，对全球的节能减排将产生重大影响。中国启动的碳市场将是有效减缓和适应的调控手段，是政府引导企业参与发挥市场积极作用的尝试。做好中国的碳市场对于国内、国际未来的发展路径，将起到非常重要的作用。碳市场建设需稳步推进，并不断完善，适时实现全覆盖。同时结合全国碳排放权交易市场发展，把现行对企业的用能权管理逐渐统一为二氧化碳排放权管理，以控制和减少二氧化碳排放为抓手和着力点，体现促进节能和能源替代的双重目标和效果，并为可再生能源快速发展提供更为灵活的空间和政策激励。

三 绿色"一带一路"是生态文明建设的国际化平台

中国提出的"一带一路"倡议，不仅丰富了古丝绸之路的新时代内涵，也绘制了中国与沿线国家共同发展的宏伟蓝图。"一带一路"沿线国家大多依赖农业，正遭受海平面上升、水资源短缺、大气污染和生物多样性丧失等巨大生态环境威胁，而以增暖为主要特征的气候变化正加剧这些威胁，给"一带一路"建设带来了巨大风险。同时，这些国家人口密集，所处发展阶段各不相同，气候变化应对能力薄弱，如何帮助其评估气候变化影响及风险，开展适应与减缓行动，已成为保障"一带一路"建设顺利实施和推进绿色"一带一路"建设的重大命题。绿色"一带一路"关系到中国与周边国家的共同命运，因此是"一带一路"建设的重要内容。同时，按照政策沟通、设施联通、贸易畅通、资金融通、民心相通的要求，环境、生态、能源等方面的合作符合"一带一路"国家的共同利益，符合"五通"的建设方向。中国的转型在绿色"一带一路"的整体框架下应该大有作为。

四 适应能源结构调整的市场化改革非常关键

中国高质量发展的核心问题之一是改善能源结构，新能源是根本出路。中国是可再生能源生产大国，目前遭遇到"弃风弃光"、上网瓶颈、分布式发展缓慢等问题的制约。电力生产和供应方式需要从自上而下的垄断式供应体系转变为自下而上和自上而下相结合的协调体系，这也是能源领域体制机制改革和市场化改革的重大方向。

五 二氧化碳总量控制逐步替代目前的能源总量控制

今后几十年内，尽管能源增长的趋势放缓，但是总量还会增加，增加部分主要靠非化石能源，需要及早制定高比例的非化石能源发展规划和实施方案。在新的形势下逐渐以二氧化碳排放总量控制代替能源消费总量控制，不仅强化节能，而且强化能源结构的低碳化，促进新能源和可再生能源发展。中国应以控制和减少温室气体排放为抓手统筹并强化生态文明建设和绿色低碳发展的目标取向。中国"十三五"规划下实施的 GDP 能源强度、二氧化碳强度和能源消费总量控制目标，应逐渐整合为二氧化碳排放总量控制目标。

六 中国参与全球气候治理的能力仍有欠缺

从国际层面看，当前气候谈判的核心是制定《巴黎协定》实施细则。中国在过去二十余年中，虽然积极参与谈判，认真履行义务，但由于《公约》和《京都议定书》为发展中国家规定的义务较少，因此中国无论是在谈判还是履约实践中，参与程度都不深，对气候变化履约国际规则的理解不透，对规则制定的过程不熟，这是中国在"后巴黎"时期提出可操作的中国方案必须克服的实际困难。而作为"负责任的发展中大国"，中国未来将承担何种责任与义务一直是国际社会关注的焦点，也成为中国在后续气候谈判与国际气候合作中需要解决的难点。

从国内层面看，发达国家经过二十余年的气候变化履约行动，已经在低碳发展的战略统筹、数据信息统计报告、对外资金和技术援助等方面积累了丰富经验。中国虽然也制定了低碳发展战略、方案、规划，但仍未能解决长远利益与短期发展空间的冲突；国内的能源、温室气体排放数据统计和报告尚不足以满足国际规则要求；气候变化南南合作存在章程缺乏、资金规模小、支出方式单一等局限，这些都不利于中国讲好模范履约故事，发挥示范吸引作用。

第十一章　中国参与全球气候治理的战略思考

第一节　当前气候变化研究的基本方向分析

一　新能源技术研究和产业化

近30年来，世界新能源领域的技术正处于快速发展和不断突破期，光热技术、光电技术、风能、地热能、潮汐能等技术百花齐放，发电和利用效率大幅度提高，成本大幅度降低，世界各先进国家均把可再生能源技术作为未来市场竞争的制高点，采取了各自不同的激励措施。技术先进性实质上标志着市场的占有率，技术能力也是国际问题的发言权和主导权。加强新能源技术的研究和产业化应用（如电动汽车、智能电网、绿色建筑、智能交通、CCS等）是重要方向。同时为了保障未来可再生能源供应体系的顺利实施，储能和智能电网技术的进一步研发与产业化也必不可少。信息技术和人工智能技术的飞速发展也为未来新能源技术的发展提供了新的可能，未来新能源技术与人工智能的深度融合是重要的发展方向。同时应对气候变化不能仅关注一种技术，而需要关注各领域技术的均衡进展。加速清洁能源技术进步可以实现经济增长、能源安全、可持续发展等多问题的协同解决。

二　国际制度安排和新型地缘关系

应对全球气候变化的国际制度安排，是新型地缘关系的反映。新的国际规则需要全新的发言权、主导权和方案设计，需要从长周期大尺度的视角来统一协调。在这一新的转型期中，中国必须具备主动性和积极参与的精神，在平台搭建中以科学的话语体系发挥引领作用，锻炼和培养人才队伍。在向世界逐渐开放的过程中，发挥中国的参与、贡献和引领作用，以科学的新视角、思路和策略为全球治理贡献中国方案和中国智慧。

三　环境气候经济学及绿色创新经济学研究

习近平总书记提出的生态文明思想和"两山"理论是环境与经济协同发展的重要理论指导，受到国际社会的高度赞誉，为环境和气候经济学提出了新的领域和方向。环境和气候经济学及绿色创新经济学研究已经远远超出了传统的区域范围，并引入了无形资产和智力资本等新型社会和组织形态的内容。要通过自然、经济、社会的融合研究，从理论创新、文化创新、科技创新和制度创新等层面入手，在全球环境治理的成本效益、风险治理、权利与义务、责任与利益、国家安全等方面提出中国方案。

四　气候变化南南合作

应对全球气候变化不可能独善其身，而要与周边国家和全球各方面采取积极行动。中国是个发展中国家，南南合作是中国发展过程中不可缺少的措施。中国在过去已经有了南南合作的较好基础，分享了经验。在应对环境与气候变化过程中的南南合作的方式和手段，要从简单的技术延伸到文化、政治、法律等多方面的交流。把硬基础设施和软基础设施有效结合，真正起到事半功倍的作用。

五　气候变化立法

气候变化立法是保障应对气候变化长期稳定开展的制度基础，碳交易中排放权等确权问题也需要气候变化立法的支撑。目前，一些发达国家已经实施了气候立法，把法律保障、制度安排以及公众参与统一纳入整体行动之中。中国在世界生态文明建设中的引领作用，必须要有立法的保障。因此，应该加快应对气候变化的立法研究和推进进程。

六　气候变化的风险研究

在全球应对气候变化的大背景下，应对气候变化与经济发展的关系需要进一步明确，既要考虑近期的效益，也要考虑长远的风险。需要把各类研究包括环境、经济、国家安全等要素统筹进行平衡。把科学的认识（影响、风险）与政策紧密联系，特别要注重不可逆的突变事件和可能的系统性风险。需要适应和减缓并重，在气候变化风险研究中考虑其对关键基础设施的影响，以及气候变化与其他因素叠加可能引发的地缘冲突等系统性风险。

第二节　中国参与全球气候治理的战略建议

一　战略目标

一是提升塑造国际制度的软实力。《巴黎协定》达成后，气候变化国际谈判的核心任务是制定具体实施规则并促进各国落实。我国应以此为契机，进一步总结全球气候治理达成政治共识的经验，强化国际规则设计、博弈、成文、解读和落实能力，确保《巴黎协定》一揽子规则向着于我有利的方向落实，并为我国全面参与各领域国际合作提供借鉴。

二是服务国家整体外交需求。近年来，有效应对气候变化是我国受到国际社会一致称赞的外交领域，我国可以通过运筹全球气候治理，积极推动气候变化成为我国多边外交和双边关系中的亮点，服务于外交整体战略和布局。

三是为国内绿色低碳发展创造良好外部环境。我国发展战略机遇期已经由加快发展速度的机遇，转变为加快经济发展方式转变的机遇。绿色低碳发展是我国生态文明建设的重要组成部分，推动经济转型升级、能源生产和消费革命，实行严格的生态环境保护制度，是国内的迫切需求，需要稳中求进。我国参与全球气候治理既要为促进绿色低碳发展创造氛围和条件，也要为国内有序推进"四个全面"总方略确保时间窗口。

二　战略建议

中国应对气候变化中长期战略要以习近平新时代中国特色社会主义思想为指导，与现代化建设"两个阶段"发展目标相契合，统筹国内国际两个大局，顺应并引领全球应对气候变化合作进程，做出与中国国情和发展阶段、不断上升的综合国力和国际影响力相称的积极贡献，到2050年建成社会主义现代化强国的同时，实现与全球减排目标相适应的低碳经济发展路径，为全球生态文明和可持续发展提供中国智慧和中国经验。

合作应对气候变化是全人类共同利益，世界各国有广泛的共同意愿、合作空间和利益交会点，但不同国家和国家集团之间在诸多议题上也存在利益冲突和复杂博弈。这也为中国深度参与并积极引领全球治理体系改革和建设提供了平台和机遇，气候变化领域可成为中国构建相互尊重、公平正义、合作共赢的国际关系，打造人类命运共同体的重要领域和成功范例。

（1）以习近平新时代中国特色社会主义思想为指导，研究并制定中长期应对气候变化和低碳发展战略。

在当前国内国际新形势下，要以新时代"两个阶段"发展目标为指引，依据《巴黎协定》确立的全球温室气体减排目标，统筹国内国际两个大局，根据党的十九大提出的发展目标，组织应对气候变化对标分析研究，调整过去已有的计划和安排，并落实到各项规划和实施部署中。建议由生态环境部和国家发改委牵头，研究并制定中国中长期应对气候变化和低碳发展战略。

首先要制定2035年应对气候变化中期战略和规划，制定落实国家自主贡献承诺的实施规划和行动方案，规划二氧化碳排放达峰的具体时间表以及峰值排放量控制目标；在此基础上，进一步提出2035年强化行动的目标和对策，并与第二阶段实施更为强化的减排目标和对策相衔接。

其次要制定2035—2050年温室气体低排放目标和低碳发展战略。《巴黎协定》要求各缔约方2020年前提交本国2050年温室气体低排放战略，中国要根据《巴黎协定》要求，研究中国需要和可能承担的责任义务，制定2050年全经济范围的温室气体绝对量减排目标和对策。外树形象，为全球生态文明和可持续发展发挥积极引领作用；内促发展和转型，实现建设社会主义现代化强国目标与能源经济低碳化转型目标的协调统一。

（2）加强气候变化的非传统风险问题研究，统筹分析国内、国际形势，提出国内应对措施和全球治理的中国方案。

气候变化将对未来社会、经济、政治和安全领域产生显著的直接和间接影响，并进一步危及社会经济的平衡与充分发展，成为全球可持续发展的共同威胁。未来气候变化将成为中国新时代社会主义现代化建设进程中潜在的巨大风险，成为威胁中国发展目标和总体国家安全的"灰犀牛"，需要妥善应对。

随着气候变化对国家安全的重要性日益突出，中国需要在战略高度上更加重视气候安全和气候风险管理问题。建议将气候安全和全球环境安全纳入国家安全委员会的职责范围，并将气候安全纳入国家安全体制和国家安全战略，统筹考虑和部署，确保国家安全。

（3）深化符合低碳发展的能源市场化改革；搭建绿色"一带一路"新能源利用平台，政府搭台，企业和社会参与，与"一带一路"国家开展友好合作。

深化电力体制改革，加快推进油气体制改革，坚定不移地缩减煤炭工业，推动能源发展质量变革、效率变革和动力变革，努力构建清洁低碳、安全高效的能源体系，为经济社会发展和人民美好生活提供坚实的能源保障和低碳源泉。

在国际合作方面，一方面，通过中国气候变化南南合作基金等平台，为"一带一路"国家应对气候变化提供资金和技术援助；另一方面，增强政治互信，凝聚"一带一路"沿线国家共同应对气候变化的愿景，并通过统一相关技术标准等手段，以市场化手段促进绿色"一带一路"建设，为全球应对气候变化做出更大贡献。

（4）2018年是落实《巴黎协定》的关键一年，关系到2020年后国际制度的规则安排。建议在2018年底波兰会议之前，组织系列重大问题的中国方案研究和论证。讲述中国故事，提出中国主张，发挥负责任大国的实质性作用。

2018年联合国气候大会在落实《巴黎协定》实施细则的同时，将以"讲故事"的方式开展各缔约方的促进性对话，增进互信，加强合作。同时这也是敦促发达国家提高2020年前减排力度的时机。按中国节能降碳已取得的成效和"十三五"期间的规划目标，即2020年单位GDP二氧化碳排放将比2005年下降50%以上，超额完成对外承诺的下降40%—45%目标；2020年非化石能源占比达20%、森林蓄积量增加13亿立方米的目标也均将提前和超额完成，中国在促进性对话中将占据主动地位。要认真总结能源变革和经济转型的成效和成功案例，讲好中国"发展"与"减碳"双赢的故事，在促进性对话中发挥引领作用。

当前要结合决胜全面建成小康社会的战略部署，在推进生态文明建设、打好污染防治攻坚战等一系列政策措施实施过程中，统筹生态环境改善与减排二氧化碳的协同目标和措施，在近期防治区域环境污染的同时，强化长期低碳发展和减排二氧化碳的目标导向。要根据已取得的成果和发展趋势，在今后几年的国民经济和社会发展规划中不断调整并强化单位 GDP 能源强度和二氧化碳强度下降的年度指标。以新的发展理念，加快能源和经济的低碳转型，并为 2020 年后新时代社会主义现代化进程中实现与《巴黎协定》目标相适应的绿色低碳发展路径奠定基础。

参考文献

柴麒敏、傅莎、祁悦、樊星、徐华：《特朗普"去气候化"政策对全球气候治理的影响》，《中国人口·资源与环境》2017年第8期。

陈敏鹏、张宇丞、刘硕、李玉娥：《〈巴黎协定〉特设工作组适应信息通报谈判的最新进展和展望》，《气候变化研究进展》2018年第2期。

陈向国、李俊峰：《盼望中国早日成为能够承担更多责任的发达国家》，《节能与环保》2013年第8期。

陈晓径、张海滨：《马克龙当选与法国未来环境气候政策走向》，《法国研究》2017年第3期。

陈玉刚、陶平国、秦倩：《北极理事会与北极国际合作研究》，《国际观察》2011年第4期。

程保志：《欧盟北极政策实践及其对中国的启示》，《湖北警官学院学报》2017年第6期。

冯存万、乍得·丹莫洛：《欧盟气候援助政策：演进、构建及趋势》，《欧洲研究》2016年第2期。

冯峰：《全球气候治理中的墨西哥：角色转型与政策选择》，《拉丁美洲研究》2016年第2期。

冯相昭、周景博：《中澳适应气候变化比较研究》，《环境与可持续发展》2012年第2期。

高嘉潞：《美国奥巴马政府全球气候治理政策研究》，硕士学位论文，东北师范大学，2017年。

高翔、朱秦汉：《印度应对气候变化政策特征及中印合作》，《南亚研究季刊》2016年第1期。

葛全胜、何凡能、刘浩龙：《西藏亚东地区边界的历史演变及地缘战略分析》，《中国科学院院刊》2017年第9期。

巩潇泫：《欧盟气候政策的变迁及其对中国的启示》，《江西社会科学》

2016 年第 7 期。

何柳：《中国参与南极治理的国际合作战略研究》，《武大国际法评论》2016 年第 2 期。

何露杨：《巴西气候变化政策及其谈判立场的解读与评价》，《拉丁美洲研究》2016 年第 2 期。

何霄嘉、许伟宁：《德国应对气候变化管理机构框架初探》，《全球科技经济瞭望》2017 年第 4 期。

侯洁林：《德国〈可再生能源法 2014〉及其最新修订研究》，硕士学位论文，华北电力大学（北京），2017 年。

侯士彬、康艳兵、熊小平等：《温室气体排放管理制度国际经验及对我国的启示》，《中国能源》2013 年第 3 期。

李慧明：《气候变化、综合安全保障与欧盟的生态现代化战略》，《欧洲研究》2015 年第 5 期。

李伟、何建坤：《澳大利亚气候变化政策的解读与评价》，《当代亚太》2008 年第 1 期。

李振福、刘同超：《北极航线地缘安全格局演变研究》，《国际安全研究》2015 年第 6 期。

刘华、邓蓉：《多层治理背景下的欧盟气候变化治理机制——兼与联合国气候变化治理机制比较》，《山西大学学报》（哲学社会科学版）2013 年第 3 期。

刘慧、唐健：《碳交易体系对接与后京都气候治理》，《国际研究参考》，2014 年第 5 期。

刘明德、杨玉华：《德国能源转型关键项目对我国能源政策的借鉴意义》，《华北电力大学学报》（社会科学版）2015 年第 6 期。

孟浩、陈颖健：《德国 CO_2 排放现状、应对气候变化的对策及启示》，《世界科技研究与发展》2013 年第 1 期。

孟浩：《法国 CO_2 排放现状、应对气候变化的对策及对我国的启示》，《可再生能源》2013 年第 1 期。

聂宇琪：《欧盟碳排放配额价格与能源价格的关系》，硕士学位论文，合肥工业大学，2015 年。

秦海波、王毅、谭显春、黄宝荣：《美国、德国、日本气候援助比较研究及其对中国南南气候合作的借鉴》，《中国软科学》2015 年第 2 期。

阮建平：《南极政治的进程、挑战与中国的参与战略——从地缘政治博弈到全球治理》，《太平洋学报》2016 年第 12 期。

沈永平、王国亚：《IPCC 第一工作组第五次评估报告对全球气候变化认知的最新科学要点》，《冰川冻土》2013 年第 5 期。

宋锡祥、高大力：《论英国〈气候变化法〉及其对我国的启示》，《上海大学学报》（社会科学版）2011 年第 2 期。

宋亦明、于宏源：《全球气候治理的中美合作领导结构：源起、搁浅与重铸》，《国际关系研究》2018 年第 2 期。

谈俊尧：《英国北极发展政策和启示》，《全球科技经济瞭望》2017 年第 Z1 期。

田成川、柴麒敏：《日本建设低碳社会的经验及借鉴》，《宏观经济管理》2016 年第 1 期。

万媛：《印度的低碳经济发展现状与趋势》，《全球科技经济瞭望》2014 年第 3 期。

王克、夏侯沁蕊：《〈巴黎协定〉后全球气候谈判进展与展望》，《环境经济研究》2017 年第 4 期。

王磊：《巴西发展清洁能源的政策与实践》，《全球科技经济瞭望》2017 年第 10 期。

王萍：《〈墨西哥气候变化法〉及其对中国气候安全立法的启示》，《南京工业大学学报》（社会科学版）2014 年第 1 期。

王润、蔡爱玲、孙冰洁、姜彤、刘润：《"来印度制造"下的印度能源与气候政策述评》，《气候变化研究进展》2017 年第 4 期。

王淑玲、姜重昕、金玺：《北极的战略意义及油气资源开发》，《中国矿业》2018 年第 1 期。

王文涛、陈跃、张九天等：《欧盟碳排放交易发展最新趋势及其启示》，《全球科技经济瞭望》2013 年第 8 期。

王文涛、刘燕华、于宏源：《全球气候变化与能源安全的地缘政治》，《地理学报》2014 年第 9 期。

王文涛、滕飞、朱松丽等：《中国应对全球气候治理的绿色发展战略新思考》，《中国人口·资源与环境》2018 年第 7 期。

吴洁、曲如晓：《低碳经济下中日贸易促进和气候合作战略研究》，《贵州财经学院学报》2010 年第 3 期。

吴依林：《论澳大利亚南极科学战略及研究主题》，《中国海洋大学学报》（社会科学版）2012 年第 1 期。

吴志成、王亚琪：《德国的全球治理：理念和战略》，《世界经济与政治》2017 年第 4 期。

辛源、王守荣：《"未来地球"科学计划与可持续发展》，《中国软科学》，2015 年第 1 期。

徐蕾：《美国环境外交的历史考察（1960 年代—2008 年）》，博士学位论文，吉林大学，2012 年。

杨孟倩、葛珊珊、张韧：《气候变化与北极响应——机遇、挑战与风险》，《中国软科学》2016 年第 6 期。

杨毅：《浅析沙特阿拉伯在国际气候变化谈判中的立场与策略》，《西亚非洲》2011 年第 9 期。

姚檀栋、陈发虎、崔鹏等：《从青藏高原到第三极和泛第三极》，《中国科学院院刊》2017 年第 9 期。

于宏源：《马拉喀什气候谈判：进展、分歧与趋势》，《绿叶》2017 年第 6 期。

于宏源、王文涛：《制度碎片和领导力缺失：全球环境治理双赤字研究》，《国际政治研究》2013 年第 3 期。

于宏源、余博闻：《低碳经济背景下的全球气候治理新趋势》，《国际问题研究》2016 年第 5 期。

于宏源：《〈巴黎协定〉、新的全球气候治理与中国的战略选择》，《太平洋学报》2016 年第 11 期。

于宏源：《气候变化与北极地区地缘政治经济变迁》，《国际政治研究》2015 年第 4 期。

于宏源：《权威演进与"命运共同体"的话语建设》，《社会科学》2017 年第 7 期。

于文轩、田丹宇：《美国和墨西哥应对气候变化立法及其借鉴意义》，《江苏大学学报》（社会科学版）2016 年第 2 期。

张丽华、姜鹏：《从推责到合作：中美气候博弈策略研究——基于"紧缩趋同"理论视角》，《学习与探索》2015 年第 4 期。

张琳：《南非应对气候变化问题的政策研究》，硕士学位论文，华中师范大学，2013 年。

张维冲、孟浩、李维波：《南非清洁能源发展最新进展及启示》，《全球科技经济瞭望》2016 年第 11 期。

张益纲、朴英：《日本碳排放交易体系建设与启示》，《经济问题》2016 年第 7 期。

张永香、巢清尘、郑秋红、黄磊：《美国退出〈巴黎协定〉对全球气候治理的影响》，《气候变化研究进展》2017 年第 5 期。

赵斌：《英国退欧叙事情境下的气候政治》，《武汉大学学报》（哲学社会科学版）2018 年第 3 期。

郑爽、张敏思：《2012 年欧盟碳市场评述》，《中国能源》2013 年第 2 期。

周文、宋燕：《国际应对气候变化的法规标准概览及其启示》，《中国科学技术协会年会》2010 年。

朱翠萍：《"一带一路"倡议的南亚方向：地缘政治格局、印度难点与突破路径》，《南亚研究》2017 年第 2 期。

Arctic Council, *Arctic Marine Strategic Plan*, 2004 - 11 - 24, http：//www.pame.is/index.php/projects/arctic-marineshipping/amsa/.

Australian Government, *Clean Energy Bill 2011*, 2011, http：//www.climatechange.gov.au/government/submissions/closed-consultations/clean-energy-legislative-package/clean-energy-bill-2011.aspx.2011.

BEIS, *The Clean Growth Strategy*, 2017-10-12, https：//www.gov.uk/government/publications/clean-growth-strategy.

Brazil, *Brazil's Intended Nationally Determined Contribution*（INDC）, 2015 - 09 - 28, http：//www4. unfccc. int/submissions/indc/Submission%20Pages/submissions.aspx.

California Governor Jerry Brown and Michael Bloomberg Launch "America's Pledge", 2017 - 07 - 12, https：//www. americaspledgeonclimate. com/news/california-governor-jerry-brown-michael-bloomber-launch-americas-pledge/.

Clean Energy Wire, *Germany's Greenhouse Gas Emissions and Climate Goals*, 2018-07-09, https：//www.cleanenergywire.org/factsheets/germanys-greenhouse-gas-emissions-and-climate-targets.

Climate Council, *Budget 2017：What Does It Mean for Climate Change?* 2017-05-10, https：//www.climatecouncil.org.au/budget2017.

Climate Council, *Budget 2018: No Money for Climate Action*, 2018-05-20, https://www.climatecouncil.org.au/budget2018.

Climate Mayors, *407 US Climate Mayors Commit to Adopt, Honor and Uphold Paris Climate Agreement Goals*, 2018-06-01, http://climatemayors.org/actions/paris-climate-agreement/

Climate Transparency, *Brown to Green: The G20 Transition to a Low-carbon Economy*, 2017, https://newclimateinstitute.files.wordpress.com/2017/06/brown_ to_ green_ report-2017.pdf.

Colin P.Kelleya et al., "Climate Change in the Fertile Crescent and Implications of the Recent Syrian Drought", *PNAS*, Vol.112, No.11, 2015.

Committee on Climate Change, *Reducing UK Emissions - 2018 Progress Report to Parliament*, 2018-06-28, https://www.theccc.org.uk/publication/reducing-uk-emissions-2018-progress-report-to-parliament/

DECC, *Industrial Decarbonisation and Energy Efficiency Roadmaps to 2050*, 2015-03-25, https://www.gov.uk/government/publications/industrial-decarbonisation-and-energy-efficiency-roadmaps-to-2050.

Department for Business, Energy & Industrial Strategy, *The Carbon Budget Order 2016*, 2016-07-22, https://www.gov.uk/guidance/carbon-budgets#history.

Department for Environment, Food & Rural Affairs (Defra), *UK Climate Change Risk Assessment*, 2012-01-26, https://www.gov.uk/government/publications/uk-climate-change-risk-assessment-government-report.

Department for Environment, Food & Rural Affairs, *The National Adaptation Programme and the Third Strategy for Climate Adaptation Reporting*, 2018-07-19, https://www.gov.uk/government/publications/climate-change-second-national-adaptation-programme-2018-to-2023

Department for Transport, *The Road to Zero: Next Steps Towards Cleaner Road Transport and Delivering Our Industrial Strategy*, 2018-07-09, https://www.gov.uk/government/news/government-launches-road-to-zero-strategy-to-lead-the-world-in-zero-emission-vehicle-technology.

Department of Climate Change and Energy Efficiency, *Carbon Pollution Reduction Scheme: Australia's Low Pollution Future White Paper*, 2008-12-15, http：//apo.org.au/node/3477.

Department of Environmental Affairs and Tourism, *A National Climate Change Response Strategy for South African*, 2004 – 09, https：//unfccc.int/files/meetings/seminar/application/pdf/sem_ sup3_ south_ africa.pdf.

Department of Environmental Affairs, Republic of South Africa, *Climate Change and Air Quality*, 2018 – 07 – 20, https：//www.environment.gov.za/branches/climatechange_ airquality.

Department of Environmental Affairs, Republic of South Africa, *National Climate Change Adaptation Strategy*, 2017 – 10, https：//www.environment.gov.za/sites/default/files/reports/nationalclimate_ changeadaptation_ strategy-forcomment_ nccas.pdf.

Department of Environmental Affairs, Republic of South Africa, *Climate Change Bill*, 2018, for public comment, https：//www.environment.gov.za/legislation/bills.

Department of the Environment, *Emissions Reduction Fund – Green Paper*, 2013 – 12 – 20, http：//www.environment.gov.au/topics/cleaner – environment/clean – air/emissions – reduction – fund/green – paper.

EEA, *Trends and Projections in Europe 2017：Tracking Progress towards Europe's Climate and Energy Targets*, 2017 – 11 – 07, https：//www.eea.europa.eu/publications/trends – and – projections – in – europe – 2017.

Environmental Affairs, Republic of South Africa, *South Africa National Adaptation Strategy：Draft for Comments*, 2016 – 11 – 14, https：//www.environment.gov.za/sites/default/files/docs/nas2016.pdf.

Environmental Law Institute, *General Law on Climate Change Mexico*, 2012 – 04, http：//www.lse.ac.uk/GranthamInstitute/law/general – law – on – climate – change/.

European Commission, *7th National Communication & 3rd Biennial Report from the European Union under the UN Framework Convention on Climate Change* (UNFCCC), 2017 – 12, http：//unfccc.int/files/national_ reports/annex_ i_ natcom/submitted_ natcom/application/pdf/459381_ european_ union – nc7 – br3 – 1 – nc7_ br3_ combined_ version.pdf.

European Commission, *A European Strategy for Low – Emission Mobility*,

2016-07-20, https：//eur-lex.europa.eu/legal-content/en/TXT/？uri＝CEL-EX：52016DC0501.

European Commission, *Action Plan for the Planet*, 2017-12-12, https：//ec.europa.eu/commission/publications/action-plan-for-the-planet_ en.

European Commission, *Action Plan：Financing Sustainable Development*, 2018-03-08, https：//ec. europa. eu/clima/news/sustainable-finance-commissions-action-plan-greener-and-cleaner-economy_ en.

European Commission, *Climate Action*, 2018-05-25, https：//ec.europa.eu/clima/about-us/mission_ en.

European Commission, *International Climate Finance*, 2018-07-17, https：//ec.europa.eu/clima/policies/international/finance_ en.

European Commission, *2030 Climate & Energy Framework*, 2018-06-04, https：//ec.europa.eu/clima/policies/strategies/2030_ en.

European Commission, *2050 Low-Carbon Economy*, 2011-03-08, https：//ec.europa.eu/clima/policies/strategies/2050_ en.

European Commission, *Climate Action, Environment, Resource Efficiency and Raw Materials-Work Programme 2018-2020 Preparation*, 2017-10-27, http：//ec. europa. eu/research/participants/data/ref/h2020/wp/2018-2020/main/h2020-wp1820-climate_ en.pdf.

European Commission, *Effort Sharing 2021-2030：Targets and Flexibilities*, 2016-07-20, https：//ec. europa. eu/clima/policies/effort/proposal_ en.

European Commission, *Reducing CO_2 Emissions from Heavy-duty Vehicles*, 2018-05-17, https：//ec. europa. eu/clima/policies/transport/vehicles/heavy_ en#tab-0-1.

European Commission, *Supporting Climate Action through the EU Budget*, 2018-07-17, https：//ec.europa.eu/clima/policies/budget/mainstreaming_ en.

European Environment Agency, *National Policies and Measures on Climate Change Mitigation in Europe in 2017*, 2018-07-05, https：//www. eea. europa.eu/publications/national-policies-and-measures-on-climate-change-mitigation.

Federal Ministry for the Environment, Nature Conservation and Nuclear

Safety, *Commission on Growth, Structural Change and Employment Takes up Work*, 2018-06-06, https://www.bmu.de/en/report/7918/.

Federal Ministry for the Environment, Nature Conservation and Nuclear Safety, *Climate Action Plan 2050 - Principles and Goals of the German Government's Climate Policy*, 2016-11-14, https://www.bmu.de/en/topics/climate-energy/climate/national-climate-policy/greenhouse-gas-neutral-germany-2050/#c12735.

Federal Ministry for the Environment, Nature Conservation and Nuclear Safety, *Germany's Seventh National Communication on Climate Change*, 2017-12-20, https://unfccc.int/files/national_reports/annex_i_natcom_/application/pdf/26795831_germany-nc7-1-171220_7_natcom_to_unfccc.pdf.

Federal Ministry for the Environment, Nature Conservation, and Nuclear Safety, *The German Government's Climate Action Programme 2020*, 2014-12-03, https://www.bmu.de/fileadmin/Daten_BMU/Pools/Broschueren/aktionsprogramm_klimaschutz_2020_broschuere_en_bf.pdf.

Future Earth, *Future Earth 2025 Vision*, 2018-01-28, http://www.futureearth.org/sites/default/files/future-earth_10-year-vision_web.pdf.

Government of Brazil Interministerial Committee on Climate Change, *National Plan on Climate Change*, 2008-12.http://www.mma.gov.br/estruturas/208/_arquivos/national_plan_208.pdf.

ICIMOD, *Cryosphere Initiative Flyer*, 2017-09-20, http://www.icimod.org/resource/23133.

ICIMOD, *ICIMOD Strategy and Results Framework 2017*, 2017, http://www.icimod.org/resource/30288.

IEA, *Perspectives for the Energy Transition: The Role of Energy Efficiency*, 2018-04-17, http://www.iea.org/publications/freepublications/publication/Perspectives%20for%20the%20Energy%20Transition%20-%20The%20Role%20of%20Energy%20Efficiency.pdf.

IEA, *Technology Roadmap-Low-Carbon Transition in the Cement Industry*, 2018-04-06, http://www.iea.org/publications/freepublications/publication/TechnologyRoadmapLowCarbonTransitionintheCementIndustry.pdf.

IEA, *World Energy Investment 2018*, 2018 - 06, https: //webstore. iea. org/world-energy-investment-2018.

IRENA, *Renewable Energy Prospects for the European Union*, 2018 - 02 - 21, http: //www. irena. org/publications/2018/Feb/Renewable - energy - prospects-for-the-EU.

Japan Meteorological Agency, *Annual Report on the Climate System 2016*, 2017-06-01, http: //ds.data.jma.go.jp/tcc/tcc/products/clisys/arcs.html.

Kennicutt, M.C., S.L.Chown, J.J.Cassano, et al., "Polar Research: Six Priorities for Antarctic Science", *Nature News*, Vol.512, No.7512, 2014, p.23.

Kingdom of Saudi Arabia, *National Renewable Energy Program* (NREP), 2017-04, https: //www.ksa-climate.com/nrep.

Kingdom of Saudi Arabia, *National Transformation Program*, 2016 - 06 - 06, http: //vision2030.gov.sa/en/ntp.

Kingdom of Saudi Arabia, *Saudi Arabia's Vision for 2030*, 2016-04-25, http: //vision2030.gov.sa/en.

Leiserowitz, A., E.Maibach, C. Roser - Renouf, S. Rosenthal, M. Cutler and J.Kotcher, *2018 Politics & Global Warming*, March 2018, Yale University and George Mason University, New Haven, CT: Yale Program on Climate Change Communication.

Mckinsey, *Pathways to a Low - Carbon Economy: Version 2 of the Global Greenhouse Gas Abatement Cost Curve*, 2009 - 01 - 01. http: //www. iipnetwork. org/pathways- low - carbon - economy - version - 2 - global - greenhouse - gas - abatement-cost-curve.

Minister of Ecology, Sustainable Development and Energy, *French National Low - carbon Strategy*, 2016 - 12 - 28, http: //unfccc. int/files/ mfc2013/application/pdf/fr_ snbc_ strategy.pdf.

Ministère de la transition écologique et solidaire, *The Seventh National Communication of France*, 2017 - 12, https: //unfccc. int/sites/default/files/ resource/901835_ France-NC7-2-NC%20-%20FRANCE%20%20-%20EN% 20-VF15022018.pdf.

Ministry of Environment & Forests, Government of India, *India Second Na-*

tional Communication to the United Nations Framework Convention on Climate Change, 2012 - 05 - 31, https：//unfccc. int/sites/default/files/resource/indnc2.pdf.

Ministry of Environment and Natural Resources, *Mexican Climate Change Mid - Century Strategy*, 2016 - 11 - 16, http：//unfccc. int/files/focus/long - term_ strategies/application/pdf/mexico_ mcs_ final_ cop22nov16_ red.pdf.

Ministry of the Environment, *National Plan for Adaptation to the Impacts of Climate Change*, 2015-11-27, https：//www.env.go.jp/en/headline/2258.html.

Ministry of the Environment, 日本の約束草案, 2015-07-17, http：//www.env.go.jp/press/files/jp/27581.pdf.

NASA, *Antarctic Sea Ice*, 2018-03-23, https：//earthobservatory.nasa.gov/Features/WorldOfChange/sea_ ice_ south.php.

NERC, *NERC Delivery Plan 2016—2020*, http：//www. nerc. ac. uk/about/perform/reporting/ reports/deliveryplan2016-2020/.

NOAA, *Arctic Report Card 2016*, 2016 - 12, ftp：//ftp. oar. noaa. gov/arctic/documents/ArcticReportCard_ full_ report2016.pdf.

Office of Management and Budget (OMB), *Budget of the U.S.Government, Fiscal Year 2019*, 2018, https：//www. whitehouse. gov/wp - content/uploads/2018/02/budget-fy2019.pdf.

Oliva M., F.Navarro, F.Hrbáček, et al., "Recent Regional Climate Cooling on the Antarctic Peninsula and Associated Impacts on the Cryosphere", *Science of the Total Environment*, Vol.580, 2017, pp.210-223.

Parliament of Australia, *Australian Climate Change Policy：A Chronology*, 2014 - 03 - 14, http：//www. aph. gov. au/About_ Parliament/Parliamentary_ Departments/Parliamentary_ Library/pubs/rp/rp1314/ClimateChangeTimeline.

Peterson, M., D.Humphreys, L.Pettiford, "Conceptualizing Global Environmental Governance：From Interstate Regimes to Counter - Hegemonic Struggles", *Global Environmental Politics*, No.3, 2003, pp.1-10.

Rüdinger, A., *Best Practices and Challenges for Effective Climate Governance：A Case Study on the French Experience*, Institut du développement durable et des Relations Internationals (IDDRI), 2018-05-18, https：//www. iddri. org/sites/default/files/PDF/Publications/Catalogue% 20Iddri/Etude/201805-IddriStudy0318-ClimateGovernanceFrance-EN.pdf.

South Africa, *South Africa's Intended Nationally Determined Contribution* (INDC), 2015-09-25, http：//www4. unfccc. int/submissions/indc/Submission%20Pages/submissions.aspx.

Szulecki, K., S. Fischer, A. T. Gullberg, et al., "Shaping the Energy Union between National Positions and Governance Innovation in EU Energy and Climate Policy", *Climate Policy*, Vol.16, No.5, 2016, pp.548-567.

TakeshiKuramochi, Niklas Höhne, Sebastian Sterl, Katharina Lütkehermöller, Jean-Charles Seghers, *States*, *Cities and Businesses Leading the Way*：*A First Look at Decentralized Climate Commitments in the US*, 2017, https：//newclimate. org/wp-content/uploads/2017/09/states-cities-and-regions-leading-the-way.pdf.

Turner J., H.Lu, I.White, et al., "Absence of 21st Century Warming on Antarctic Peninsula Consistent with Natural Variability", *Nature*, Vol.535, No. 7621, 2016, pp.411-415.

U.S.Environmental Protection Agency (U.S.EPA), *Inventory of U.S.Greenhouse Gas Emissions and Sinks：1990-2016*, 2018, https：//www.epa.gov/ghgemissions/inventory-us-greenhouse-gas-emissions-and-sinks-1990-2016.

UNDP, *UNDP Strategic Plan 2018-2021*, 2017-11-28, http：// undocs.org/en/DP/2017/38.

UNEP, *Global Trends in Renewable Energy Investment 2018*, 2018-04-05, http：//fs-unep-centre. org/publications/global-trends-renewable-energy-investment-report-2018.

UNFCCC, *The Intended Nationally Determined Contribution of the Kingdom of Saudi Arabia under the UNFCCC*, 2015-11-10, http：//www4.unfccc.int/submissions/indc/Submission%20Pages/submissions.aspx.

UNFCCC, *Australia's 7th National Communication on Climate Change*, 2017-12-28, https：//unfccc.int/files/national_ reports/national_ communications_ and_ biennial_ reports/application/pdf/024851_ australia-nc7-br3-1-aus_ natcom_ 7_ br_ 3_ final.pdf.

United States Climate Alliance, *United States Climate Alliance Fact Sheet*,

2018, https: //static1. squarespace. com/static/5a4cfbfe18b27d4da21c9361/t/ 5b2d30f3758d46726f87cb27/1529688307193/Climate－Alliance－FactSheet－ June_ 2018.pdf.

USGCRP, Climate Science Special Report, in Wuebbles, D.J., D.W.Fa- hey, K.A.Hibbard, D.J.Dokken, B.C.Stewart, and T.K.Maycock (eds.), *Fourth National Climate Assessment*, Volume I, U.S.Global Change Research Program, Washington, DC, USA, 2017, p.470, doi: 10.7930/J0J964J6.

WMO, *WMO Strategic Plan 2016-2019*, 2015-06-12, https: //library. wmo.int/opac/doc_ num.php? explnum_ id=3620.

WMO, *WMO Mid-Term Performance Assessment Report 2016-2017*, ht- tp: //www.wmo. int/pages/about/documents/Full_ Mid-TermReport_ 2016- 2017.pdf.

WRI, *Achieving Mexico's Climate Goals*: *An Eight Point Action Plan*, 2016-11, http: //www.wri.org/publication/achieving-mexicos-goals.